2022年全国高校出版社主题出版
2022年江苏省主题出版重点出版物

治水安澜 人水共生

中国现代大型水利水电工程

主审：吴中如
主编：张继勋

河海大学出版社
HOHAI UNIVERSITY PRESS
·南京·

图书在版编目(CIP)数据

治水安澜　人水共生：中国现代大型水利水电工程 / 张继勋主编. -- 南京：河海大学出版社，2022.9

ISBN 978-7-5630-7717-5

Ⅰ. ①治…　Ⅱ. ①张…　Ⅲ. ①水利水电工程—概况—中国　Ⅳ. ①TV

中国版本图书馆 CIP 数据核字(2022)第 169477 号

书　　名　治水安澜　人水共生——中国现代大型水利水电工程
ZHISHUI ANLAN REN SHUI GONGSHENG
——ZHONGGUO XIANDAI DAXING SHUILI SHUIDIAN GONGCHENG
书　　号　ISBN 978-7-5630-7717-5
策划编辑　朱婵玲
责任编辑　金　怡　张心怡
特约编辑　倪美杰
特约校对　夏无双
装帧设计　红骑士设计
出版发行　河海大学出版社
地　　址　南京市西康路 1 号(邮编:210098)
电　　话　(025)83737852(总编室)
(025)83722833(营销部)
经　　销　江苏省新华发行集团有限公司
排　　版　南京布克文化发展有限公司
印　　刷　南京工大印务有限公司
开　　本　787 毫米×1092 毫米　1/16
印　　张　22.25
插　　页　1
字　　数　423 千字
版　　次　2022 年 9 月第 1 版
印　　次　2022 年 9 月第 1 次印刷
定　　价　128.00 元

序

我国幅员辽阔，人口众多，经济体量大，是世界上水情最为复杂、江河治理难度最大、治水任务最为繁重的国家之一。四千多年前，治水先祖大禹开启了中华民族的辉煌治水历史，兴修水利成为历朝历代治国安邦的大计。具有相当规模的古代水利工程，如芍陂、郑国渠、引漳十二渠、都江堰、京杭大运河等历经数千年还在发挥着效益，成为我国水利物质和文化遗产的瑰宝。到了近代，在继承古代治水经验的基础上，一批优秀的水利人积极吸纳近现代文明的技术成果，书写了我国近现代水利的新篇章。

中华人民共和国成立后，在党和国家的高度重视和领导下，水利事业进入快速发展期，新时代水利人夙兴夜寐，潜心研究，大胆创新，勇于实践，创新出大量的治水理论、方法、装备、工艺，克服千难万险，成功实践于各大流域、各大江河，建起一座座雄伟的水利工程，涌现出三峡水利枢纽、葛洲坝水利枢纽、黄河小浪底水利枢纽等一大批超级工程。截至 2011 年第一次全国水利普查，全国共有水库 98 002 座，水电站 46 758 座，过闸流量 1 m^3/s 及以上水闸 268 476 座，堤防总长度为 413 679 km，泵站 424 451 座，农村供水工程 5 887.46 万处，塘坝 456.51 万处，涉及灌溉面积 30 万亩及以上的大型灌区456处,灌溉面积10.02亿亩。水利工程建设、运行管理,防灾减灾,供水保障,水生态环境保护,水土保持等方面取得了巨大的成就,确保了长江、黄河、淮河、太湖等各大江河安澜,发挥出巨大的社会、经济、生态效益,支撑了经济社会事业的快速发展、高质量发展,书写了新中国治水的新篇章,为世界贡献了中国治水智慧。

党的十八大以来,我国水利事业发生了历史性变革:水旱灾害防御能力实现大幅度提升,水资源利用方式实现深层次变革,水资源配置格局实现全局性优化,河湖长制的全面推行促进江河湖泊面貌实现根本性改善,以及实现水利治理体系和能力全面提升……而水利事业取得的重大成就,离不开国之重器——遍布各大江河的大型水利水电工程,它们作为安全工程、民生工程,在保障国家水安全,推动区域协调发展、高质量发展等方面,持续发挥着重要作用。

治水方能安澜,安澜才能实现社会发展、人民幸福。每一项工程建设的背后,是多少次翻山越岭艰苦勘探,外业加内业形成的无数组数字,无数张图纸,无数份研究、论证报告,无数次会议,无数专家学者的智慧贡献,无数建设者的努力和付出,无数建设移民、地方群众的理解和支持……这些都构成了人水和谐、人水共生、团结治水,体现出国家力量、民族精神、人民智慧,彰显着中国精神、中国自信、中国力量!在治水实践中,人们对水的认识也在不断深入,“上善若水”“人水和谐共生”“绿水青山就是金山银山”……无不是人水关系哲学的体现。在水利事业建设发展的过程中,产生了伟大的红旗渠精神、抗洪精神,表现出中华民族自强不息、拼搏奋斗、敢为人先的民族精神。

治水为民,千秋伟业。国之重器,盛世良景。在以习近平同志为核心的党中央坚强领导下,在习近平“节水优先、空间均衡、系统治理、两手发力”治水思路的指引下,社会各界关注治水、聚力治水、科学治水、协同治水,水利工程、水利事业发展受到全社会的广泛关注和重视,深入了解重大水利工程、游览打卡著名水利枢纽及水利风景区,已经成为越来越多的人们的主动要求和良好愿望。

《治水安澜　人水共生——中国现代大型水利水电工程》一书精要地对我国具有典型意义的重要水利水电工程及水生态治理工程,作以全景式的描述和展示,不乏工程概况、规划建设历程、经济社会效益介绍,以及关键技术和科技创新专业介绍。面对专业问题,做到深入浅出,并配以清晰精美的图片,使读者深深感到,巨大的土石坝、混凝土工程、大型机组、结构奇特的各类金属闸门及启闭设备……不是冷冰冰的,工程建设是带着人的温度的,是有记忆的,是立体的,是直观的,是体现了规划设计建设者的感情的。读完这本书,读者将深刻体会到建设周期长、过程艰辛的各大水利工程,如何由水利人从蓝图上一步一个脚印建设起来、发挥功效,体会到“高峡出平湖”“高楼大厦平地起”,赞叹水利人的可歌可泣,赞叹水利工程保江河安澜,助人水共生,促社会发展,壮中华国威。

是为序。

2022 年 9 月

（叶健,江苏省水利厅一级巡视员,江苏省水利学会理事长,水利部发展研究中心特约研究员,河海大学博士生导师,研究员级高级工程师。）

目录

第1章 绪论

第一节
水利在中国

中国位于亚洲东部，地势西高东低，季风气候明显。降水季节集中，年际变化很大，地区分布不均。东南沿海地区年降水量约 1 800 mm，西北内陆年降水量不及 200 mm。水资源主要来自大气降水，年平均总量为 28 100 亿 m^3 [1]，居世界第六位。中国雨热同步的气候条件、江河的丰沛水资源及江河中下游的广大冲积平原，都给中华民族的繁衍发展带来了有利条件。但水土资源的开发也伴随着与水旱灾害的斗争。人口的增长又增加了对水土资源开发的压力。至 20 世纪 80 年代，因人口众多，人均占有水资源量仅为世界人均值的四分之一。特别是水资源与土地资源的分布不相协调，呈现南方水多而耕地少，北方水少而耕地多的情况。如长江及其以南地区，江河径流量占全国的 83%，但耕地只占 33%；长江以北地区，耕地占全国的 67%，但江河径流量仅占 17%。这些都成为今后发展的制约因素。

水利在中国有着重要地位和悠久历史。历代有为的统治者，都把兴修水利作为治国安邦的大计。传说早在公元前 21 世纪，禹即主持治水，平治水土，疏导江河，三过家门而不入，一直为后人所崇敬。及至春秋战国时期，中国已先后建成一些相当规模的水利工程。其中如淮河的芍陂蓄水灌溉工程，华北的引漳十二渠灌溉工程，沟通江淮和黄淮的邗沟和鸿沟运河工程，以及赵、魏、齐等国修建的黄河堤防工程，都是这一时期的代表性水利建设工程。

[1] 2021 年统计数据。

战国末期，秦国国力殷实，重视水利，及至统一六国，生产力更有较大发展。四川的都江堰、关中的郑国渠(郑白渠)和沟通长江与珠江水系的灵渠，被誉为秦王朝三大杰出水利工程。国家的昌盛，使秦汉时期出现了兴修水利的高潮。汉武帝瓠子堵口、东汉王景治河等都是历史上的重大事件。在甘肃的河西走廊和宁夏、内蒙古的黄河河套，也都兴建了引水灌溉工程。

隋唐北宋约五百年间，是古代中国水利的鼎盛时期。社会稳定、经济繁荣，水利建设遍及全国各地，技术水平也有提高。隋朝投入巨大人力，建成了沟通长江和黄河流域的大运河，把全国广大地区通过水运联系起来，对政治、经济、文化的发展产生了深远影响。唐代除了大力维护运河的畅通，保证粮食的北运外，还在北方和南方大兴农田水利，包括关中的三白渠、浙江的它山堰等较大的工程共250多处。唐末以后，北方屡遭战乱，人口大量南移，使南方的农田水利迅速发展。太湖地区的圩田河网、滨海地区的海塘和御咸蓄淡工程，以及利用水力的碾、水碓等都有较大的发展。水利法规、技术规范已经出现，如唐代的《水部式》、宋代的《河防通议》等。

从元明到清中期，中国水利又经历了五百余年的发展。元代建都北京，开通了京杭运河。黄河自南宋时期夺淮改道以来，河患频繁。明代大力治黄，采用"束水攻沙"，固定黄河流路，修建高家堰，形成洪泽湖水库，"蓄清御黄"保证漕运。这些措施对明清时期的社会安定和经济发展起了很大作用，但也为淮河水系留下严重的后患。同时在长江中游，元明清三代都曾强化荆江大堤，并发展洞庭湖的圩垸，促进了两湖地区的农业生产。珠江流域及东南沿海的水利建设也有很大发展。但从整体而论，自16世纪下半叶起，中国水利事业的发展已趋缓慢。

清末民初，内忧外患频繁，国家无力兴修水利，以致河防失修、灌区萎缩、京杭运河中断，水利处于衰落时期。但是海禁渐开，西方的一些科学技术传入中国，成立了河海工程专门学校(今河海大学)等水利院校，培养了一批水利技术人才。各地开始设立雨量站、水文站、水工试验所等；研究编制了《导淮工程计划》《永定河治本计划》等河流规划。在这一期间也修建了一些工程，如1912年在云南建成了石龙坝水电站，20世纪20年代在珠江上修建了芦苞闸，20世纪30年代修建了永定河屈家店闸、苏北运河船闸和陕西的关中八惠灌溉工程等。但在全国范围内，水旱灾害日益严重，整治江河、兴修水利，已成为广大人民的迫切要求。1949年中华人民共和国成立后，水利进入飞跃发展时期。经过70多年的努力，水利事业取得了远远超过前代的成就，对黄河、淮河、海河、辽河等江河的整治已初见成效。

在全国范围内加固堤防，兴修水利，普遍提高了江河的防洪能力，初步解除了大部分江河的常遇水害。农田水利方面，全国灌溉面积由1949年的2.4亿亩(1亩约等于 667 m^2)猛增到 2018 年的 10.02 亿亩，居世界各国的首位。到 2017 年 10 月底，全国水电装机已超过 3.41 亿 kW(含抽水蓄能装机 0.27 亿 kW)，年发电量达 11 945 亿 kW·h，占全国总发电量的 14%。截至 2017 年，全国内河航运的里程已发展到 12.7 万 km。与此同时，中国水利建设的科技水平也有很大提高，在修建高坝大库、大型灌区、整治多沙河流、农田旱涝盐碱综合治理和小水电开发等许多方面已接近或达到世界先进水平。

第二节
我国水利工程概况

中华人民共和国成立后，我国修建了一大批水利工程，而重点工程是水利工程建设的支柱，在水利事业中起着举足轻重的作用。一大批重点水利工程的建设，在除害兴利方面发挥了重要作用，有力地保证了国民经济的健康发展。特别是改革开放以来，大江大河治理和开发步伐明显加快，三峡、小浪底、南水北调、治淮、治太等一大批重点工程相继开工建设，掀起了水利工程建设的新高潮。

一、防洪工程

中华人民共和国成立以来，黄河下游先后 3 次加高培厚堤防，大堤普遍加高 2～6 m，开展了放淤固堤、河道整治；建立了北金堤和东平湖滞洪区；随着国家重点建设项目三门峡水利枢纽、伊河陆浑水库和洛河故县水库先后建成投产，标志着以防洪为主，兼具灌溉、发电、城市供水的治黄骨干工程发挥全面的综合效益。

长江修建了丹江口、柘溪、陈村、漳河等大型水库，对中下游堤防进行了全面整修和加固，重点加高加固了荆江大堤、同马无为大堤、武汉市堤防，兴建了荆江、杜家台等分洪工程。

修建的重要堤防工程包括黄河下游的黄河大堤，长江的荆江大堤和同马、无为大堤，汉江的汉江大堤，淮河的淮北大堤和洪泽湖大堤，珠江的北江大堤，海河的永定河大堤等。

修建的大型蓄滞洪区包括黄河的北金堤滞洪区、长江的荆江分洪区、淮河的蒙洼蓄洪区、永定河的小清河分洪区等。

二、农田水利建设

中华人民共和国成立初期,主要对四川都江堰灌区、陕西秦川老灌区、黄河河套灌区等进行了改、扩建。1958 年开始修建安徽省淠史杭灌区,渠系还具有通航、发电、供水等效益。黄河上游自 20 世纪 60 年代以来,修建了一批高扬程提灌站,有的扬程高达 400～600 m,如甘肃景泰川、宁夏固海扬水、陕西东雷抽黄、江苏的江都排灌站等。

三、调水工程

为解决水资源分布与城乡工农业生产需求上的矛盾,修建了许多跨流域或长距离的调水工程。20 世纪 60 年代,我国先后修建了京密引水渠工程,向深圳、香港供水的东深供水一期工程,向厦门供水的北溪引水工程等;80 年代建成了长 234 km 的引滦入津、入唐工程,珠海磨刀门向澳门供水工程,长 290 km 的引碧入连工程,引青济秦工程,引黄济青工程;90 年代建成了东深供水三期工程,引黄入卫工程等。

21 世纪建成的大型调水、引水工程有南水北调工程、甘肃引大入秦、山西万家寨引黄、江苏泰州引江河、新疆引额济克、四川武都引水、宁夏扶贫扬黄、陕西东雷抽黄和黑河引水、滇中引水等工程。

四、水力发电工程

20 世纪 50 年代开工兴建了新安江、三门峡水电站;60 年代兴建了新丰江、柘溪、盐锅峡、丹江口、刘家峡等水电站;70 年代兴建了龚嘴、凤滩、乌江渡、葛洲坝等水电站;80 年代兴建了大化、白山、龙羊峡、东江、鲁布革等水电站。

20 世纪 90 年代,水电建设进入高潮,开工兴建了三峡、二滩、小湾、小浪底、李家峡、水口、天生桥二级、天生桥一级、漫湾、五强溪、隔河岩、岩滩、万家寨等工程。

进入 21 世纪,白鹤滩、乌东德、溪洛渡、向家坝、锦屏一级、锦屏二级、糯扎渡、黄金坪、双江口、两河口等一批水电站相继开工建设或已建成。

五、生态水利工程

生态水利工程是一门新学科，它将生态环保技术充分应用于水利工程建设实践中，是水利工程重要的分支，也是水利工程发展的新方向。设计生态水利工程时必须要将生态环保理念充分融入，结合实际科学规划水利工程，提升生态水利工程的建设价值，深入推动各地区之间的生态平衡，保证生态环境实现可持续发展。建设生态水利工程时需要严守建设标准，按标准施工，同时，深入、科学、全面地分析生态水利工程的生态特征，保证工程设计具有较强的合理性，实现工程的“环保”“生态”等建设目标。水利工程的作用有发电、抗洪、航运、排水等，同时，水利工程还要保证生态效益、经济效益二者有机结合，让水体质量得到改善。

第三节
水利工程特点

水利工程往往效益大、工程量大、造价高，对国民经济的影响也大。与一般土木工程不同，水利工程具有下列特点。

(1) 有很强的系统性和综合性。单项水利工程是同一流域、同一地区内各项水利工程的有机组成部分，这些工程既相辅相成，又相互制约；单项水利工程自身往往是综合性的，各服务目标之间既紧密联系，又相互矛盾。水利工程和国民经济的其他部门也是紧密相关的。规划设计水利工程必须从全局出发，系统地、综合地进行分析研究，才能得到最为经济合理的优化方案。

(2) 对环境有很大影响。水利工程不仅通过其建设任务对所在地区的经济和社会产生影响，而且对江河、湖泊以及附近地区的自然面貌、生态环境、自然景观，甚至对区域气候，都将产生不同程度的影响。这种影响有利有弊，规划设计时必须对这种影响进行充分估计，努力发挥水利工程的积极作用，消除其消极影响。

(3) 工作条件复杂。水利工程中各种水工建筑物都是在难以确切把握的气象、水文、地质等自然条件下进行施工和运行的，它们又多承受水的推力、浮力、渗透力、冲刷力等的作用，工作条件较其他建筑物更为复杂。

(4) 水利工程的效益具有随机性，根据每年水文状况不同而效益不同，农田水利工程还与气象条件的变化有密切联系。

(5) 水利工程一般规模大，技术复杂，工期较长，投资多，兴建时必须按照基本建设程序和有关标准进行。

第2章 综合类工程

第一节
葛洲坝水利枢纽

一、工程概况

1. 枢纽建设背景

自毛泽东在 1964 年五六月间提出“要下决心搞三线建设”的方针之后，翌年 10 月全国计划会议提出 1966 年国民经济计划以“大小三线建设和一、二线国防工业、战备工程”为重点优先安排的意见。宜昌及鄂西地区，十堰及鄂北地区都成为三线建设地区。至 1967 年夏已有十多个大中型企业兴建于宜昌。之后，一大批国防军工企业和科研单位落户于宜昌山区。一下子增加这么多用电大户，湖北全省及邻近省份陷于电力严重短缺的困境。

1970 年 5 月，为了缓解华中地区工业用电十分紧缺的局面，武汉军区和湖北省革命委员会向中央建议先修建葛洲坝工程。中央在研究了葛洲坝工程与三峡工程的关系，并听取了对先建葛洲坝工程的不同意见后，于 1970 年 12 月 26 日批准了兴建葛洲坝工程，并指出这是有计划、有步骤地为建设三峡工程做实战准备。

长江三峡段，坡度陡，落差大，峡长谷深，不但水利资源丰富，又有优良的坝址，是建设大型水利枢纽工程的理想地点。毛泽东曾为此写下了“高峡出平湖”的壮丽诗篇。葛洲坝水利枢纽工程位于宜昌市区西部的长江干流上，坝址距三峡出口南津关 2.3 km，距三峡大坝坝址约 37 km，距宜昌市中心 4 km，因坝址横穿江心小岛葛洲而得名。这里的江中有葛洲和西坝洲两个小岛，把长江分割成三条水道。

1958 年二三月间，周恩来在李富春、李先念两位同志的陪同下，从武汉溯江而上，视察了三峡，踏勘了三峡的两个坝区，便确定了长江的治理和远景规划。

1970 年冬，周恩来亲自主持中央政治局会议，研究和讨论了长江三峡枢纽工程的组成部分——葛洲坝水利枢纽工程的有关问题。随后，毛泽东批示“赞成兴建此坝”。当年 12 月 30 日，正式开始建设葛洲坝水利枢纽工程。

图 2-1-1　葛洲坝水利枢纽鸟瞰图

1981 年 1 月 4 日，中华人民共和国万里长江第一坝——葛洲坝水利枢纽工程大江截流工程胜利合龙。大坝建成后，抬高了长江水位，有效地改善了三峡天然航道。“朝辞白帝彩云间，千里江陵一日还。两岸猿声啼不住，轻舟已过万重山”已不再是诗人的夸张和美好的幻想，如今已成为活生生的现实。

2. 枢纽工程概述

葛洲坝水利枢纽是在我国第一条大河——长江干流上修建的第一座大坝，是长江三峡水利枢纽的组成部分。因坝址处江中原有一个小岛葛洲而得名。

长江从雄伟的三峡出南津关，水流自东急转向南，葛洲坝水利枢纽位于南津关出口下游 2.3 km，上距三峡枢纽坝址约 37 km。葛洲坝枢纽坝头左倚镇镜山，右倚狮子包；坝址处江中原有两个小岛，把长江自右至左分成大江、二江、三江，大江是长江的主河槽，二江和三江只在洪水期过流，枯水期断流，江面宽度约 2 200 m。

坝区地层系白里纪下统红色岩系，由黏土质粉砂岩、粉砂岩、砂岩、黏土岩和砾岩互层组成。地质构造简单，为一走向北东 20°～60°，倾角 4°～8°的单斜构造，构造裂隙不发育，岩体完整性一般较好。主要工程地质问题是沿分布连续性好的枯土岩夹层产生层间错动，因而形成泥化夹层或局部泥化夹层，以及几条规模相对较大的断层。断层的主断面有泥化物和碎块岩，常为透水通道。泥化夹层的存在，直接影响建筑物的安全和建筑物的规模尺度，是设计中考虑的主要问题之一。坝区地震基本烈度为Ⅵ度。

葛洲坝水电站装机容量 271.5 万 kW，保证出力 76.8 万 kW，年均发电量约 140 亿 kW · h，可以满足湖北、豫西以及湘西等地区的工农业排灌近期用电，促进工农业生产的发展。

葛洲坝枢纽水库设计蓄水位（吴淞零点以上，下同）66 m，坝顶高程 70 m。工程主体建筑物包括通航船闸、电站厂房和泄洪建筑物三大主要部分。枢纽布置如图 2-1-2 所示。

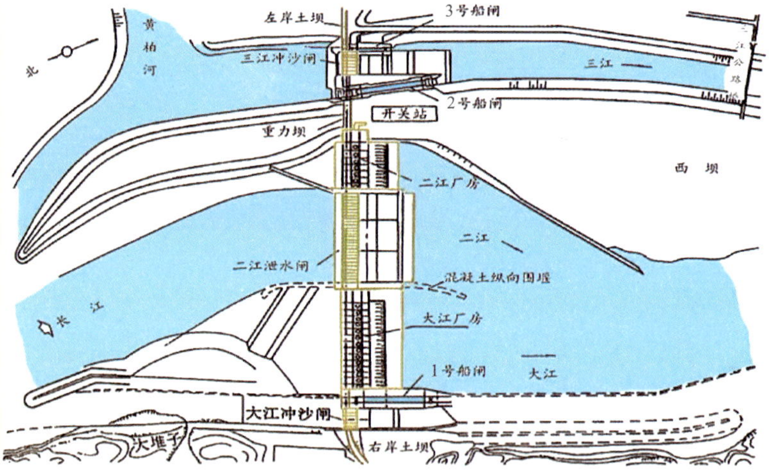

图 2-1-2 葛洲坝水利枢纽布置图

图 2-1-2 从上至下是：左岸镇镜山下为土坝，与三江通航建筑物相接；在三江左侧为 3 号中型船闸，主要通过地方船队及客货轮，右侧为 2 号大型船闸，主要通过大型船队，两座船闸之间设置六孔冲沙闸，在三江上游右侧西坝头部的黄草坝布置防淤堤，扩宽浚深原三江河道成为左岸航道；穿黄草坝建混凝土心墙挡水坝；接二江电站厂房，装机容量 96.5 万 kW(7 台)；二江泄水闸大约在枢纽的中央位置，正对南津关

河段主槽，共 27 孔，挡水前沿宽度 498 m，最大泄量 83 900 m^3/s。泄水闸的右导墙，结合作为二期施工纵向围堰的组成部分，并在其上架设通到大江下游的桥梁；右接大江电站厂房，装机容量 175 万 kW(14 台)；紧邻为大江 1 号大型船闸，闸室尺度与 2 号船闸相同，有效尺寸为 280 m×34 m×5 m(长×宽×槛上最小水深)，主要通过大型船队，在船闸左侧上游设防淤堤，下游设导航堤，与大江右岸组合成大江航道；大江船闸右侧接 6 孔冲沙闸；再右用土石坝与狮子包相接。沿坝轴线枢纽建筑物全长 2 595 m。

二江泄水闸是葛洲坝枢纽的主要泄洪建筑物。闸室长度 65 m，闸底板高程 37 m，孔口尺寸宽 12 m，高 24 m。每孔设上下两扇闸门，上扇为平板门，下扇为弧形门，以适应泄洪、截流、排沙等方面的要求。闸体的抗滑稳定主要是受基础下卧的泥化夹层控制。

为确保工程安全运行，需及时掌握建筑物与基础岩体受水压力后的变化情况和水流泥沙对建筑物与基础的影响，据以判断工程的安全情况。为此，在建筑物的内部和特设的廊道内及基础岩体中，建筑物的过流面上以及枢纽附近，都布设了必要的测点或设有仪器设备进行长期监测。

枢纽分两期施工，一期工程于 1981 年 1 月 4 日实现大江截流，同年 6 月三江通航建筑物投入运行，7 月 30 日二江电厂第 1 台 17 万 kW 机组开始并网发电。工程曾于 1981 年 7 月 19 日经受了长江百年罕见的特大洪水(72 000 m^3/s)考验，大坝安然无恙，工程运行正常。一期工程于 1985 年 4 月正式竣工验收，并荣获国家优质工程奖，大江截流工程荣获国家优质工程项目金质奖。二期工程于 1982 年开始全面施工，1986 年 5 月 31 日大江电厂第 1 台机组并网发电，1987 年创造了一个电站 1 年装机发电 6 台的中华人民共和国纪录，1 号船闸及大江航道于 1988 年 8 月进行实船通航试验。1988 年 12 月 6 日最后 1 台机组并网发电，整个工程提前 1 年建成。

设计工程量为：开挖土石方 5 799 万 m^3，填筑土石方 3 088 万 m^3，浇筑主体工程混凝土 1 042 万 m^3，安装金属结构 7.38 万 t，安装机组 21 台。预算总投资 48.48 亿元。

3. 枢纽布置及主要建筑物

(1) 枢纽布置

葛洲坝工程主体建筑物包括：通航建筑物、水电站厂房和泄洪建筑物。泄水闸居坝中，以迎主流。航道内设置冲沙闸，以确保航道畅通。主厂房引水渠前设置挡沙坎，以防砾石过机。

每台机组都设有排沙底孔，以防引水渠游集物和泥沙大量过机。第一期工程建成后有足够的泄洪能力，以便在第二期工程施工期间能够安全导流度汛。可减小大江截流水头，降低截流难度。为提前发挥效益，在第一期工程中建成二江电站，提早受益。

（2）第一期主要建筑物

①三江通航建筑物

三江建筑物中包括2号、3号两座船闸、6孔冲沙闸及三江航道，其中2号闸室长280 m，净宽34 m，槛上最小水深5 m。可通过总载货重12 000～16 000 t的船队，每次过闸时间为51分钟。下闸首人字门，每扇门宽19.7 m，高34 m，厚2.7 m，重达600 t。3号船闸闸室有效长度120 m，闸室净宽18 m。可通过3 000 t以下的客货轮和地方船队，每次过闸时间为40分钟。在船闸上游的桥墩段建有铁路、公路活动提升桥，提升净高为18 m。

三江上下游引航道全长6.4 km，上游引航道长2.5 km，最小底宽200 m，口门宽250 m，下航道长3.9 km，最小底宽120 m，口门宽150 m。

②二江电站

二江电站厂房装2台17万kW和5台12.5万kW的水轮发电机组，装机总容量为96.5万kW。17万kW的机组，转轮直径11.3 m，发电机转子直径16.95 m，是当时世界上最大的低水头水轮发电机组之一。

③泄洪建筑物

a. 二江泄水闸共27孔，总宽度498 m，最大泄水量83 900 m^3/s，为主要泄洪建筑物。综合考虑泄洪、截流、排沙等方面的要求，采用开敞式平底闸型，闸室长65 m，底板高程为海拔37 m，孔口宽12 m，高24 m，闸门采用双扇门，上扇为平板门，下扇为弧形门。闸门尺寸均为12 m×12 m，每扇弧形门承受水推力为4 100 t。

b. 三江冲沙闸共6孔，总宽度108 m，最大泄量为10 500 m^3/s，主要作用是引流拉沙，保证三江航道和2号、3号船闸通航，汛期也参加泄洪。

（3）第二期工程主要建筑物

①大江电站厂房，全长580.2 m，装机14台，单机容量12.5万kW，装机容量为175万kW。

②1号船闸，闸室长280 m，宽34 m，与2号船闸相同。

③大江冲沙闸9孔，单孔结构与三江冲沙闸相同，其作用是引流拉沙以疏通大江航道，洪水期间可配合泄洪。

二、工程规划建设历程

1954 年冬，水利部长江水利委员会(1956 年 3 月，改为长江流域规划办公室，以下简称“长办”)上游工程局为研究开发三峡水利资源查勘了三峡河段，建议坝址选在三斗坪至茅坪一带，为消除坝下至南津关河段的滩险，开发这一河段的水力，同时建议葛洲坝枢纽作为三峡枢纽的航运梯级。

1955 年进行长江流域规划和三峡工程设计时，苏联派遣以德米特里也夫斯基为组长的高级专家组协助工作。当时专家组组长倾向于南津关坝区，认为选用美人沱坝区存在两个缺点：一是坝下至南津关这一段峡谷河道的航道未得到改善，二是这一段水能未能利用，造成长期电能损失。而南津关这一坝区是美国著名工程师萨凡奇 1944—1946 年选定的，要否定它必须有充分理由。周恩来表示对专家组组长这一意见应予重视。交通部[1]也认为美人沱坝区以下航道问题未彻底解决，赞成选南津关坝区。但研究结果表明，南津关坝区溶洞很多，而美人沱地区地质条件简单，水工布置方便，施工比较有利，选用美人沱坝区比较优越。

1959—1960 年，三峡枢纽进行初步设计的同时，对葛洲坝与三峡的关系进行了研究，从需要考虑，葛洲坝工程可在三峡枢纽建成后期再投入。但根据经济论证，葛洲坝工程与三峡枢纽同时建成，可节约三峡工程的工程量。当时对葛洲坝枢纽只作了规划性设计工作，深度较浅。

1960 年 9 月，有关部门曾编写过一个初步设计简要报告初稿，该报告选择了位于葛洲中部的中坝线(即后来采用的坝轴线)，设计洪水流量为 8.4 万 m^3/s，设计蓄水位 65 m，消落深度 3 m，反调节有效库容 0.8 亿 m^3。三江只布置一线船闸，二江布置电站和泄洪闸，电站初期装机 200 万 kW，后期 250 万 kW，泄洪闸 18 孔，电站与船闸之间以混凝土重力坝相连，大坝全为沙砾石坝。由于当时设计和施工洪水标准分别按 1%频率和 5%频率采用，施工程序又不是先建葛洲坝，在施工导流附属企业和施工基地建设上要节约得多，因此总造价只有 7.31 亿元。这份报告初稿未送审，1960 年以后，工程研究未再进行。

1969 年 5—6 月，湖北省革委会副主任张体学在武汉向毛泽东主席汇报了三峡工程问题，毛泽东当时认为“目前战备时期不宜作此设想”。9 月，张体学传达了这一指示。10 月，长办技术员邱忠恩根据上述谈话精神，提出兴建葛洲坝枢纽的建议，方

---

[1] 指中华人民共和国交通部，2008 年改组。

案总工期3年，总投资13.6亿元。由于湖北省电力缺乏，该方案得到了湖北省和水电部[1]的积极支持。12月，水电部军管会要求长办革委会提出设计报告报批。

1970年4月，长办革委会提出《葛洲坝水利枢纽初步设计要点报告》（未经正式审批）。5月30日，水电部军管会将《关于停建鄂西清江水电站、兴建长江葛洲坝水利枢纽的报告》上报国务院业务组，得到李先念、纪登奎、李德生、余秋里等人同意。此后，葛洲坝枢纽的工作由原来负责搞清江的鄂西水电工程指挥部统一领导。9月，指挥部提出《长江葛洲坝水利枢纽初步设计报告（初稿）》。10月初，武汉军区和湖北省革委会给中共中央的报告建议兴建葛洲坝水利枢纽。10月30日，周恩来主持召开国务院会议，同意兴建葛洲坝工程。11月，政治局讨论，原则批准。至12月，工地很快集中了1.1万人，组成施工队伍及勘测设计团，进行设计、科学试验及施工准备工作。12月，编写了《长江葛洲坝水利枢纽补充设计简要报告》。

12月16日，周恩来等国务院领导同志在北京听取了《长江葛洲坝水利枢纽补充设计简要报告》的汇报和长办林一山的不同意见。12月17日，林一山给周恩来写的“关于修建葛洲坝和三峡工程的意见”的信中指出，长江流域规划报告曾研究过先修三峡、后建葛洲坝或者两者同时修建的方案，没有考虑过先修葛洲坝的方案，葛洲坝提前兴建蓄水，抬高三峡坝址枯水期水位20 m，将给三峡工程围堰施工和岩石开挖等造成一系列的困难；先修葛洲坝工程还有一个泥沙淤积问题，其淤积变化规律如何，将出现什么新的情况，目前尚无法了解，而且三峡一期工程的规模、发电量、投资等方面基本上与葛洲坝工程相同，除发电时间较长外，其他优点远非葛洲坝可比拟；尤其在战备情况下，它是最可靠的战时电站，中央若决定先修建葛洲坝工程，建议应专门讨论研究，克服葛洲坝工程给三峡工程施工造成的各种困难，并在葛洲坝工程蓄水发电前，做好三峡水下部分工程。12月24日，周恩来写信给毛泽东，认为在“四五”计划中兴建葛洲坝水利枢纽是可行的；至于三峡大坝，“需视国际形势和国内防空炸的技术力量的增长、修高坝经验的积累”，再在“四五”期间考虑何时兴建，并将武汉军区和湖北省革委会的报告，连同林一山的信一并附上。25日，中共中央作出批复。这一批复将葛洲坝工程从过去偏重解决湖北省近期用电，提高到为三峡做实战准备的高度。批复还指出，在年内提出设计方案报国家[2]建委审定，为争取时间，可组织力量进行施工准备。26日，毛泽东指示：“赞成兴建此坝。”林一山在得知中央批复和毛泽东指示后，当即表示，中央已经同意了，“我们全力以赴”。30日，葛洲坝工程

[1] 指中华人民共和国水利电力部，1979年撤销。
[2] 指国家基本建设委员会，1982年撤销。

正式破土动工。

1971 年春，随着工程的开工，人员不断增加。到 2 月中旬，施工队伍已达 5 万多人。2 月 5 日，三三〇工程(为纪念毛泽东 1958 年 3 月 30 日视察长江三峡而命名)指挥部成立，武汉军区司令员曾思玉任第一指挥长，张体学任指挥长，武汉军区副司令员张震任政治委员。

由于当时正处于"文革"时期，施工队伍和设计人员来自各个单位，都是按军队建制，采用"大会战"的方式进行，搞的是"边勘测、边设计、边施工"的三边政策，体制上是施工领导设计，口号是"千人设计，万人审查"。许多图纸无人签名负责，开工前对葛洲坝的建设条件如泥沙淤积、通航水流条件、地质情况等未弄清楚，以致当时的初设报告初稿和补充设计简要报告都没有达到设计深度。在这样的特定历史背景下开工，其困难是可以想见的。

4 月 10 日，提前完成一期围堰工程。

6 月 16 日和 23 日，向周恩来、李先念等领导汇报。周恩来听取汇报后指出，长江重点要保证航运畅通；大江截流按现在方案二江过不了那么多水，这个问题要解决。对于三江航道问题，他指出原则上同意修改方案，但需具体化。至此，用防淤堤保证航行的水流条件，并起到减淤、防淤、束流攻沙的作用；船闸旁设泄水闸兼顾泄洪和冲沙——这一总的格局被确认。

1971 年 7 月，根据周恩来指示精神，进一步修改枢纽布置，提出了初步设计报告讨论稿，经有关部委审查后，降低了原定的泄洪标准和导流标准，泄洪的设计和校核标准由补充设计简要报告中的 11 万 m^3/s 和 12 万 m^3/s 分别降至 8.6 万 m^3/s 和 11 万 m^3/s，导流按 6.68 万 m^3/s 设计，按 7.11 万 m^3/s 校核。9 月提出初步设计报告送审稿，12 月又修改并提出了《长江葛洲坝水利枢纽初步设计报告》上报，这是停工前初设阶段的最后成果。该报告建议三江建两个船闸，并布置 6 孔冲沙闸，二江布置大机组 6 台，其中 2 台导流，二江泄水闸为 16 孔，大江布置大机组 7 台，泄水闸 15 孔，冲沙闸 6 孔，二江厂闸导墙内设升鱼机，枢纽总投资 15 亿元。

1972 年仍在进行二江电站、三江船闸和三江冲沙闸的技术方案比较。

1972 年 11 月 8—9 日，周恩来在北京带病听取了设计和施工情况汇报，他说："水利工程是与水打交道，一点都马虎不得。"

经过 10—14 日讨论，《关于修改葛洲坝工程设计问题的报告》出炉，该报告认为在葛洲坝建坝是可行的。报告建议初步设计进行期间，主体工程暂停施工。

11 月 21 日，周恩来在北京最后一次听取葛洲坝工程设计问题的汇报，决定主体工程暂停施工，设计由长办负责，并成立葛洲坝工程技术委员会(以下简称"技术委员会")。

1973 年元月召开了第二次技术委员会会议，听取了长办关于修改初步设计进度计划的汇报，提出了修改初步设计需要研究的内容。会议通过了上报国务院的《关于葛洲坝水利枢纽修改初步设计进度计划的报告》，拟定年底提出送审稿。

从 1973 年初开始，技术委员会为了解决设计中的重大技术问题，组织了全国范围的大协作。

1973 年 3 月，长办重新对可能的坝线进行比较，除原坝线以外，还补充研究了两条分别下移 450 m 和 700 m 的坝线，提出了坝轴线比较初步报告，建议采用原坝线。4 月，第三次技术委员会会议对这一问题进行重点讨论，争论比较热烈。

4—6 月，由水电、交通、一机[1]和外交四部组织水利考察组，在华东水利学院院长严恺教授和长办副总工程师魏廷琤的带领下，带着葛洲坝工程建设和航道条件等问题，对美国哥伦比亚河上 20 多座水坝、电站、船闸和航道等进行了实际调查，提出了考察报告。9 月，在武汉召开结合赴美考察的工程设计座谈会，进行讨论。

第四次技术委员会会议讨论审查 1973 年 9 月长办提出的修改初步设计基本方案。

1974 年 2 月提出了修改初步设计送审稿，报技术委员会审查。

1974 年 9 月，根据国务院指示，由谷牧同志主持，国家建委在北京召开葛洲坝工程座谈会，技术委员会成员及有关单位代表共 28 人参加这次会议。10 月，主体工程正式宣布复工。

1975 年 4 月，长办报送了《长江葛洲坝枢纽修改初步设计报告》。7 月，技术委员会审查后，基本同意该报告，枢纽布置得到确认，总投资为 34.27 亿元。

1975 年 9 月和 12 月，林一山代表技术委员会在宜昌组织有关单位先后审查了长办提出的三江建筑物结构总图和二江、三江建筑物技术设计总图，基本同意设计方案，审定后即出部分施工图纸。

1976 年 7 月和 12 月，水电部规划设计院在工地对长办提出的二江、三江工程机电扩大初步设计和二江电站厂房通风采暖扩大初步设计，分别进行了审查。

从 1976 年 8 月起，长办陆续完成了三江航道、三江冲沙闸、2 号船闸、二江泄水闸、二江电站建筑物部分、二江电站通风部分、二江电站机电部分、混凝土设计及温度控制、大江混凝土纵向围堰、大江截流及围堰、大坝外部变形观测、一期工程主要建筑

[1] 指中华人民共和国第一机械部，1980 年更名。

物内部原型观测等单项技术报告，共 13 个。

1977 年 1 月，在北京召开的第九次技术委员会议，除讨论了三江航道标准外，重点研究了河势规划问题。

1977 年 6—7 月，水电部工作组在工地对二江泄水闸和二江电站技术设计进行审查。

1977 年 12 月至 1978 年 1 月，交通部水运规划设计院邀请有关单位，在北京对三江航道和 2 号船闸技术设计进行审查。至此，一期工程主要建筑物的单项技术设计均已审查完毕。

1978 年 4 月，第十次技术委员会会议研究了二期工程的一些重大技术问题、截流方法，最后确定采用两岸端进的立堵方案。

1979 年 7 月，水利部受技术委员会委托，在工地审查了《葛洲坝水利枢纽大江截流及围堰技术设计报告》。同年 12 月，在北京召开了第十一次技术委员会会议，这是大江截流前的一次全面检查和决策会。

1981 年 1 月，大江截流刚刚结束，第十二次技术委员会会议就在工地召开。

1981 年 12 月，长办提交《长江葛洲坝水利枢纽修改初步设计大江部分补充报告》第二次送审稿，报 1982 年元月召开的第十三次技术委员会会议审定。

1982 年 3 月，由水电部主持，对以上报告第二次送审稿进行了审查并通过。同年，长办报送了扩大大江工程规模后的葛洲坝二期工程修改预算，1983 年经水电部审查，由国家计委审定，报国务院批准的二期工程修改预算为 23.77 亿元。

技术委员会在 1972 年 11 月—1982 年 1 月的 9 年多时间，共召开了十三次会议，组织有关部门审查了修改初设、扩大初设、技术设计总图及单项技术设计，对于重大技术问题，坚持民主集中制的领导方式，贯彻集体领导的原则，运用专业会与委员会相结合，更好地吸取专家们（如严恺、张瑞瑾、张光斗、谷德振、陈宗基等）的意见，及时解决矛盾，统一认识。

1974 年 7 月，三三〇工程指挥部更名为三三〇工程局，后又改称为葛洲坝工程局。

10 月复工后，按照修改设计方案，对原有的附属企业规划布置，重新做了调整、新建和改造。1975—1976 年，基本完成主要附属施工，包括小溪塔砂石系统、二江基坑混凝土拌和系统的新建、改建和扩建工作，及左岸西坝砂石混凝土系统，同时在制冷、风水电、机械修配、综合加工系统等方面，也具有相应规模。这样，就形成了土石方年开挖 1 000 万 m^3 及混凝土年浇筑 200 万 m^3 的生产能力，逐步解决了机械设备不配套的问题，并加强了物资供应。

图 2-1-3 施工中的葛洲坝枢纽(肖诗立摄)

1974 年冬,首先修筑一期土石纵向围堰,并挖掉葛洲小岛。1975 年 3 月 30 日,土石纵向围堰基本建成。主体建筑物基础开挖于 1975 年开始,混凝土施工与之交叉进行。三江基坑开挖约 2 年,1975 年 9 月开始浇筑三江混凝土。二江泄水闸开挖约 2.5 年,1977 年底开始浇筑混凝土。至 1980 年 8 月,主体建筑物混凝土浇筑基本结束。

每个机组段的混凝土浇筑约 3 年,从电站厂房封顶到机组安装发电约 1 年时间。金属结构闸门及启闭机安装,主要集中在 1979 年和 1980 年两年完成。1980 年 10 月,国家建委组织有关部门进行中间性验收。12 月 24 日,二江泄水闸开始过水。1981 年 1 月 4 日,大江截流成功。5 月,国家建委又组织蓄水前验收。23 日,二江泄水闸下闸蓄水。6 月 27 日,三江航道正式通航,2、3 号船闸投入运行。7 月 30 日,二江电站第一台(1 号)机组并网发电。1983 年 7 月,二江电站 7 台机组全部并网运行。

1985 年 4 月 19 日,国家验收委员会对二、三江工程进行竣工验收,肯定了设计是合理的,工程质量达到设计要求,工程建设是成功的。

一期工程从 1970 年 12 月 30 日开工,至 1981 年 7 月 30 日第一台机组发电,共 10 年 7 个月,扣去 1 年 10 个月的停工期,实际施工工期为 8 年 9 个月。

二期工程利用了一期工程提供的前期准备工作,有一个良好的建筑基地和比较完善的附属设施,因而简化了混凝土大浇筑前的准备工程,缩短了前期准备时间。而且通过一期工程的实践,无论设计或施工,都积累了宝贵的经验。加之二期工程还兴建了出机口温度为 7℃ 的制冷系统,以适应夏季浇筑混凝土的要求。因此,二期工程实现了持续高强度施工,质量亦较一期工程有了提高。

1981 年 1 月大江截流后,立即抢修大江围堰。5 月 21 日,将围堰填筑到防汛高程 61 m,并开始进行混凝土防渗墙施工。大江基坑的基础开挖于 1981 年 3 月开始,1983年6月全部挖完。土建工程的混凝土浇筑,从1981年12月起,到1986年3月止,在4年3个月的时间内基本完成,平均年浇筑混凝土量121万 m^3,达到世界先进水平。金属结构和机组埋件安装从1984年下半年开始,1985年完成22 217 t。

1985年12月,主体建筑物上游挡水部分均已达到设计高程70 m,金属结构闸门及启闭机全部调试完毕,施工中出现的质量事故大部分已进行处理。经国家经委[1]同意,水电部委托三峡开发公司筹建处组织大江工程挡水前的中间阶段验收。验收组认为二期工程质量比一期工程有所提高。混凝土裂缝比一期少。由于普遍采用组合钢模板,表面平整度较好。混凝土没有发现大面积架空现象,密实性有了提高,对已发现的质量事故,大部分已按设计要求处理。可以满足运行要求,同意验收。

图2-1-4 葛洲坝枢纽机组安装图

1986年1月17日,大江上游围堰混凝土防渗墙水下爆破拆除成功,二期工程的枢纽建筑物开始挡水。3月30日及31日,下游基坑充水。6月8日,大江电站第一台(8号)机组投产发电。当年共有5台机组投产运行。1987年安装6台机组,装机75万kW,18号机组单机安装工期33天,创当时全国年内装机台数最多、装机容量最大、单机安装工期最短三个第一,进入世界机组安装进度的先进行列。1988年底,其余3台机组安装完毕。7月16日,大江泄洪冲沙闸开闸放水。8月30日至9月1

[1] 指中华人民共和国国家经济委员会,1988年撤销。

日,大江1号船闸和航道试航成功。1988年12月6日,大江电站最后一台(21号)机组投入运行。

至此,葛洲坝主体工程全部建成,比预定工期提前1年。1989年10月,进行了国家级竣工验收初验工作。

1990年3月10日,1号船闸枯水期试航成功。同年5月,大江航道开始流量为4 000～20 000 m^3/s的试运行。1991年11月,二期工程通过了国家验收。

二期工程从1981年1月大江围堰合龙,至1986年6月8日第一台(8号)机组并网发电,施工期为5年零5个月。二期工程预算执行情况由于实行了投资包干,加强了投资管理和经济核算,竣工决算达到了不突破预算的目的。

三、工程效益

根据长江流域综合利用规划,葛洲坝水利枢纽是三峡水利枢纽下游的反调节水库和航运梯级,是三峡水利枢纽的组成部分。它的主要任务是消除三峡电站日调节时下游不稳定流在坝址以下到南津关三峡出口约40 km峡谷河道对通航的严重影响,改善这一段航道和宜昌港区的航行条件,并利用该河段的落差发电。它最好是稍晚于三峡工程兴建,或与三峡水利枢纽同时建成。

20世纪70年代初,湖北省迫切需要大量电力,三峡工程一时尚不宜马上开工,考虑到葛洲坝工程库容不大,工期相对较短,水库淹没损失小,建成后可获得较多的电能,又可改善川江中航行最困难的三峡峡谷河段航运条件,并可为兴建三峡工程做实战准备,因此经中央批准,提前兴建葛洲坝水利枢纽。

建成以来的实践表明,葛洲坝工程达到了上述目标,实现了设计中预测的各项效益,还产生了一些原设计中未考虑提出的效益。

1. 发电

设计装机容量271.5万kW,设计多年平均发电量157亿kW·h,实际运行结果显示,最大出力和多年平均发电量均可超过设计值,与火电比较,每年可节约原煤约1 000万t,大体上相当于3～5个荆门热电厂(装机容量62.5万kW)、1个平顶山煤矿(1979年年产量1047万t)、1条焦枝铁路(综合通过能力约1100万t)的功能。对改变华中地区能源结构,减轻煤炭、石油供应压力,提高华中、华东电网安全运行保证度都起了重要作用。仅发电一项,在1989年底就可收回全部工程投资。

图 2-1-5　葛洲坝大江电厂厂房

由于设备制造的裕度和电厂的精心运作,实际最大出力达到近 2 900 MW,大于设计装机容量。原来不担负调峰,从 1987 年正式开始调峰,一般情况可调 250 MW。增设了葛洲坝至上海的 500 kV 直流输电线路,实现了华东、华中联网,增加了电力调度的灵活性。

2. 航运

葛洲坝工程建成后改善了川江 200 km 三峡峡谷航道条件,淹没了 100 km 内的青滩、泄滩等急流滩 21 处,崆岭等险滩 9 处,取消单行航道和绞滩站各 9 处,使这一航道的水面比降降低,航道流速减小,为航运发展提供了有利条件,航运安全度增加,宜昌至巴东的区间航行时间缩短;航运成本降低及小马力船拖带量提高。但也增加了船舶(队)过坝的环节和时间。三条船闸设计年通航时间 320 天。三江航道汛期停航流量 60 000 m^3/s(施工期 45 000 m^3/s),实际运行结果显示,船闸和航道的设计指标,除下游航道在枯水季有时达不到设计航深外,基本可达到设计值并略有提高。自 1981 年 6 月通航以来,作为配合三峡工程建造的反调节航运梯级工程,极大地改善了长江三峡区域 120 km 水域的通航条件,大量货船从此安全畅通地出入川江。1982 年葛洲坝船闸货物通过量不到 400 万 t,之后每年有所增加,1994 年突破 1 000 万 t。根据 3 条船闸的实际通过能力估算,可以达到近期通过能力 2 000 万 t,远景通过能力 5 000 万 t 的设计指标。

图 2-1-6　葛洲坝枢纽船闸

3. 人才储备

葛洲坝水利枢纽工程施工条件差、范围广，土石开挖回填达 7 亿 m^3，混凝土浇筑 1 亿 m^3，金属结构安装 7.7 万 t。建成后发挥了巨大的经济和社会效益，提高了我国水电建设方面的科学技术水平，培养了一支高水平的进行水电建设的设计、施工和科研队伍，为我国的水电建设积累了经验。

4. 为三峡工程建设做准备

据调查，葛洲坝工程对三峡工程建设发挥了以下几方面的作用。

(1) 葛洲坝工程完全依靠我国自己的力量建设成功，表明我国已有能力建设包括三峡工程在内的任何一个大型水利水电工程，消除了国内一部分人对建设三峡工程技术上是否有把握的疑虑。

(2) 在许多领域，如水工技术、机电设备、泥沙研究、大型船闸建设和复杂水流条件下的通航、大规模高强度施工等科学技术方面，为三峡工程积累了经验，培养了科技、施工和管理队伍。

(3) 为三峡工程建设提供大量资金支持。在三峡工程整个建设过程特别是三峡工程发电前十几年，葛洲坝工程发电利润所提供的资金是三峡工程建设资金的重要来源之一。

5. 促进了地区经济发展

葛洲坝工程建设促进了地区经济的发展，葛洲坝工程的兴建给宜昌市社会经济发展带来很大的机遇。1982 年宜昌市被新华社列为全国中等城市的 14 个“明星城市”之一，1990 年被列为全国首批跨入小康的 36 个城市之一，是湖北省乃至全国的重要水电生产基地和原材料工业基地，综合经济实力在湖北省仅次于武汉市。对湖北省生产力布局的调整起到一定促进作用。

葛洲坝工程的建设以及其后三峡工程的开工，巨额的投入以及巨大的物质需求，形成庞大的工业产品市场；工程建成后提供大量廉价的能源，促使宜昌成为湖北省生产力布局中新的“增长极”。逐步形成了以武汉为中心，以大中城市宜昌、黄石、襄樊为顶点的三足鼎立的格局，初步扭转了过去湖北省经济重心偏东、资源重心偏西、资源与产业配置不合理的局面。

四、关键工程技术问题及创新

1. 泥沙问题

葛洲坝工程泥沙问题关系长江航运畅通和枢纽正常发电，是枢纽建设的一项重大技术问题。20 世纪 70—80 年代初，采用原型观测调查、泥沙数学模型计算和实体模型试验相结合的研究途径，对工程泥沙问题进行了系统的深入研究，为工程设计提供了大量研究成果。

图 2-1-7　葛洲坝三江航道冲沙泄洪

解决坝区引航道泥沙淤积，是保证航运畅通的首要问题。为了解决水流条件与泥沙淤积的矛盾，参照我国多年来治河工程以及水库冲淤的经验，结合长江水量丰沛、含沙量不大的特点，考虑采用防淤堤把引航道与主流分开，并设置冲沙闸，形成有利于束水冲沙的人工航道，通过“静水过船，动水冲沙”的途径，解决引航道淤积问题。

2. 通航问题

川江航道全长660 km，水流湍急，滩险很多，有些滩险在洪枯期需设绞过滩，通过能力受到限制。

葛洲坝水利枢纽建成后，汛期大洪水时，回水110 km，到巫峡下口的官渡口；非汛期回水180 km，到瞿塘峡下的黛溪。回水所及，正是川江航道最艰险的一段，这段航道得到了改善。

建坝后，对于通航问题，除防止航道淤积问题外，主要有引航道布置问题、船闸规模问题和南津关航道整治问题。

一是引航道布置问题。据长航资料，当时川江航运最大驳船为1 500 t，吃水2.6 m。营运的最大船队组成，为两艘1 500 t驳船，一艘800 t驳船，加拖轮，三驳一顶，船队长163 m，宽27 m，要求航道最小水深2.9 m，最小宽度90 m，规划远景最大船队为四艘3 000 t驳船加拖轮，天平形船队，长230 m，宽31.6 m，吃水3.30 m。上游引航道直线段长度为1 000 m，三江下游航道宽为150 m，水深减为4.5 m，可以满足通航要求。

二是关于船闸规模。葛洲坝水利枢纽通航建筑物是我国在大江上修建的大型水利枢纽第一批高水头船闸。设计面临的主要问题不仅是船闸的结构问题，还要解决多沙河流和复杂水流条件造成的泥沙淤积与通航水流条件问题，以及高水头大型船闸输水系统水力学问题。通过广泛吸收当时世界上类似工程经验，进行精心设计、实体模型试验验证和数学模型分析，解决了一系列关键技术问题，建成了葛洲坝1、2号两座高水头大型船闸和3号高水头中型船闸。

三是南津关航道整治问题。建坝后，船队出南津关进入三江和大江航道，需绕开泡漩区或穿过泡漩区，航行有困难。

整治标准：考虑远景，三峡枢纽建成后，百年一遇下泄流量不超过45 000 m^3/s。因此要求在5 000 m^3/s时，能正常通航近远期最大船队，上游口门外500 m范围内，航道宽度为200 m，能保证船队安全航行。要求纵向流速不大于2 m/s，横向流速不大于0.3 m/s。最高通航流量为60 000 m^3/s，考虑船队减驳减载，要求上游口门外500 m范围内，航道宽度为120 m。

3. 导流截流问题

三江泄水闸承担着以下主要任务：

(1) 永久性长期泄洪时，有良好的上下游水流衔接条件，保持有利的河势；

(2) 大江截流时过水，保证胜利截流；

(3) 二期导流时，通过绝大部分的水流，消能防冲问题得到很好解决，保证建筑物安全；

(4) 排泄推移质泥沙；

(5) 加大导流过水能力，降低二期大江上游围堰施工强度，使围堰能在汛前抢修至设计高程。通过 1973 年以来的模型试验研究和分析计算，二江泄水闸数量以 25～28 孔为宜，截流水头可降为 3 m 左右，采用一定措施，可以实现胜利截流，当通过 71 100 m^3/s 流量时，单宽流量约 120～140 m^3/s，下游消能防冲条件得到改善，可以做到安全导流。

图 2-1-8　葛洲坝工程大江截流

4. 二江泄水闸消能防冲问题

二江泄水闸是葛洲坝枢纽工程的主要泄洪建筑物，最大泄水量 84 000 m^3/s。在设计中着重研究解决消能、抗冲、抗磨蚀等问题。

二江泄水闸在大部分泄流条件下佛氏数(F_r)只有 2.5～4.5，消能效果差，消能率很低(约 25%～45%)，出消力池尾坎的底部最大流速约为 6.4～7.2 m/s。经试验研究，只能采用一级消力池，池长 180.0 m，池底高程 30.5 m，闸底板到池底以 1∶12 的斜坡连接，池尾有高 3.0 m 的尾坎。消力池内最大单宽流量 170 m^3/s。出消力池尾坎处的最大流速为 7.0 m/s。池下游为 70.0 m 长的柔性防冲段。为防止淘刷,在末端设深 19.0 m 的防淘墙。再下游为防冲加糙海漫,从高程 30.0～37.0 m 与下游河床相接。按照消能防冲的要求,在不同洪水流量时,不允许 27 孔闸同时均匀开启,当有的开有的不开时,在闸下消力池中会产生摆动的水舌和竖向旋流,不利于消能。因此用隔墙将消力池分左中右 3 个区,闸孔数分别为 6 孔、12 孔、9 孔。泄水时先开左区 6 孔,随着流量增大,关左区 6 孔,开右区 9 孔。以后再关右区 9 孔,开中区 12 孔……直到 27 孔全开。

消力池护坦采用封闭排水结构形式。板厚在斜坡段为 3～5 m。在水平段为 2.5 m。在泄水建筑物表面做 40 cm 厚的抗冲耐磨层。

多年的运行实践表明,采取这些处理措施是有效的。

图 2-1-9 二江泄水闸泄洪

5. 基础处理问题

葛洲坝工程水工建筑物地基为下白垩系红层,建基岩体为石门组上部的砾岩和五龙组下部的薄层砾岩、砂岩、粉砂岩互层,并夹有大量的黏土岩类岩层。其工程地质和水文地质条件较差,岩体的性状、分布、强度特性和透水性等变化幅度大,还有大量不均匀分布的泥化夹层,给基础处理设计和实施工作带来困难,是葛洲坝工程建设的重大技术难题之一。

葛洲坝工程首要的地质问题是埋藏在地基中的 72 层软弱夹层,突出问题是控制建筑物抗滑稳定的泥化剪切带。通过地勘和试验,查明了 72 层软弱夹层的空间分布、结构性状、水理物理化学性质,取得了抗剪强度等物理力学参数,为建筑物基础设计提供了依据。

为了研究剪切带在长期渗压水作用下的演变趋势，模拟长江水做长期渗水试验。研究结果表明，节理带是难以泥化的；劈理带可能泥化，其力学强度也将有所降低，但不会低于泥化带；已经泥化的性状不会进一步恶化。为了验证研究成果的可靠性，预留了通向性状差的 212 号、227 号和 130 号层间剪切带的观测廊道，以进行长期直观观测。在 1991 年和 1996 年进行工程安全鉴定时，在观测廊道内打钻孔取样对剪切带进行了检查和试验。结果证明，在渗水作用下，剪切带的化学成分和结构状态相对稳定，物理力学性能未发生明显变化。总的认为，坝基岩体中的剪切带无进一步恶化的迹象。

建筑物的抗滑稳定主要受沿软弱夹层的深部滑动控制。根据各建筑物的不同情况，设计采取了以下一种或几种工程措施。

(1) 渗控工程措施。以“在完善处理好防渗的前提下，防排结合，充分发挥基础排水的作用，加强保护软弱夹层特别是泥化带，达到降压、减渗和保护的目的”为设计原则，在排水孔穿过泥化夹层部位，设置“组装式过滤体”，防止泥化夹层发生管涌。

(2) 在坝基下设混凝土齿墙，将齿墙伸入夹层以下，利用齿墙的嵌固以增加阻滑力。

(3) 在坝基上游设防渗板，将帷幕和排水线移到防渗板上游侧，利用防渗板上的水重增加阻滑力，并延长渗径。

(4) 充分利用建筑物下游“抗力体”的作用。对深层滑动“抗力体”的抗力可占总阻滑力的 10%～48%。为了提高抗力，提高建筑物尾端岩体高程，或在抗力体上部增加盖重，以增加抗力岩体的重量和刚度；设锚桩加固等。

工程运行多年实际观测证明，以上的处理措施是有效的。

挡水建筑物的断层强透水带，主要是位于大江电厂 17—20 号机组段的石门组砾岩中的Ⅴ号断层强透水带。为了增加该部位基岩的强度、均匀性、完整性和抗渗性，处理方案是在该区内布置孔排距为 6 m×6 m 的深固结灌浆孔。灌浆后，岩体声波 V_P 总体平均值提高了 48.6%，达到 4 735 m/s；波速分布较均匀，C_v 值一般降低 33.6%～66.4%。1997 年大江工程安全定期检查时，打了 2 个检查孔，结果Ⅴ号强透水带的透水性较坝基其他地段大，裂隙有一定的贯通性；岩体在长期运行中并无明显的工程反映，还需要今后继续加强观测。

6. 大型金属结构

葛洲坝水利枢纽有各类闸门 78 个品种共 514 扇，各类机械 31 个品种共 109 台(套)；还有其他类型金属结构如活动桥、杆塔、钢屋架等 52 个品种共 369 种；工程总量 7.3 万 t。工程量之大，品种之多，为 20 世纪 80 年代国内水利水电工程之冠，在世界也名列前茅。

葛洲坝枢纽金属结构不仅工程量大，不少闸门、启闭机械在国内外也属大型或超大型，技术要求高，设计、制造、安装难度大。葛洲坝金属结构经历了多年的运行，状况良好。

第二节
三峡水利枢纽

一、工程概况

1. 三峡水利枢纽概况

长江三峡水利枢纽工程(简称三峡工程),因位于长江干流三峡河段面得名,三峡河段全长约 200 km,上起四川奉节白帝城,下迄湖北宜昌南津关,由瞿塘峡、巫峡、西陵峡组成。选定的坝址位于西陵峡中的三斗坪镇,坝址地质条件优越,基岩为完整坚硬的花岗岩(闪云斜长花岗岩),地形条件也有利于布置枢纽建筑物和施工场地,是一个理想的高坝坝址,选定的坝线在左岸的坛子岭及右岸的白岩尖之间,并穿过河床中的一个小岛——中堡岛。该岛左侧为主河槽,右侧为支汊(称后河)。

经国务院审查并报全国人大审议通过的三峡工程方案是:水库正常蓄水位 175 m(相对吴淞基面,以下均同),初期蓄水位 156 m,大坝坝顶高程 185 m,“一级开发,一次建成,分期蓄水,连续移民”。“一级开发”指从三峡坝址到重庆之间的长江干流上只修建三峡工程一级枢纽;“一次建成”指工程按合理工期一次连续建成,不采用有些大型工程初期先按较小规模建设以后扩建的方式;“分期蓄水”指枢纽建成后水库运行水位分期抬高,以缓和水库移民的难度,并可通过初期蓄水运用时水库泥沙淤积的实际观测资料,验证泥沙试验研究的成果;“连续移民”则指移民分批不分期,连续搬迁。

三峡工程正常蓄水位175 m,汛期防洪限制水位145 m,枯水季消落最低水位155 m,相应的总库容、防洪库容和兴利库容分别为393亿m^3、221.5亿m^3和165亿m^3。枢纽控制流域面积100万km^2,占长江流域面积的55%,坝址处多年平均流量14 300 m^3/s,实测最大洪水流量71 100 m^3/s,历史最大洪水流量105 000 m^3/s,多年平均悬移质年输沙量5.3亿t。工程建成后,防洪方面可将荆江河段的防洪标准由原来的约10年一遇提高到100年一遇,遭遇大于100年一遇特大洪水时,辅以分洪措施可防止发生毁灭性灾害。发电方面,安装单机容量70万kW的水轮发电机组32台,总装机容量2 250万kW(含电源电站安装的水轮发电机组),设计年发电量882亿kW·h,对缓和华中、华东、川东地区能源紧张状况有重要作用。航运方面,可改善长江特别是川江渝宜段(重庆—宜昌)的航道条件,对促进西南与华中、华东地区的物资交流和发展长江航运事业具有积极作用。此外,还具有巨大的养殖、旅游等方面的效益,是一个条件优越、效益显著的综合利用水利枢纽,是治理开发长江的关键工程。

三峡工程由大坝、水电站厂房、通航建筑物等主要建筑物组成。选定的枢纽布置方案是:泄流坝段位于河床中部,即原主河槽部位,两侧为电站坝段及非泄流坝段(亦称非泄洪、非溢流、非溢洪坝段);水电站厂房位于电站坝段坝后,另在右岸留有将来扩机的地下厂房位置;通航建筑物均位于左岸。大坝为混凝土重力坝,最大坝高181 m,大坝轴线总长2 309.47 m。泄流坝段总长483 m,设有23个7 m×9 m(宽×高)的深孔和22个宽8 m的表孔,深、表孔的底高程分别为90 m及158 m,左厂房安装14台,右厂房安装12台水轮发电机组。永久船闸为双线5级连续梯级船闸,闸室有效尺寸为280 m×34 m×5 m(长×宽×闸坎上水深),可通过万吨级船队;升船机为单线1级垂直升船机,承船厢有效尺寸为120 m×18 m×3.5 m,可通过1条3 000 t级的客货轮;另设置施工期临时通航船闸1座,闸室有效尺寸为240 m×24 m×4 m。

按1993年审定的初步设计方案,三峡工程土石方开挖约1亿m^3,土石方填筑约3 000万m^3,混凝土浇筑约2 800万m^3,金属结构安装约26万t,结合施工期通航的要求,经比较研究采取分三期导流的方式施工。一期围中堡岛以右的支汊,主河槽继续过流、通航,在一期土石围堰保护下,开挖导流明渠,修建混凝土纵向围堰及三期碾压混凝土围堰的基础部分;同时在左岸修建临时船闸,并进行升船机、永久船闸及左岸1—6号机组厂坝的施工。一期工程包括施工准备工程在内共安排工期5年。二期围左部河床、截断大江主河床,填筑二期上下游横向土石围堰,在二期围堰保护下修建河床泄流坝段、左岸厂房坝段及电站厂房，继续修建永久船闸和升船机，江水改由右岸导流明渠宣泄，船舶由明渠和左岸临时船闸通过，二期工程具备挡水和发电、通航条件后，进行明渠截流，利用明渠的碾压混凝土围堰及左岸大坝挡水，蓄水至 135 m 时，永久船闸及左岸部分机组开始投入运行，二期工程共安排工期 6 年。三期封堵明渠时，先填筑三期上下游土石围堰，在其保护下，浇筑三期上游碾压混凝土围堰至 140 m 高程，库水位由已建成的河床泄流坝段的导流底孔及永久深孔调节；在三期围堰保护下修建右岸厂房坝段、电站厂房及非泄流坝段，直至全部工程竣工，三期工程安排工期 6 年。计划总工期 17 年(包括施工准备工期)，第 1 批机组发电工期 11 年，即 1993 年开始施工准备，1997 年汛后大江截流，2003 年开始发电、通航，2009 年竣工。

图 2-2-1　三峡工程坝址原貌(中堡岛)

三峡水库移民迁移线以下的总面积约 1 084 km^2，其中陆域面积为 638 km^2，据 1985 年调查，淹没区内计有耕地 238 万 hm^2(其中水稻田 0.73 万 hm^2)，柑橘地 0.49 万 hm^2；人口 72.6 万人，其中农村人口 33.3 万人，城镇人口 39.3 万人，农村人口约占 46%；考虑人口自然增长及其他因素，规划迁移安置人口约 113 万人。1991—1992 年对水库淹没区又进行了调查，淹没区计有耕地 1.72 万 hm^2，园地 0.74 万 hm^2，河滩地 0.39 万 hm^2，人口 84,62 万人，其中农业人口 36.15 万人，非农业人口 48.47 万人，非农业人口较 1985 年增长较多。三峡水库系典型的河道型水库，水库长约 600 km，干流库段平均宽度仅约 1.1 km，较天然江面宽度仅增加约

1倍，由于水库延伸很长，因此淹没涉及的县市较多。共计淹没涉及20个县市的326个乡，但没有一个乡全淹，受淹没面积占各县的比重也较小，淹没地一般占全县耕地的1%～4%，受淹没比重最高的秭归县也只占全县面积的5.9%。根据移民安置初步规划，农村移民基本上可以就近后靠安置。淹没涉及的城市有13个，4个需要另迁新址，其余可依托旧城，就近开辟新城区。

可行性研究阶段按工程、移民安置、输变电工程3部分考虑，根据1986年物价水平，共361亿元，其中枢纽工程188亿元，移民安置110亿元，输变电工程6亿元。在审查可行性研究报告期间，又按1990年底物价水平进行测算，总投资为570亿元。1993年审查初步设计时，按批准的初步设计方案及1993年5月物价水平测算，枢纽工程费用为500.9亿元，移民费用400亿元，输变电工程列入电网建设投资，不再计入三峡工程费用内，批准的三峡工程静态总投资(1993年5月物价水平)为900.9亿元。动态投资(包括物价影响及利息等)与物价变动、资金来源以及利率等因素有关，较难准确预测，1994年根据已确定的资金来源和对物价的预测，估算三峡工程动态投资为2 039亿元。

图2-2-2 三峡工程竣工枢纽鸟瞰图

2. 工程枢纽建筑物组成

三峡水利枢纽主要建筑物由大坝、水电站和通航建筑物三大部分组成。

(1) 大江截流和二、三期围堰工程

三峡工程采用分期导流方式，计划分3个阶段进行施工，总工期17年。第一阶段1993—1997年，为施工准备及一期工程阶段，以实现大江截流为目标；第二阶段1998—2003年，以实现第一批机组发电和永久船闸通航为目标；第三阶段2004—2009年，实现全部机组发电和枢纽工程全部建成。

二期围堰是三峡工程重要的临时建筑物之一，其作用是截断长江主河床，迫使江水从右侧的导流明渠宣泄，与一期工程已建成的纵向混凝土围堰共同围扩形成二期基坑，确保大坝泄洪坝段、左岸厂房坝段及左岸电站厂房干地施工。

二期围堰包括上游围堰和下游围堰两部分。上游围堰按 2 级水工临时建筑物设计，设计洪水频率为 1%，相应流量 83 700 m^3/s，堰顶高程 88.5 m。下游围堰按 3 级水工临时建筑物设计，设计洪水频率为 2%，相应流量 79 000 m^3/s，堰顶高程 81.5 m。

二期围堰施工水深达 60 m，是当时世界上最大的深水围堰，堰体 80%填料需水下施工，围堰断面采用“两侧石渣堤中间夹风化砂、垂直防渗”的结构形式，防渗体为塑性混凝土防渗墙下接灌浆帷幕上接土工膜的形式。上游围堰轴线全长 1439.6 m，最大高度 82.5 m，下游围堰轴线全长 1075.9 m，堰体最大高度 65.5 m。堰体填筑总量达 1 032.1 万 m^3，防渗截水面积 9.22 万 m^2，拦蓄洪水总量达 20 亿 m^3。上游防渗墙深槽段为双墙并加有 5 道横隔墙，两侧为单墙，墙厚分别为 0.8 m 和 1.0 m，最大墙高 73.5 m，下游防渗墙全线为单墙，墙厚分别为 0.8 m、1.0 m 和 1.1 m，最大墙高 66.7 m。

二期围堰的研究始于 1958 年，以后历经“七五”和“八五”两次攻关研究，初步解决了所存在的关键技术问题，并分别为初步设计和单项技术设计提供了主要设计依据和有关参数。围堰进入实施阶段后，又结合实际条件的变化进行了补充研究和施工科研，使施工方案更趋完善。

图 2-2-3 三峡工程大江截流

三峡大江截流工程是世界水电工程中规模最大的截流工程，具有截流流量大、水深大的特点，而且截流施工期有通航要求。三峡截流全过程大小塌方达40多次，均被参战的建设者们妥善处理，创造了安全、快速、优质、高效的合龙水平。

图 2-2-4 三峡工程三期 RCC 围堰

三期 RCC（碾压混凝土）围堰为1级临时建筑物，承担挡水发电和确保三期安全施工的重任，设计洪水标准为72 300 m^3/s。堰体为重力式坝型，围堰顶高程140 m，顶宽8 m，最大底宽107 m，挡水库容20亿 m^3，是三峡重大课题之一。三期RCC围堰混凝土总量160万 m^3，一期已施工高程50 m以下部分，其上为导流明渠截流后修建的，坝体高度90 m，混凝土方量110万 m^3，二期工期较紧，二期围堰能否按期建成，直接关系到二期首批机组能否按时发电和三期工程计划工期能否完成。

经"七五"攻关和实施前的反复研究确定采用全断面碾压施工，施工方案选择以汽车为主塔顶带机为辅的运输方式，并决定将三期明渠截流提前至2003年11月6日（较计划提前一个月），堰体于2002年12月16日开始施工，2003年4月16日顺利完成，6月10日水位蓄至135 m，保证了二期首批机组按期发电和三期工程提前施工。RCC围堰施工创造日浇筑量21 066 m^3，日上升1.2 m，月浇筑量47.6万 m^3，达世界先进水平。

(2) 大坝

大坝为主要建筑物,设计洪水标准为1 000年一遇,洪峰流量为98 800 m^3/s;校核洪水标准为10 000年一遇再加10%,洪峰流量为124 300 m^3/s,相应设计和校核水位分别为175 m及180.4 m。地震设计烈度为Ⅶ度,拦河大坝为混凝土重力坝,大坝坝轴线长2 309.47 m,最大坝高181 m。大坝右侧茅坪溪防护坝为沥青混凝土心墙沙砾石坝,最大坝高104 m。泄洪坝段居河床中部,前沿总长483 m,设有23个深孔、22个表孔以及22个后期需封堵的临时导流底孔。深孔尺寸为7 m×9 m,进口底板高程90 m,表孔净宽8 m,溢流堰顶高程158 m,下游采用鼻坎挑流方式消能。底孔尺寸4 m×8.5 m,进口底高程56～57 m,在校核水位时的最大泄洪能力为120 600 m^3/s。电站坝段位于溢流坝段两侧,进水口尺寸为11.2 m×19.5 m,进水口底高程为108 m,压力管道内径为12.4 m,采用钢衬钢筋混凝土联合受力的结构形式。

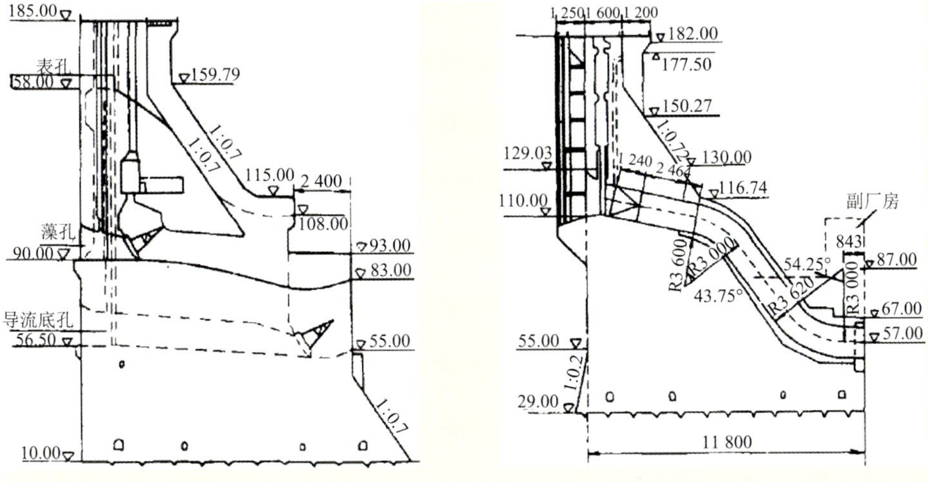

图2-2-5 三峡重力坝典型剖面图

(3) 水电站

采用坝后式厂房,设有左、右岸两组厂房共安装26台水轮发电机组,左岸厂房全长437 m,安装14台水轮发电机组;右岸厂房全长584.2 m,安装12台水轮发电机组。水轮机为混流式,机组单机额定容量为70 kW。三峡水电站以500 kV交流输电线路和±500 kV直流输电线路向华东、华中、华南送电。电站出线共13回。右岸山体内预留地下厂房的位置。后期扩机6台,总容量为420 kW。

图 2-2-6 三峡电站厂房外景

(4) 通航建筑物

三峡工程通航建筑物包括永久船闸和升船机,均位于左岸山体内。永久船闸为双线五级连续梯级船闸,单级闸室有效尺寸长 280 m、宽 34 m,槛上最小水深 5 m,可通过万吨级船队。升船机为单线一级,垂直提升高度为 113 m,承船厢有效尺寸长 120 m、宽 18 m,水深 3.5 m,一次可通过 3 000 t 的客货轮。

图 2-2-7 三峡工程双线五级船闸

双线五级船闸布置在大坝左侧的山凹内,船闸线路总长 6 442 m,船闸上下游最大水头为 113 m,设 5 级闸室分担水头。其规模是设计之最,两侧高陡边坡最大开挖深度达 170 m，其下部为高约 60 m 的直立墙。两线船闸间保留宽 60 m 的岩石中隔墩，船闸闸室采用薄混凝土衬砌结构。深挖高陡岩石边坡的稳定和变形量是工程设计和施工中重要研究课题。根据多年研究的成果，开挖采取控制爆破、喷锚支护及预应力锚索(3 600 m 300 t 级)、高强锚杆加固等一系列措施。为控制和降低渗水压力，船闸主体段两侧山体内，各布置有 7 层共 14 条贯通全长的排水洞，各层排水洞间设有排水孔、帷幕，船闸地表亦设有防渗和排水系统。永久船闸开挖总量近 4 000 万 m^3，其中大部分为需进行爆破的坚硬岩石。在实地爆破试验的基础上，对爆破程序、爆破参数做了严格的控制，规定采用预留保护层和预裂爆破、光面爆破等工艺。

为监测船闸施工期和运行期的安全，为永久船闸设置了功能强大的安全监测系统。包括地面变形精密三角测量系统、地下水观测系统、岩体深部变形观测仪埋系统、锚杆锚索应力应变观测系统、爆破震动影响和岩体松弛监测等。船闸投入运行以来，监测数据表明，边坡是稳定的，变形值在设计允许范围内。

图 2-2-8　三峡工程升船机

升船机与临时船闸毗邻布置在左岸，升船机位于左侧，由上游引航道、上闸首、升船机主体、下闸首及下游引航道等主要部分组成。升船机是用于船舶快速过坝的重要通航建筑物，承船厢有效尺寸同葛洲坝 3 号船闸(长 120 m，宽 18 m，船厢水深 3.5 m)。一次可以通过一条 3 000 t 级的客货轮或一条 895 kW 推轮顶推的 1 500 t 级驳船。升船机为单线一级垂直提升式。

三峡工程建成前，世界上已建和在建的大型垂直升船机的提升高度均在 100 m

以内，承船厢带水重量也在9 000 t以下，上下游通航水位变幅很小。而三峡升船机提升高度113 m，船厢带水重量达11 800 t，上游永久通航期最大变幅30 m，下游通航水位变幅也达12 m，且变化速率快。可见，三峡升船机的规模和技术复杂程度均属世界前列。为取得制造、安装经验，选用清江隔河岩300 t级升船机做1∶10试验。

3. 工程特点

三峡工程从开工建设之初就受到全世界的广泛关注，不仅建成了世界上最大的水电站，还创造了多项世界之最。

(1) 三峡水库总库容393亿 m^3，防洪库容221.5亿 m^3，水库调洪可消减洪峰流量达每秒2.7万～3.3万 m^3，能有效控制长江上游洪水，有效保护长江中下游平原地区数千万人口和数百万公顷耕地免受洪水威胁，是世界上防洪效益最为显著的水利工程之一。

(2) 三峡水电站总装机2 250万kW，年平均发电量882亿kW·h，是世界上规模最大的电站。

(3) 三峡大坝坝轴线全长2 309.47 m，泄流坝段长483 m，水电站机组70万kW×32台，双线5级船闸＋升船机，无论单项、总体都是世界上建筑规模前列的水利工程。

(4) 三峡工程主体建筑物土石方挖填量约1.34亿 m^3，混凝土浇筑量2 794万 m^3，钢筋制安46.30万t，金结制安25.65万t，是世界上工程量最大的水利工程。

(5) 三峡工程2000年混凝土浇筑量为548.17万 m^3，月浇筑量最高达55万 m^3，创造了当时混凝土浇筑的世界纪录，是世界上施工难度最大的水利工程之一。

(6) 三峡工程截流流量9 010 m^3/s，施工导流最大洪峰流量79 000 m^3/s，是施工期流量最大的水利工程。

(7) 三峡工程泄洪闸最大泄洪能力10.25万 m^3/s，是世界上泄洪能力最大的泄洪闸。

(8) 三峡工程的双线五级、总水头113 m的船闸，是当时世界上级数最多、总水头最高的内河船闸。

(9) 三峡工程升船机的有效尺寸为120 m×18 m×3.5 m，最大升程113 m，船厢带水重量达11 800 t，过船吨位3 000 t，是世界上规模最大、难度最高的升船机。

(10) 三峡工程水库动态移民最终可达113万，是世界上水库移民最多，工作也最为艰巨的移民建设工程。

(11) 防洪功能世界之最。三峡水库可以蓄滞221亿 m^3 的洪水，大大削减了洪峰流量，提高下游平原地区的防洪能力，使荆江大堤的防洪能力从十年一遇提高到百年一遇，大大缓解了江汉平原的洪水威胁。

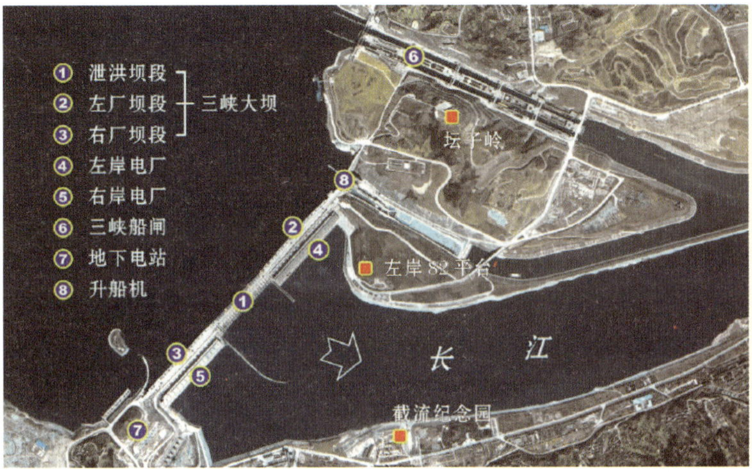

图 2-2-9　三峡水利枢纽平面布置

二、工程规划建设历程

1. 三峡水利工程的建设历程

1919 年，孙中山先生在《建国方略之二——实业计划》中提出过建设三峡工程的设想。

图 2-2-10　萨凡奇在三峡地区考察

1932 年,国民政府建设委员会派出的一支长江上游水力发电勘测队在三峡进行了为期约两个月的勘查和测量,编写了一份《扬子江上游水力发电测勘报告》,拟定了葛洲坝、黄陵庙两处低坝方案。这是我国专为开发三峡水力资源进行的第一次勘测和设计工作。

1944 年,在当时的中国战时生产局内任专家的美国人潘绥写了一份《利用美贷款筹建中国水力发电厂与清偿贷款方法》的报告。

1944 年,美国垦务局设计总工程师萨凡奇到三峡实地勘查后,提出了《扬子江三峡计划初步报告》,即著名的"萨凡奇计划"。

1945 年,国民政府资源委员会成立了三峡水力发电计划技术研究委员会、全国水力发电工程总处及三峡勘测处。

1946 年,国民政府资源委员会与美国垦务局正式签订合约,由该局代为进行三峡大坝的设计;中国派遣技术人员前往美国参加设计工作。有关部门初步进行了坝址及库区测量、地质调查与钻探、经济调查、规划及设计工作等。

1947 年 5 月,面临崩溃的国民政府,中止了三峡水力发电计划的实施,撤回在美的全部技术人员。

1949 年,长江流域遭遇大洪水,荆江大堤险象环生。长江中下游特别是荆江河段的防洪问题,从中华人民共和国成立伊始就引起了重视。

1950 年初,长江水利委员会正式在武汉成立。3 年后兴建了荆江分洪工程。

1953 年,毛泽东主席在听取长江干流及主要支流修建水库规划的介绍时,希望在三峡修建水库,以"毕其功于一役"。

1953 年 10 月,长江水利委员会上游局党组在向西南局财委提交的报告中提出,将来三峡水库的蓄水高度可能在 190 m 左右,请西南局向沿江城市和有关单位打招呼,不要在 190 m 高程以下设厂或建较重要的工程。西南局财委同意了这个意见。

1954 年 9 月,长江水利委员会主任林一山在《关于治江计划基本方案的报告》中提出三峡坝址拟选在黄陵庙地区,蓄水位拟选为 191.5 m。

1955 年起,在中共中央、国务院领导下,有关部门和各方面人士通力合作,全面开展长江流域规划和三峡工程勘测、科研、设计与论证工作。3 月,在莫斯科签订了技术援助合同,第一批苏联专家 6 月到达武汉。长委所属 4 台钻机和第七地形测量队先后进入三峡地区,开展测量工作。

1955 年 12 月,周恩来在北京主持会议,在听取长委和苏联专家两种截然相反的意见后,肯定了国内专家的意见,正式提出,三峡水利枢纽有着"对上可以调蓄、对下可以补偿"的独特作用,三峡工程是长江流域规划的主体。

1956 年，毛泽东主席在武汉畅游长江后写下了“更立西江石壁，截断巫山云雨，高峡出平湖”的著名诗句。

1957 年 12 月 3 日，周恩来总理为全国电力会议题词：“为充分利用中国五亿四千万千瓦的水力资源和建设长江三峡水利枢纽的远大目标而奋斗。”

1958 年 3 月，周恩来总理在中共中央成都会议上作了关于长江流域和三峡工程的报告，会议通过了《中共中央关于三峡水利枢纽和长江流域规划的意见》，明确提出“从国家长远的经济发展和技术条件两个方面考虑，三峡水利枢纽是需要修建而且可能修建的”，“应当采取积极准备、充分可靠的方针进行工作”。当月，周恩来总理登上三斗坪中堡岛，与随行专家共同研究三峡工程坝址优选方案。

1958 年 3 月 30 日，毛泽东主席视察葛洲坝坝址。

1958 年 6 月，长江三峡水利枢纽第一次科研会议在武汉召开，82 个相关单位的 268 人参加，会后向中央报送了《关于三峡水利枢纽科学技术研究会议的报告》。

1958 年 8 月，周恩来总理主持了在北戴河召开的长江三峡会议，更具体地研究了进一步加快三峡设计及准备工作的有关问题，要求 1958 年底完成三峡初设要点报告。

1960 年 4 月，水电部组织了水电系统的苏联专家 18 人及国内有关单位的专家 100 余人在三峡查勘，研究选择坝址。同月，中共中央中南局在广州召开经济协作会，讨论了在“二五”期间投资 4 亿元，准备 1961 年三峡工程开工的问题。由于暂时经济困难和国际形势影响，三峡建设步伐得到调整。1960 年 8 月，苏联政府撤回了有关专家。

1970 年，中央决定先建作为三峡总体工程一部分的葛洲坝工程，一方面解决华中用电供应问题，一方面为三峡工程做准备。12 月 26 日，毛泽东主席作了亲笔批示：“赞成兴建此坝。”

1970 年 12 月 30 日，葛洲坝工程开工。

1979 年，水利部向国务院报告关于三峡水利枢纽的建议，建议中央尽早决策。

1980 年 7 月，邓小平副总理从重庆乘船视察了三峡坝址、葛洲坝工地和荆江大堤，听取了三峡工程的汇报。

1981 年 1 月 4 日，葛洲坝工程大江截流胜利合龙。

1981 年 12 月，葛洲坝水利枢纽二江电站 1 号、2 号机组通过国家验收正式投产。

1981 年 11 月，邓小平同志在听取兴建三峡工程的汇报时果断表态：“看准了就下决心搞，不要动摇！”

1984 年 4 月，国务院原则批准由长江流域规划办公室组织编制的《三峡水利枢纽可行性研究报告》,初步确定三峡工程实施蓄水位为 150 m 的低坝方案。

1984 年底,重庆市对三峡工程实施低坝方案提出异议,认为这一方案的回水末端仅止于涪陵一忠县间 180 km 的河段内,重庆以下较长一段川江航道得不到改善,万吨级船队仍然不能直抵重庆。

1986 年 3 月,邓小平接见美国《中报》董事长傅朝枢时表示:对兴建三峡工程这样关系千秋万代的大事,中国政府一定会周密考虑,有了一个好处最大、坏处最小的方案时,才会决定开工,是决不会草率从事的。

1986 年 6 月,中央和国务院决定进一步扩大论证,责成水利部重新提出三峡工程可行性报告,以钱正英为组长的三峡工程论证领导小组成立了 14 个专家组,进行了长达 2 年 8 个月的论证。

1989 年,长江流域规划办公室重新编制了《长江三峡水利枢纽可行性研究报告》,认为建比不建好,早建比晚建有利。报告推荐的建设方案是:"一级开发,一次建成,分期蓄水,连续移民。"三峡工程的实施方案确定坝高为 185 m,蓄水位为 175 m。

1989 年 7 月,中共中央委员会总书记江泽民来到湖北宜昌,考察了三峡大坝坝址中堡岛。

1989 年底,葛洲坝工程全面竣工,通过国家验收。

1990 年 7 月,以邹家华为主任的国务院三峡工程审查委员会成立;至 1991 年 8 月,委员会通过了可行性研究报告,报请国务院审批,并提请第七届全国人大审议。

1991 年 9 月,李瑞环视察三峡大坝坝址。

1992 年 4 月 3 日,七届全国人大第五次会议以 1 767 票赞成、177 票反对、664 票弃权、25 人未按表决器通过了《关于兴建长江三峡工程的决议》,决定将兴建三峡工程列入国民经济和社会发展十年规划,由国务院根据国民经济发展的实际情况和国家财力、物力的可能,选择适当时机组织实施。三峡工程采取"一次开发、一次建成、分期蓄水、连续移民"的建设方式,水库淹没涉及湖北省、重庆市的 20 个区(县)、270 多个乡镇、1 500 多家企业,以及 3 400 多万 m^2 的房屋。从开始实施移民工程的 1993 年到 2005 年,每年平均移民近 10 万人左右,累计需要移民 110 多万。

1993 年 1 月,国务院三峡工程建设委员会成立,李鹏兼任建设委员会主任。委员会下设三个机构:办公室、移民开发局和中国长江三峡工程开发总公司。

1993 年 7 月 26 日,国务院三峡工程建设委员会第二次会议审查批准了《长江三峡水利枢纽初步设计报告(枢纽工程)》,标志着三峡工程建设进入正式施工准备阶段。

1993 年 8 月,国务院发布了《长江三峡工程建设移民条例》,规定:国家在三峡工程建设中实行开发性移民方针，使移民的生活水平达到或者超过原有水平，并为三峡库区长远的经济发展和移民生活水平的提高创造条件。

1993 年 9 月 27 日，中国长江三峡工程开发总公司正式挂牌成立。

1993 年 12 月 25 日，国务院三峡工程建设委员会第三次会议研究三峡工程移民问题。

1994 年 10 月 16 日，中共中央总书记、国家主席江泽民考察三峡工地时指出，“既然已经下定决心要上这个工程，就要万众一心，不怕困难，艰苦奋斗，务求必胜。”他还为三峡工程题词：“向参加三峡工程的广大建设者致敬。”

1994 年 11 月 2 日，国务院副总理朱镕基视察三峡工程。

1994 年 11 月 17 日，国务院三峡工程建设委员会第四次会议研究三峡工程正式开工问题。

1994 年 12 月，国务院总理李鹏在乘船赴三峡工地参加工程开工典礼的途中，写下了歌颂三峡工程的《大江曲》。

1994 年 12 月 14 日，李鹏总理在宜昌三斗坪举行的三峡工程开工典礼上宣布：三峡工程正式开工。

1995 年，三峡库区一期水位移民搬迁安置工作全面启动。

1996 年 6 月 1 日，葛洲坝电厂正式移交中国三峡总公司。

1996 年 8 月，中国当时跨度最大的悬索桥——西陵长江大桥正式通车；12 月，宜昌三峡机场通航，这些为更好地服务三峡工程建设，起到重要作用。

1996 年 11 月下旬，三峡工程大江截流系统工程启动。

1996 年 12 月 22 日，国务院副总理吴邦国视察三峡工程工地。

1997 年 1 月，国家计划委员会正式批准 10 亿元人民币三峡债券发行计划，这是三峡总公司第一次采取国内发行债券的形式用以筹措三峡工程建设资金。

1997 年 3 月，八届全国人大第五次会议批准设立重庆直辖市。这有利于三峡工程建设和库区移民统一规划、安排和管理。

1997 年 9 月中旬，三峡水库淹没区一线水位移民搬迁基本结束。

1997 年 10 月 1 日，当时亚洲载重量最大的公路大桥三峡工程覃家沱大桥建成通车，标志着三峡工程对外交通建设全部完成。

1997 年 10 月 6 日，人工开挖的 3.5 km 长、可供大型船队航行的三峡工程导流明渠正式通航。

图 2-2-11 三峡工程导流明渠通航

1997 年 10 月 13 日,国务院三峡工程建设委员会第六次会议审议批准《长江三峡工程大江截流前验收报告》。

1997 年 10 月 14 日,国务院第 63 次常务会议通过《三峡工程大江截流前验收报告》,决定三峡工程于 11 月 8 日实施大江截流。

1997 年 10 月 30 日,中共中央政治局常委、中央书记处书记胡锦涛一行视察三峡工程。

1997 年 11 月 8 日,三峡工程实现大江截流,标志着为期 5 年的一期工程胜利完成,三峡工程转入二期工程建设。

1998 年 1 月初,中国长江三峡工程开发总公司根据国家有关工程质量的法令、法规,结合三峡工程建设实际,制定《三峡工程质量管理办法(试行)》,并于 1998 年 1 月正式执行。

1998 年 1 月 12 日,国务院三峡工程建设委员会第七次会议研究三峡二期工程的目标、任务和重点工作的有关问题。

1998 年 1 月 13 日—17 日,中共中央总书记江泽民视察重庆市及库区移民工作,要求把移民放在大事之首,抓住机遇,埋头苦干。

1998 年 4 月 21 日,三峡永久船闸一期开挖工程通过竣工验收,工程质量合格率达 100%,优良率达 82.6%,总体质量完全达到设计要求。

1998 年 5 月 1 日,经过 5 年的建设,长江三峡临时船闸正式通航。这是目前世界上最大的双线五级船闸。

1998 年 5 月 14 日,由长江水利委员会地球物理勘测研究院提交的《长江三峡水利枢纽一期主体工程建基面弹性波检测工程》通过专家评审验收,其成果报告正式归档，载入了三峡工程建设史册。

1998 年 6 月 1 日，三峡工程二期围堰下游防渗墙宣告全线封闭，共完成防渗墙面积 25 746 m^2。

1998 年 7 月，三峡坝区遭遇 57 700 m^3/s 流量的大洪水，坝址水域来水量达到 1877 年以来历史同期最高值，三峡工程经受住洪水考验，工程主要项目正常施工。

1998 年 10 月 8 日，三峡永久船闸上游引航道靠船墩浇下第一方混凝土，这标志着世界最大的船闸已由开挖阶段转入混凝土浇筑阶段。

1998 年 12 月 28—30 日，国务院总理、国务院三峡工程建设委员会主任朱镕基对三峡工程库、坝区进行了考察，并谆谆告诫全体三峡建设者，三峡工程是"千年大计，国运所系"，质量是三峡工程的生命，质量责任重于泰山。

1999 年 2 月 6 日，中共中央纪委书记尉健行参观三峡工程展览馆。

1999 年 3 月 12 日，由山西长治锻压机床厂制造的当时国内最大卷板机在三峡工地正式投入使用。该机的顺利投入使用，标志着中国已成为世界上能生产特大卷板机的少数国家之一。

1999 年 10 月 3 日，三峡工程永久船闸南线五闸首保护层最后一方石渣被运往渣场，至此，由武警水电部队第四支队担负的永久船闸南线开挖全部完成，这标志着永久船闸主体开挖工程圆满结束。

1999 年 12 月 31 日，三峡工程全年完成混凝土浇筑 458.52 万 m^3，超额完成年浇筑 448 万 m^3 混凝土的计划，远远超过巴西伊泰普创下的年浇筑混凝土 320 万 m^3 的纪录。

2000 年 1 月 24 日，三峡工程左岸电站厂房首台机组基础环在 1 号机安装就位，标志着三峡左岸电站厂房施工由土建施工为主转入土建与机组埋件安装并举阶段。

2000 年 7 月 17 日，150 户 639 名重庆市云阳县农村移民外迁到上海市崇明县(现崇明区)落户。这是由政府组织的首批外迁移民。

2001 年 1 月 5 日，《长江三峡工程淹没区及迁建区文物古迹保护规划报告》正式通过审查。

2001 年 2 月 15 日，国务院总理朱镕基主持国务院第 35 次常务会议，审议并原则通过《长江三峡工程建设移民条例(修订草案)》(以下简称《条例》)，这是对 1993 年的条例进行的修订。《条例》结合一期移民工作实践，对移民迁建和管理的一些政策和原则进行了必要的修改、补充和完善。《条例》自 2001 年 3 月 1 日起实施。

2001 年 5 月 31 日，国务院三峡工程建设委员会第十次会议研究三峡工程建设、外迁移民等有关问题。

2001 年 8 月 30 日，由中国社会科学院和国务院三峡工程建设委员会移民局承担的“中国三峡移民人权保障实证研究”课题在北京正式启动。

2001 年 11 月 7 日，三峡工程永久性船闸首扇反弧门在闸首中南竖井内安装成功。

2002 年 1 月 13 日，经过多年建设，三峡工程大坝已经达到 2003 年蓄水发电所需的坝高，三峡大坝迎水面高程已经全线达到 140 m 海拔高程以上，大坝高度已具备挡水要求。

2002 年 3 月 17 日，三峡工程首台发电机组转轮吊装成功。转轮的顺利安装为三峡工程在 2003 年实现首批机组发电创造了条件。

2002 年 5 月 1 日，三峡工程成功地实施了对上游围堰的爆破。1997 年大江截流形成的上游围堰完成了历史使命。

图 2-2-12 三峡工程首台发电机组转轮吊装

2002 年 9 月 1 日，三峡工程永久船闸开始进行有水调试。永久船闸按年单向 5 000 万 t 和通过万吨级船队要求设计。过往永久船闸的船舶包括万吨级船队，每次过闸的时间大约需要 2 小时 35 分钟。根据三峡工程建设计划，船闸将于 2003 年 6 月通航。

2002 年 9 月 1 日，国务院下达的三峡库区 12 万二期外迁移民任务全面完成，135 m 水位下的清库工作接近尾声。

2002 年 10 月 21 日，三峡大坝最关键的泄洪坝段已经全部建成，全线达到海拔 185 m 大坝设计高程。

2002 年 10 月 25 日，国务院召开长江三峡二期工程验收委员会全体会议，同意枢纽工程验收组关于在 2002 年 11 月份实施导流明渠截流的意见。

2002 年 10 月 26 日，全长 1.6 km 的三峡二期大坝全线封顶，整段大坝都已升高到海拔 185 m 设计坝顶高程。

2002 年 10 月 29 日，国务院总理朱镕基主持国务院三峡工程建设委员会第十一次会议，同意国务院长江三峡二期工程验收委员会的意见，决定在 11 月 6 日进行导流明渠截流合龙。次日，三峡工程开发总公司宣布了国务院三建委[1]的决定。

2002 年 11 月 6 日，长江三峡工程导流明渠截流合龙。中共中央政治局常委、全国人大常委会委员长李鹏在截流合龙后发表讲话。全长 3.7 km、渠宽 350 m 的导流明渠，是为解决三峡二期工程期间通航和过流而开挖出来的一段“人造长江”。

2002 年 11 月 7 日，当时世界上最大的水轮发电机组转子在三峡工地成功吊装，标志着三峡首台机组大件安装基本完成，从此进入总装阶段。

2002 年 12 月 16 日，三峡工程三期碾压混凝土围堰开始浇筑。三期围堰设计总浇筑量为 110 万 m^3，将与下游土石围堰一起保护右岸大坝、电站厂房及右岸非溢流坝段施工，是实现三期工程蓄水、通航、发电的关键性工程。

2003 年 2 月 27 日，三峡库区三、四期移民搬迁工作全面启动。

2003 年 4 月 11 日，三峡工程临时船闸停止通航运行，长江三峡水域拟实行为期 67 天的断航，至 6 月 16 日恢复通航。与此同时，翻坝转运工作全面启动。

2003 年 4 月 16 日，三峡三期碾压混凝土围堰全线到顶，比合同工期提前 55 天达到 140 m 设计高程。

2003 年 4 月 22 日，三峡工程左岸临时船闸改建冲沙闸工程开工。

2003 年 4 月 27 日，三峡工程二期移民工程通过国家验收。这标志着三峡移民工作取得重大阶段性成果，三峡库区 135 m 水位线下移民迁建及库底清理工作已全面完成，达到三峡工程按期蓄水的要求。

2003 年 5 月 21 日，国务院长江三峡二期工程验收委员会枢纽工程验收组正式宣布，三峡二期工程达到蓄水 135 m 水位和船舶试通航要求。同意三峡工程 6 月 1 日下闸蓄水，并可以在 2003 年 6 月份实施永久船闸试通航。至此，中国建成了当

[1] 指国务院三峡工程建设委员会，2018 年并入水利部。

时世界上水位落差最大的船闸。

2003 年 5 月 30 日,三峡工程依次开启位于泄洪坝段的 20 号、21 号、22 号、23 号 4 个泄洪深孔,这是三峡工程泄洪孔建成后首次开启。

2003 年 6 月 1 日零时,三峡大坝中的闸门按计划准时启动,三峡工程正式下闸蓄水。三峡工程船闸全长 6.4 km,其中船闸主体部分 1.6 km,引航道 4.8 km。三峡船闸系双线五级梯级船闸,其工程规模居世界之最。

图 2-2-13 三峡船闸试通航

2003 年 6 月 16 日,三峡船闸开始试通航。

2003 年 6 月 24 日,三峡首批发电的 2 号机组成功进行并网发电试验。

2003 年 7 月 1 日上午 9 时 58 分,三峡工程第一台发电机组——2 号机组开始进行 72 h 并网试运行。4 日 5 时 52 分,2 号机组发生运行故障,机组随即跳闸停机。在故障原因查明后,2 号机组于 5 日 11 时 16 分重新启动,开始新一轮 72 h 并网试运行。

2003 年 7 月 10 日 1 时 31 分,长江三峡工程第一台发电机组装机容量 70 万 kW 的 2 号机组提前 20 天实现并网发电。

2003 年 8 月 18 日 9 时 32 分,三峡工程第 3 台投产的发电机组 3 号机组正式并网发电。

2003 年 10 月,国务院总理、国务院三峡工程建设委员会主任温家宝赴三峡库区和三峡枢纽工程建设工地考察。

2003 年 11 月 22 日,长江三峡工程第 1 号机组正式并网发电并投入商业运行。至此,三峡工程首批发电的 6 台机组全部投产。三峡工程创造出一年内装机 420 万

kW、连续投产6台70万kW水电装机的安装和投产世界纪录。

2004年1月9日，三峡工程从2004年起进入三期工程。三峡三期工程至2009年历时6年，期间将完成右岸大坝和右岸电站建设，修建世界上最大的升船机，有20台单机70万kW的机组投产。

2004年4月，三峡工程三期移民搬建工作已全面展开。三峡工程竣工后，三峡库区将搬迁移民113万人，其中重庆103万人。根据规划，重庆市三期动迁移民32.44万人，迁建工矿企业304家，复建各类房屋942万m^2。三期移民工作预计将于2006年上半年完成。

2004年4月30日，长江三峡工程左岸电站7号发电机组正式并网发电。至此，三峡工程已有8台70万kW大型机组投产，日发电量达1.15亿kW·h。

2004年4月，全国人大常委会委员长吴邦国视察三峡工地。

2004年6月8日，新华社报道，全国对口支援三峡库区工作实施战略转移。今后对口支援工作重点将围绕国家扶持库区发展的四大产业进行，在支援上逐步实现从输血型向造血型、从扶贫型向开发型、从政府主导型向市场行为型、从单方受益型向互惠互利型转变。

2004年7月6日，投入40亿元的三峡库区二期地质灾害治理工程已基本完成。此项工程已经发挥出三大效益：一是基本消除了受135 m水位影响的崩滑体灾害；二是基本消除了受135 m水位影响塌岸灾害；三是消除了大量危及移民迁(复)建工程、城镇、港口码头、公路等的地质灾害。

2004年7月8日，国务院长江三峡二期工程船闸通航验收委员会在三峡工地宣布，三峡船闸已经通过正式通航验收，由试通航转为正式通航。

2004年7月26日，三峡工程第9台投产机组三峡左岸电站11号发电机组正式并网发电。11号机组发电机转子最大直径为18.74 m，高3.42 m，重量为1779 t，加上发电机定子和水轮机的重量，机组总重量在4 900 t左右，是当时世界已投产的水轮发电机组中重量最重的机组。

2004年8月24日，三峡工程左岸电站8号机组正式并网发电。至此，三峡工程已有10台机组投产发电，投产总装机容量达700万kW，实际装机容量已位居世界发电厂第3位，发电能力位居全国第一。

2004年8月26日，重庆奉节县的882名移民踏上赴江西的外迁之路，标志着三峡库区出省市外迁移民工作全部结束。至此，三峡库区已经外迁移民16.5万人。

2004年9月底，三峡枢纽工程已累计完成静态投资393亿元，占投资概算的78.5%。移民搬迁安置工程已经完成，移民包干补偿资金静态投资330亿元，占投资概算400亿元的82.5%。

2004年10月12日，历时5年、涉及16.6万人的三峡移民外迁安置工作已正式结束。截至2004年9月，库区政府共组织外迁移民9.6万人，加上重庆市内、湖北省内安置4.5万人，以及自主外迁到20多个省、市的2.5万人，共从库区外迁农村移民16.6万人。据统计，三峡农村移民安置在上海、江苏等11个省(市)的249个县、1 062个乡镇、2000多个安置点。外迁移民的生产、生活条件得到落实，承包土地人均达到1亩左右，人均住房面积达到20～25 m^2。

2004年12月8日，长江三峡工程地下电站主体工程首次进行公开招标，拉开了三峡地下电站建设的序幕。三峡地下电站是置发电机组于大坝右侧山体内的隐蔽式电厂，将安装6台70万kW的发电机组。地下电站于2009年全部建成投产后，将使三峡工程的总装机由原来设计的26台增加到32台，装机容量由1 820万kW增加到2 240万kW。

2004年12月28日，三峡电力外送的第三条通道三峡至上海500 kV直流输变电工程在湖北宜都市正式开工。工程将穿过湖北、安徽、江苏、浙江4省，跨越长江、汉江，从三峡电厂直抵上海市青浦区，线路全长1 075 km，工程总投资70亿元，计划于2007年建成完工。

2005年4月5日，三峡库区农村移民外迁工作总结表彰会在重庆万州召开，中共中央政治局委员、国务院副总理、国务院三峡工程建设委员会副主任曾培炎出席会议并讲话。曾培炎指出，三峡库区农村移民出省市外迁安置任务如期完成，充分体现了社会主义集中力量办大事的优越性，体现了中华民族团结互助的精神，在中华人民共和国移民史上写下了光辉的一页。

2005年5月12日，三峡工程4项攻关课题荣获2004年度国家科学技术进步二等奖。这4项课题分别是："特大型施工机械运行安全、诊断与优化研究""三峡1 200/125 t桥式起重机研究""长江三峡工程二期上游围堰防渗墙施工技术与研究"和"三峡工程明渠导流及通航研究与运行实践"。

2005年9月16日，三峡工程左岸14台70万kW机组全部并网运行，提前1年实现了投产发电。中共中央政治局委员、国务院副总理曾培炎出席投产发电仪式并致辞。

2005年10月12日，三峡大坝启动导流底孔封堵工程。该工程计划于2006年5月15日前完工。

2005年12月1日，三峡重庆库区三期蓄水库底清理工作全面启动，清库工作将为2006年汛后三峡工程蓄水至156 m做准备。

2005 年 12 月 16 日，历时 55 天的三峡船闸下引航道、口门区及连接段清淤施工顺利结束，完成疏浚工程量 44 万 m^3，是三峡船闸引航道自 2003 年通航以来清淤量最大的一次。

截至 2005 年底，三峡工程已累计完成静态投资近 430 亿元(超过概算 90%)。左岸大坝已全线达到 185 m 高程，左岸电站 14 台机组(980 万 kW)比设计提前 1 年全部投入运行；右岸大坝浇筑高程已达到 160 m(超过计划 2 m)，未发现裂纹和质量问题，右岸电站机组埋件安装全面展开，地下电站主厂房、尾水洞等工程正在抓紧实施，工程质量进一步提高。

2006 年 2 月 10 日，截至当日 10 时，三峡电站累计发电量达到 1 000 亿 kW · h，为缓解我国电力紧张局面作出了重要贡献。

2006 年 2 月 10 日，三峡工程三期库底清理工作进入全面实施阶段。

2006 年 3 月 29 日，三峡大坝进入最后的施工建设阶段，离大坝全部建成只剩下约 7.8 万 m^3 混凝土。三峡大坝全长 2 309 m，混凝土总方量为 1610 万 m^3，是世界上规模最大的大坝，设计坝顶海拔高程 185 m。

2006 年 4 月 10 日，国务院三峡工程质量检查专家组第 15 次到三峡工地现场检查。专家组认为，三峡三期工程施工质量完全处于受控状态，左岸机组安装和地下厂房开挖质量很好，右岸大坝没有裂缝，创造了世界奇迹。

2006 年 4 月 13 日，由中宣部、国务院三峡办、中共重庆市委联合主办的三峡移民精神报告会在北京举行。三峡移民精神集中体现了“顾全大局的爱国精神，舍己为公的奉献精神，万众一心的协作精神，艰苦创业的拼搏精神”，是以爱国主义为核心的民族精神和以改革创新为核心的时代精神。

2006 年 4 月 21 日至 24 日，中共中央政治局常委、国务院总理温家宝在重庆考察工作，就重庆经济社会发展及三峡库区移民工作进行深入调查研究。

2006 年 5 月 11 日，由葛洲坝集团机电建设公司承建的三峡右岸电站首台机组定子开始组装，这标志着三峡右岸电站 12 台发电机组进入机电安装阶段。首台组装的是 26 号机组定子，这台机组预计于 2007 年 8 月安装完成。

2006 年 5 月 12 日，国务院总理、国务院三峡工程建设委员会主任温家宝主持国务院三峡工程建设委员会第十五次全体会议，听取三峡办等有关部门的工作汇报，审议批准三峡水库今年汛后蓄水至 156 m 的工作方案。

图 2-2-14 三峡工程三期围堰爆破

2007 年 2 月 28 日，三峡右岸下游围堰成功爆破。

2012 年 5 月 4 日，三峡地下电站 27 号机组首次启动成功，此举标志着三峡工程最后一台 70 万 kW 机组投产发电进入倒计时阶段。

2013 年 10 月 20 日，三峡电站累计发电量已突破 7 000 亿 kW·h。据测算，三峡电站年发电量相当于减排二氧化碳 7 514 万 t、二氧化硫 90 万 t。10 年发电量相当于减少使用约 3 亿 t 标准煤。

2014 年 9 月 15 日凌晨起，长江三峡枢纽工程正式启动新一轮 175 m 试验性蓄水。由于新一轮洪水正在过境三峡，本轮蓄水工作属近年来首次与防洪调度同步开展。当时预计 10 月底或 11 月份，三峡工程将蓄至 175 m 水位。

2. 工程规划历程在流域或国民经济发展规划中的作用

中华人民共和国成立后，党中央、国务院十分重视长江中下游防洪安全，在百废待兴的新中国，即抓紧加固长江干堤并建设了荆江分洪工程，同时积极组织研究长江防洪治本方案。在对长江上游及其主要支流兴建控制性水库方案进行研究后，发现仅修建支流水库仍不能够解决长江中下游特别是荆江地区的防洪问题。于 1956 年开始编制、1959 年正式提出的《长江流域综合利用规划要点报告》中，对三峡工程在综合治理和开发长江中的作用做了全面分析，其要点如下。

(1) 三峡水利枢纽对长江洪水有特殊的控制作用，只有三峡枢纽才可能有效地控制强大而集中的川江洪水，解除其对荆江河段的严重威胁和洞庭湖广大地区的洪水灾害。因为三峡水库控制了长江洪水的主要来源，全江较大的水库可以发挥有效的调节和补偿作用。

(2) 由于三峡枢纽控制了量大而又稳定的水源，加上它有较高的水头可以利用，因而发电经济指标十分优越。而且由于三峡枢纽接近我国水利资源较缺的东部广大地区，更显示它的特殊意义。

(3) 长江干流向来是我国的水运中心，三峡水利枢纽对改善干流航运具有重要作用。长江航运的天然状态，不仅限制货运量提高，也是货运成本不能迅速降低的原因之一。彻底改善这个水运大动脉的关键是三峡水利枢纽的兴建。

(4) 三峡枢纽对灌溉除涝有重要作用。主要表现如下。

①荆南洞庭湖广大地区，整体除涝与减少湖区淤塞计划的实现，将以兴建三峡枢纽与控制四口为唯一前提。

②由三峡通过引汉济淮济黄运河系统，向华北平原自流引水计划，从地形和技术方面说是可能的，应早有考虑，以防止长期建设中的盲目性。

《长江流域综合利用规划要点报告》指出：三峡枢纽在防洪、发电、灌溉与航运等主要综合利用方面是指标优越和对全国有显著影响的工程，是长江流域规划的主体。

三、工程效益

三峡水利枢纽具有巨大的防洪、发电和航运效益。

1. 防洪方面

枢纽地理位置优越可有效地控制长江上游洪水，对中下游平原区，特别是对荆江地区的防洪起着决定性的不可代替的作用：工程建成后有防洪库容 221.5 亿 m^3，可使荆江河段的防洪标准由现状的 10 年一遇提高到 100 年一遇；如遇 1 000 年一遇或更大洪水，配合荆江分洪等分蓄洪工程的运用，可防止荆江河段发生干堤溃决的毁灭性灾害；还可大大提高长江中下游防洪调度的机动性和可靠性，减轻中下游洪水淹没损失和武汉市的洪水威胁；并可为洞庭湖区的根本治理创造条件。

图 2-2-15 三峡枢纽泄洪深孔泄洪景象

2. 发电方面

三峡水电站多年平均年发电量 882 亿 kW · h。主要向华东、华中和华南地区供电。截至 2019 年底,三峡电站累计发电量 1.29 万亿 kW · h,相当于替代燃烧标准煤 3.96 亿 t,减少 10.83 亿 t 二氧化碳、25.8 万 t 二氧化硫,节能减排效益显著。

数据显示,截至 2019 年底,三峡水库累计为长江中下游补水 2 057 天,补水总量 2 664 亿 m^3,相当于近 10 个鄱阳湖的蓄水量。2 000 多亿 m^3 的长江水,足够用来干许多大事。

图 2-2-16 三峡发电站 34 台机组并网发电

3. 航运方面

三峡水库可显著改善长江宜昌至重庆长 660 km 的航道，万吨级船队可直达重庆港。航道单向年通过能力可由 1 000 万 t 提高到 5 000 万 t。因三峡水库调节，宜昌下游枯水季最小流量可从 3 000 m^3/s 提高到 5 000 m^3/s 以上，从而使长江中下游枯水季航运条件也有较大的改善。

图 2-2-17　三峡船闸通航

三峡水库可促进水库渔业、旅游业的发展，改善长江中下游枯水季水质，并有利于南水北调。

4. 环境影响

按工程环境影响性质、评价内容分为有利影响与不利影响。

(1) 主要有利影响

有效地减免特大洪涝灾害；保护中下游生产生活环境；提供清洁能源；改善航运；有利于发展水产；有利于中下游血吸虫病防治；减少洞庭湖淤积；改善枯水期水质；改善库区小气候等。

①有效地减轻洪水对长江中下游平原地区的威胁，改善平原区人民的生产和生活环境。长江中下游洪灾频繁而严重，据历史记载，从汉代至清末的 2 000 余年中发生大小洪灾 200 余次，平均 10 年 1 次，在 20 世纪内就发生过 1931 年、1935 年、1949 年和 1954 年 4 次严重的洪水灾害。历史上每次大的洪水灾害，洪水所过，田舍荡然无存。人民生命财产受到巨大损失，灾民流离失所，灾区的生态与环境遭受严重的破坏。灾后伴随而来的是瘟疫流行、钉螺扩散、血吸虫病蔓延以及由此带来的许多

社会问题，造成大量人员伤亡和严重的精神创伤。如1931年和1935年两次洪水灾害，每次死亡的人数都超过10万。1954年洪水，在党和政府领导下，抗洪斗争取得伟大胜利，死亡人数大幅度下降。目前长江中下游抗御中小洪水的能力虽已有很大提高，但较大洪水威胁依然十分严重。

图2-2-18 三峡水库拦蓄洪水

目前长江中下游防洪主要依靠堤防，防洪堤共3万多km，最大高度已达16 m，再依靠加高堤防来提高防御标准已很困难，且堤防愈高，风险愈大。目前堤防标准仅可防御约5～20年一遇的洪水，超过上述标准，即需要采取分蓄洪措施，而分蓄洪区都是已垦殖地区，人口稠密，分洪损失巨大，特别是荆江南北两岸平原总面积约4万km^2，在汛期，长江洪水位一般要高出荆江北岸地面10余m，防洪形势严峻，如发生像1870年那样的特大洪水，可能导致南北两岸堤防溃决，对人口稠密、经济发达的平原区生态与环境及社会经济造成毁灭性的灾害，打乱这个地区乃至全国的经济发展部署。广大中下游平原地区遭受一次大水灾后，人类生态系统和自然环境等受到严重破坏，往往数年还难以恢复元气。

三峡水库防洪库容221.5亿m^3，可避免特大洪水(超过100年一遇的洪水)造成荆江两岸堤防溃决、大量人口死亡的毁灭性灾害。如遇100年一遇或小于100年一遇的洪水可不使用荆江分洪工程，减少荆江和城陵矶地区的洪水淹没，配合堤防和分蓄洪工程，可基本上解除长江洪水对中下游平原地区的巨大威胁，减轻荆江地区承受毁灭性灾害的风险，减少当地人民每年修筑堤防所需的大量劳动力和财力负担，从而大大减少因防洪、分洪产生的社会问题，缓解中下游平原区的洪水对人民财产以及心理的威胁，从而使沿江人民的生产、生活环境得到改善，增加安全感。

②可减免因分洪、堤垸扒口引起生态环境恶化。遇有大洪水发生时，需要有计划地分洪、扒口，避免洪灾，这是防洪的重要措施之一，但分洪、扒口会使分洪区人们赖以生存的生活环境大大改变，承受重大经济损失。根据目前分洪区的经济情况，如 1954 年洪水，在理想分洪调度情况下，将淹没农田近百万公顷，紧急移民数百万人，分蓄洪损失加上城市工业、交通损失和防洪费用等，合计直接经济损失达数百亿元，还将对国民经济和生态与环境引起恶性的连锁反应。例如 1954 年荆江分洪区分洪，安全区人口密度近 9 000 人/km^2，疾病流行，死亡率达 15‰。现在一旦分洪，约有 40 余万人需要就近在安全区安置，而现有安全区总面积只有 19.75 km^2，平均每 1 000 m^2 超过 2 万人，老鼠、蛇虫将与人类争夺生存空间，病毒、细菌的传染，使瘟疫流行的可能性增大。三峡建成后，可降低对分洪区的运用概率，减免因分、蓄洪对生态与环境引起的不利影响。

③减少血吸虫病的蔓延。长江中游是我国血吸虫病的主要疫区，特别是湘、鄂两省更为严重。钉螺的扩散和蔓延，与洪水淹没面积的大小成正比，江湖中的洲滩、荒地是钉螺滋生地。一般长江 5 月份后逐渐上涨漫滩，钉螺会随草茎残叶顺水漂浮，遇到合适的条件即可着床，7—8 月份是芦滩扩散的旺期，为钉螺着床创造了条件，此时如发生大洪水而造成分洪、溃口，无疑会使钉螺大面积扩散，从而使多年防治血吸虫病的成果毁于一旦。1983 年洪水后，南京市江滩有钉螺面积从 133.33 hm^2 上升为 2 000 hm^2，比洪水前增加 10 倍以上，同时人群因防洪排涝接触疫水而大批受到感染，使得每年有近千例急性血吸虫病例发生。汉江小江湖分洪，钉螺扩散 39 处，使有钉螺面积达 1 019.46 hm^2，随之而来的病人治疗、钉螺整治都要付出极大代价。三峡建坝后洪水得到调节，洪灾减少，钉螺得到抑制，有利于中下游血吸虫病的防治。

④减缓洞庭湖的淤积。三峡建成前，每年汛期，长江上游洪水携带大量泥沙通过洞庭湖四口(池口、松滋口、太平口、调弦口)分流入湖，致使河床逐年淤积，湖面缩小，湖容锐减，加之人口增长，围湖垦殖，堤垸迅速增加，湖泊逐步走向消亡。据历史记载，1825 年，湖面面积达 6 000 km^2，湖容 400 亿 m^3；1949 年断面缩小至 4 350 km^2，湖容 293 亿 m^3；1983 年仅剩 2 691 km^2，湖容 174 亿 m^3。湖泊功能萎缩，生态系统恶化，三峡工程建成后，可有效地控制上游来水，减少分流入湖的水沙，减轻洪水对湖区的威胁，延缓洞庭湖的衰亡，改善湖泊生态环境。

⑤发电的环境效益。水电是再生能源，也是清洁能源，三峡电站装机容量为2 250万kW，年均发电量达到882亿kW·h，若以发电量相当的火电站代替，每年需要燃烧原煤4 000多万t，除火电厂排出大量热水、废渣影响环境外，每年还要排放二氧化硫约200万t(随煤的含硫量而变)，一氧化碳约1万t，氮氧化物37万t，还将产生大量的飘尘、降尘等，这些有毒有害气体和废弃物势必对周围环境造成污染，危及人体的健康。二氧化硫进入大气造成酸雨后，危害建筑物及植被，对生态与环境产生极为深远的不利影响。此外，在经济发达而能源短缺的华中地区，人多地少，电厂本身占地，加之所需灰场，必将占用大片耕地，对生态环境也将带来不利影响。再者，煤矿开采，运输系统建设和营运等，除产生环境问题外，还要耗费大量水资源，排放的冷却水还会导致局部水体的热污染问题。三峡电站利用水能发电，作为一种清洁能源，在取得相同电能的同时，可避免上述各种生态环境问题。

⑥改善航运条件。长江航运在全国内河航运方面具有重要的地位。但三峡建成前这条世界大河水运的发展远未达到应有的水平，年运输能力远低于世界同类河流，主要是长江航道条件仍然基本处于天然状态，特别是川江和荆江的航道条件制约着长江航运事业的发展。

宜昌至重庆河段通称川江，长660 km，是沟通西南与华中、华东的一条重要运输线，这一河段地处丘陵和高山峡谷之中，地势陡峻，水流湍急，滩礁接踵，共有滩险139处，单行控制航段46处。川江的三峡风光，给人们以美的享受，令中外旅游者神往。但三峡也以它的暗礁险滩、激浪溢流成为航运的一段畏途，以往“海损”事故时有发生。由于航运条件存在问题，特别是上水拖载能力低，运行时间长，运输成本高，每马力的拖载能力只为下游的1/10，运输成本比中下游高出1倍以上。坝下荆江河段，河道蜿蜒曲折，浅滩消长频繁，每年枯水期浅滩交替出现，影响航运畅通，这些因素都制约了航运和旅游事业的发展，影响航行的安全。

三峡水库建成后，枯水期水库回水直抵重庆，川江急流险滩均被淹没，库区航运条件有了很大改善，同时增加坝下游枯水流量，航深加大，荆江航道也有了改善，因此海损事故的风险大大减小。三峡水库不仅能改善长江这条横贯我国东西的“黄金水道”，促进全流域经济持续稳定发展，而且对保障航运安全，促进库区旅游事业的发展都具有重要作用。

⑦发展渔业及改善水质。建坝后，库区改变了原来滩多流急型河道的生态与环境，水面较天然河道增加近2倍，上游有机物质、营养盐一部分将滞留库内，库水适度变肥、变清，有利于饵料生物和鱼类的繁殖生长。冬季，水库下泄流量将比建库前增大，河流及通江湖泊水深相应增加，鱼类的越冬条件将有所改善，但三峡水库的干流

库段水深岸陡，无良好捕鱼场所，应加强研究及发展支流、库湾渔场及适应新环境的鱼类区系。总之，库区和坝下游发展渔业的前景是广阔的。

因水库调节作用，枯水期下泄流量增加，提高了坝下游污水稀释比，改善了水质，减轻了污染，如宜昌江段，建坝前枯水期径污比为 60∶1，建坝后提高为 120∶1。此外，枯水期各月间和不同水文年间下泄流量变幅减小，使下游水质控制条件趋于稳定，保证率提高。长江河口咸潮入侵的距离和盐度变化与长江径流量有密切关系，枯水期下泄流量增大，对削减咸潮入侵和增强冲淡氯度具有好的效果，有利于提高上海市供水的水质。

(2) 主要不利影响

淹没部分土地、文物古迹与景观，鱼类产卵场转移或者消失；移民数量较大；库区生态环境压力增加；水库江段流速减缓，水体自净能力减弱；施工造成水、气、渣、声污染；对河口生态环境影响等。

①对自然景观和文物古迹的影响

位于库区淹没线以下的文物古迹包括新石器时代文化遗址，夏、商、周、战国、两汉、晋、南北朝、唐、宋时代的古墓群，三峡与大宁河上的部分古栈道，涪陵白鹤梁枯水题刻，云阳龙脊石枯水题刻，云阳张飞庙，巴东秋风亭，涪陵蔺市龙门桥，巫山孔明碑，奉节粉壁垟，奉节横江铁柱，忠县干井沟无铭阙，奉节杜甫西阁等。这些损失是无法避免也是不可估量的，虽然部分文物可搬迁或复制，但已失去原有风貌和背景价值。

还有一些文物被部分淹没，也有一些文物没有受到影响，但是一部分文物由于水文等条件的改变而受到不同程度的影响。

总之，三峡工程的兴建，因水库淹没对库区自然景观和文物古迹都将产生一定影响。近景峡谷景观和峡谷感觉略有减弱，但中远景不会受很大影响；充满神话传奇的山峰仍遥在天际，库水位抬高无碍三峡基本风貌：高峡出平湖将展现新的景观，水位抬高改善干支流交通条件，使人们可到深谷新景点观赏；水位抬高，必然淹掉一些文物古迹，其中有的可迁建，有的可以复制保护，有的可原地防护；水位变化改变了一些文物古迹的环境，使其观赏价值更高；在三峡工程建设过程中，可能有许多新的文物古迹被发掘与开发，规模宏大的三峡水利枢纽将成为世界一大奇观，吸引更多游人流连忘返。

图 2-2-19 鄱阳湖落星墩低处被淹

② 对水生生物的影响

主要对饵料生物、普通鱼类和珍稀水生动物产生了影响。

a. 对饵料生物的影响

三峡建坝后，库内的流速变缓，透明度提高，有机物和营养盐类的增加，为浮游生物的生长提供有利条件。建坝后比建坝前，库区的浮游生物总体呈增长趋势，且越靠近坝前，数量越多，但是由于水库水体交换较快，营养物质的含量不会很高，故浮游生物并不会过量繁殖。浮游植物的增加，不仅增加了底栖生物的数量，也为部分鱼类如白鲢提供食物，有利于渔业的发展。

b. 对鱼类资源的影响

三峡出口是长江干流鱼类两个不同生态环境的分界线，三峡出口以下进入江汉平原地区，水面宽阔，水流平缓，鱼类组成多属暖流水中或静水生活的种类；三峡出口以上至奉节，即长江三峡，鱼类组成多属适应于急流中生活的种类，主要特征是体形细长，善泳或有吸盘等吸附构造。三峡建坝后，在 600 余 km 长的水库内，流速显著减缓，泥沙逐渐沉积，饵料生物组成发生大的变化，使原来在该江段栖息的一部分种类不能适应，从而在水库内逐渐消失，而喜缓流水生活和静水生活的鱼类的数量将在水库内逐渐增加。三峡地区不再是长江干流鱼类的生态环境分界线。

c. 对珍稀水生动物的影响

长江流域主要的珍稀水生动物主要有白鳍豚、白鲟、中华鲟、长江鲟、胭脂鱼和江豚等。白鳍豚目前已经到了快要灭绝的程度，即使不建三峡工程，若不采取积极的保护措施，最终也会走向灭绝，但是三峡工程的修建可能会加速白鳍豚的灭绝速度；白鲟的数量目前也已经在减少，在采取积极的保护措施和贯彻执行保护法令的前提下，白鲟的数量是有可能保持稳定的。但是三峡和葛洲坝工程隔断了白鲟上下游之间的交流，从而降低了白鲟的遗传质量，破坏了白鲟的生物多样性。葛洲坝工程阻隔了中华鲟繁殖群体的上通路，对其繁殖产生不利影响，已采取的人工繁殖放流措施，可以有限度减小其影响程度。紧靠葛洲坝枢纽的坝下江段所形成的中华鲟天然产卵场，对延续中华鲟的自然种群，起着至关重要的作用。三峡工程虽不存在阻隔作用的问题，但其改变了长江径流时空分配的格局，将直接或间接地对中华鲟的产卵场、产卵活动以及繁殖群体产生不利的影响。水库蓄水后，库区水文条件改变，长江鲟的栖息地也会改变。底栖生物的增加，为长江鲟的繁殖提供了充足的食物，有利于该种群的繁殖，但是鲤鱼对库区环境适应能力更强，将与中华鲟形成竞争，中华鲟也不会大规模快速繁殖；环境对江豚的影响与白鳍豚类似。

③水库淹没对环境的影响

据调查，水库总共淹没耕园地 2.84 万余 hm^2，其中耕地 1.72 万 hm^2，河滩地 3 867 hm^2，园地 7 374 hm^2。其中大部分耕地质量较好，利用率和生产率较高，河谷地带的耕地复种率达 200%～300%。这些淹没损失是永久的、不可逆的。

三峡水库淹没线以下的房屋面积合计 3 479 万 m^2，淹没公路 1 136.69 km，码头 593 处，以及其他大量通信线路、水电站、输电线路等。这些淹没的房屋、公路及上述的其他项目的复建都需要大量的投资，也必然会占用部分土地资源，使土地更为紧缺。

水库蓄水后，库区森林覆盖率为 19.5%，自然林仅占森林总面积 30%左右。沿江两岸森林覆盖率仅 5%左右。森林组成中飞播林、人工林或次生林约占 60%以上，主要类型为马尾松林、柏木林。由于土壤侵蚀严重，土层薄、肥力低、管理差，致使森林生产力不高，一般木材蓄积不足 100 m^3/hm^2。由于库区森林覆盖率低，又以次生人工林为主，多属中幼龄期，难以起到固土保水的作用，且库区移民数量大，对土地的开发利用率较高，开发了许多坡耕地，这些因素都造成了严重的水土流失。

同时，为了提高移民安置区的经济水平，发展了大量的乡镇企业，这些企业包括纺织、食品加工等，这些工业排放的废水也会对环境造成污染。

④对河口地区生态与环境的影响

a. 三峡水库总库容为 393 亿 m^3，坝址处多年平均径流量为 4 510 亿 m^3，河口入海径流量近 1 万亿 m^3，三峡水库库容系数仅 0.087，属调节性能较低的季调节水库。水库运用以后，在 1 年之中，只有几个月改变了天然来水的过程，而全年入海总径流量不变，水沙变化基本上在天然年际变幅之内。因而三峡水库对河口地区生态与环境不致造成明显的不利影响。

b. 三峡工程兴建后，由于水库流量调节，年内某些月份下泄量较之天然情况有所增减，其对长江口咸潮入侵的影响，既有有利的一面，也有不利的一面。有利的一面是枯季下泄量增加且历时较长，从而能提高稀释比改善水质，降低氯化物浓度，减少污染历时。不利的一面是每年 10—11 月下泄量减少后，咸潮入侵相应加剧，但其出现的概率比建库前高不多，故不致产生严重影响。

c. 三峡工程调节流量后，对河口潮位升降和水体盐度的变幅影响都不大，因此，只要盐渍化地区的水盐平衡现状不发生过大变化，现有的水利设施得到加强和完善，充分发挥排水作用，河口地区存在的盐渍化土壤，其发展总趋势仍然是向土壤脱盐、地下水淡化方向发展。

d. 水库采取“蓄清排浑”运用方式，在水库运行初期(10～20 年)，排沙比为 31%，50 年后排沙比为 52.7%，含沙量较少的水流，沿程不断从河床取沙，加上坝下至河口区间支流来沙，出海沙量不至于很大减少，运用 100 年以后排沙比将达到 89.7%，这时出库泥沙与天然情况差别不大，因此，水库对河口地区的来水、来沙数量和过程不会产生显著改变，对三角洲海岸侵蚀、堆积作用不致发生重大影响。

e. 工程兴建后，虽对营养盐类有一定程度的拦截作用，但中、下游地区营养物质补充量大，对河口及近海地区的影响不大，入海径流量的局部变化，使得近海的温度、盐度发生一些改变，可能导致近海鱼类和渔场位置有所变化，但对河口及近海地区的渔业资源不致产生明显不利影响。

⑤工程施工对环境的影响

施工期的主要污染源包括：基坑排水、砂石料加工、生活污水等。因长江的自净能力较弱，基坑、砂石料排出的废水中含有较高浓度的悬浮物，直接排出会影响水体质量；生活污水直接排入江中也会引起水质污染。

对于三峡工程对生态环境带来的不利影响，国家已给予高度重视，正在采取必要的措施和对策，最大限度地降低不利影响。

四、关键工程技术问题及创新

三峡工程的建设，坚持科技创新，创造了世界水电工程建设的多项世界纪录，取得了技术上的一系列重大突破。

主要工程难点有：截流和深水围堰技术、大坝混凝土施工技术、双线五级船闸高陡边坡开挖和金属结构技术、高水头船闸的水力学问题等。

其他问题还有机电设备的选型安装、输水阀门结构等问题，篇幅有限，读者可以自行了解。

1. 截流和深水围堰技术

三峡工程截流包括大江截流和导流明渠截流，其难度为世界截流史上所罕见。1997 年 11 月 8 日大江截流和 2002 年 11 月 6 日导流明渠截流成功，标志中国河道截流技术已居世界领先水平。

二期围堰施工，是影响三峡工程施工成败的关键性项目之一。大江截流和混凝土防渗墙施工是二期围堰的两个关键技术问题。

(1) 截流

①截流难点

大江截流设计流量 14 000 m^3/s，为做到万无一失，按截流流量 19 400 m^3/s 进行备料和截流准备。截流的主要困难在于截流流量大、水深，龙口水深超过 30 m，戗堤下部覆盖层深厚且有粉细砂淤积，抛投强度大，历时长。如何防止戗堤进占时堤头坍塌和保证堤头稳定成为截流实施过程中的关键问题。

戗堤在深水抛投进占时，截流戗堤堤头上、下游坡面有大面积下塌现象。其主要原因是龙口水深太大。由于水下边坡稳定由抛投料摩擦角、外部水流动力及内部水渗透力综合作用所致，其稳定边坡应相对较缓较平顺。而在深水抛投时，由于抛投块石料容易因堆积、嵌锁不能一次滚到坡脚，形成堤顶至 5～7 m 水深处堆料坡度较陡，当坡度达 1∶1 或更陡时，戗堤继续抛投进占势必引起料块失稳及堤头坍塌。

②应对措施

为确保截流成功，确定采用以下施工程序：平抛垫底→戗堤进占→口门束窄→龙口形成→龙口合龙。

图 2-2-20 三峡工程截流

预先采取平抛垫底措施以防止堤头坍塌并削减合龙抛投强度。在龙口深槽先平抛 3 m 厚沙砾石料作为过渡反滤料，再平抛石渣混合料及块石料垫底至高程 40 m，以减小龙口水深。平抛垫底措施增大了龙口平均流速，使抛投石渣中的细料冲动，堤头边坡的石渣粒径趋于均匀，也有利于边坡稳定。

戗堤顶宽采用 30 m，主要考虑用 3～4 部大型汽车可同时抛填卸料，以提高进占施工强度，加宽堤顶也有利于堤头稳定；当龙口束窄至 50 m 已形成三角形断面时，可采用大块石（粒径 1 m）及中等块石（粒径 0.4～0.7 m），从堤头上游进占形成挑角，用块石石渣料尾随进占至合龙。

为了确保堤头稳定，在堤头按设计抛投相应粒径料物，以形成防冲裹头；在深水区进占时，应采用堤头集料、推土机赶料方式抛投，以严格控制因自卸汽车卸料高度过大使抛投料物大小颗粒分离而发生架空嵌镜现象，导致边坡失稳坍塌，进占时，应控制堤面高出水面 1.0 m 左右且不低于设计高程。

三峡工程截流原则上不需要准备混凝土四面体，可采用有足够重量、形状方正的块石料作为龙口抛投料。

（2）二期围堰

三峡二期深水高土石围堰（以下简称围堰）是一项非常独特的大型水工结构工程，其建设的难度远不是一般大型土工建筑物可比。首先因为它不仅高度很高，工程量巨大，工期十分紧迫，而且它必须在 60 m 水深条件下施工。其次是因为它的地质条件相当复杂，在围堰基础中不仅有沙砾石覆盖层，还有厚达 10 多 m 容易液化和被冲蚀的新淤积粉细沙层以及众多的 2～3 m 直径的花岗岩块球体堆积层，给防渗体系的建立带来了很大的困难。此外，在河床中间基岩面有一深槽，槽侧边坡很陡，达70°～80°，防渗墙嵌入基岩的施工将遇到极大的挑战。第三，由于围堰所处的地质和地形条件，以及对围堰的施工和运用的特殊要求，围堰的断面比较特别，围堰的结构相当复杂，与一般的土石坝工程很不一样，这样就给设计和施工提出一些新的带有挑战性的问题。第四，围堰材料的种类多，而且有些材料都是永久工程的开挖料或其他废料，性质不稳定，容易变化。同时，有些材料还应根据要求专门研制。第五，围堰的运用期长达 4～5 年。围堰建成后，甚至在建设的过程中就度汛挡水运用，因此对围堰的质量要求很高，施工过程中不仅应严格控制质量而且有些现场控制方法还得重新研究。

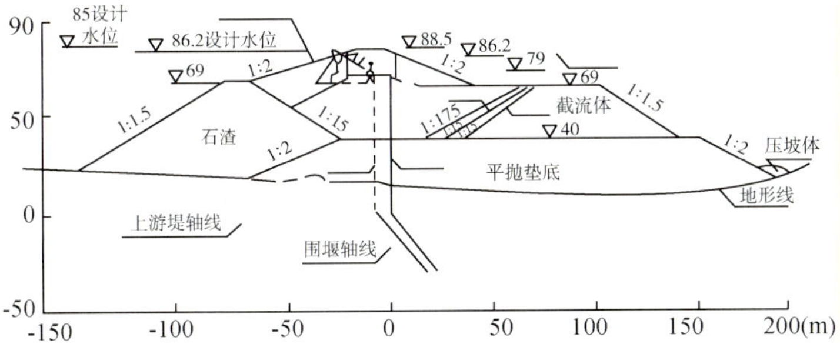

图 2-2-21　上游围堰漫滩段典型断面图

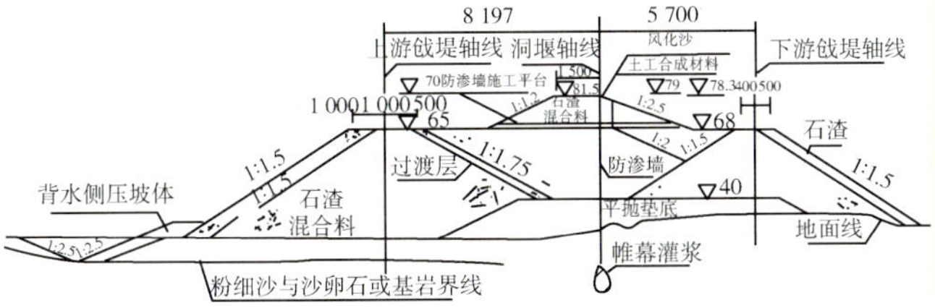

图 2-2-22　下游围堰河深槽部位典型断面图

二期围堰按 100 年一遇洪水流量 83 700 m^3/s 设计，200 年一遇洪水流量 88 400 m^3/s 保坝；围堰型式为风化砂和堆石料土石围堰；堰体防渗采用塑性混凝土防渗墙下接帷幕灌浆，上接复合土工膜方案。最大堰高 82.5 m，土石方总填筑量达 1 220 万 m^3，防渗体总面积达 20 万 m^2，其中混凝土防渗墙近 10 万 m^3。

①施工难点

二期围堰施工面临的困难在于堰基淤沙对堰体稳定的潜在威胁及围堰的防渗体施工。

二期围堰最大堰高82.5 m,设计拦洪量20亿 m^3。在一、二期工程间起着重要的衔接作用,它将肩负截断大江水流、保护二期左岸主体建筑物长达6年之久的施工任务,是三峡工程最关键建设时期最关键的安全屏障。

堰址地质情况复杂,覆盖层中有块球状孤石,表面有粉细沙层,地形起伏大,有深槽和陡坡,不利防渗墙的施工;根据现场情况只能采用风化砂作为主要填料,水下抛填时结构松散,难以密实,物理力学指标差,围堰变形大。

防渗墙大部分墙体在水深20～60 m的风化砂抛填体中施工,深水抛填风化砂不能碾压,干密度值 $r\approx1.65\ t/m^3$,造孔时将对孔壁稳定不利。

地质勘察表明,在防渗墙轴线上,存在新淤沙、沙砾石垫底层、花岗岩块球体、风化槽槽壁陡坡(倾角70°,高差30 m)及基岩裂隙等;覆盖层中有块球状孤石,影响造孔效率,难以快速成槽。

防渗墙施工时间短,月进度1.3万 m^2。

②应对措施

a. 堰基淤沙处理

由于葛洲坝库内泥沙淤积,使三峡工程二期围堰堰基位于厚达20 m的覆盖层上,其中粉细沙层厚6～10 m。如全部清除,不仅工程量大,而且深水清除相当困难。故不考虑清除方案。

一方面在截流进占时应考虑水流要有利于对河床深槽的冲刷,同时根据一期围堰的成功经验,在二期围堰迎水面抛填石渣料,增加载荷,提高淤砂强度,并可防止淤砂产生液化;背水面利用截流戗堤形成盖重及围封,坡脚平抛沙砾石料同时兼作过滤反滤料,增加载荷,提高淤砂强度,以利堰基渗透稳定,防止粉细沙在渗流作用下流失。在堰体压重作用下,淤沙层很快固结,承载力满足要求,不致产生液化失稳的外部条件静力,渗透稳定亦可满足安全挡水要求。

另一方面,二期基坑抽水时,限制基坑水位下降速度为0.5～1.0 m/d,抽干后即在上、下游横向围堰背水坡脚淤砂层出露部位抽槽至基岩面,回填反滤料封闭淤砂层,再填筑石渣料压坡。

b. 防渗体施工

覆盖层中有块球状孤石,影响造孔效率,难以快速成槽。根据一期围堰的成功经验,在考虑孔壁安全情况下,可用重锤法处理,对直径较大的块球体可采用小钻孔爆破或下置聚能爆破筒紧贴块球体实施定向爆破,块球体经爆破后产生较多裂隙,然后下置钻具进行破碎,施工中应特别注意遭遇块球体时不得误判为基岩,导致欠深影响防渗体的整体连续性。

墙幕结合防渗。对围堰基岩强风化带中含坚硬风化球块部分，由于冲击钻进难度大，效率低，为抢工期确保上堰坝安全度汛，在上堰坝防渗墙体内预埋帷幕灌浆管，对风化层较厚造孔困难部位及岩脉和断层的极强透水部位进行湿磨水泥帷幕灌浆处理。

高压旋喷墙防渗。为提高堰体防渗的安全度，在下堰坝深槽部位亦设双墙体防渗。但该部位防渗墙轴线底部含块球体夹砂层、淤沙及砂卵石层，用冲击造孔困难，用灌浆方法浆液漏失量大。确定加设一道高压旋喷桩柱连续墙，同时为坝体加高培厚赢得时间。采用地质钻或跟管钻机钻孔，泥浆固壁。施工时应严格控制钻孔偏斜率不大于 8%，并应根据现场试验确定相应压力及喷管旋转和提升速度。

防渗墙上接复合土工膜防渗。考虑到堰体挡水度汛的紧迫性及降低工程造价的需要，上堰坝深槽双墙段采用临时挡水子堤度汛，子堤选用两布一膜的土工合成材料防渗。土工膜施工工艺复杂，技术要求高，是确保堰体防渗安全运行的关键项目之一。土工膜的铺设施工应在该层堰体填筑满足要求之后，采用“之”字折线形上升铺设方式，土工膜两侧填料应设置砂土垫层并剔除尖角碎石以防刺破膜体，对膜体两侧填料应进行薄层静压施工。

为适应堰体不均匀沉陷，缓解膜体受力条件，沿铺设轴线每隔 100 m 及土工膜与其他防渗体接头部位、铺设拐角、折线等处应设置伸缩节。土工膜与防渗墙体间采用盖帽混凝土形式相接。

为确保二期围堰的工程进度，针对不同地层特征，采用了不同的最有效的成槽方法和机具，极大地提高了成槽速度。

铣削成槽法。采用从德国进口的液压双轮铣槽机，对堰体、覆盖层和全强风化层铣削成槽，速度快、效率高。

铣、砸、爆结合成槽法。在铣削成槽中，遇大块石、块球体和硬岩时，即用 SM-400 型全液压钻孔爆破或辅以槽内紧密聚能爆破，对块球体密集带则经钻孔预爆后再以重锤冲砸，击碎后再用液压铣清孔，有效地解决大块石问题。

两钻一抓(铣)成槽法。先用冲击钻或冲击反循环钻机钻主孔，终孔后用抓斗副孔(或用液压铣铣副孔)，该法造孔精度高、效果好。遇块球体和硬岩时，仍用冲击钻砸碎成槽。

(3) 主要创新技术成果

①在国内外首次采用离心模拟技术，解决深水抛填材料的密度问题。

②增强了有限元法在土石坝设计中的作用，为设计提出了最优的断面方案，而且提高了数值分析在实际工程中的应用价值。

③柔性材料的研制、均匀材料试验设计法和神经网络 ANN 模型的应用研究。

④饱和-非饱和渗流分析以及非稳定渗流场分析。

⑤围堰堰基地层剖面的概率分析方法探索。这也是国内对地层剖面进行概率分析的初次尝试。

⑥爆破振动对围堰的影响和振冲压密的现场研究。

⑦发展了新的施工工艺。新发展的工艺有:“劈钻法”“两钻一抓法”“两钻三抓法”“上钻下抓法”“纯抓法”“铣削法”“铣、抓、钻法”等。

2. 大坝混凝土施工技术

(1) 大坝混凝土快速施工技术

三峡工程混凝土总量高达 2 800 万 m^3,质量要求高,施工难度大。为保证工程的质量和工期,大坝混凝土浇筑采用了成套先进设备和混凝土快速施工新技术。三峡大坝混凝土浇筑从 1998 年开始,1999 年至 2001 年连续 3 年浇筑量均在 400 万 m^3 以上,3 年共浇筑混凝土 1 409 万 m^3。其中 2000 年创造了混凝土浇筑强度年 548 万 m^3、月 55.35 万 m^3、日 2.2 万 m^3 的当时世界最高纪录。三峡大坝混凝土得以高强度快速施工,主要是因为在以下 5 个方面取得了重大技术突破。

①以塔带机连续浇筑混凝土为主的综合施工技术

为保证三峡大坝混凝土高强度高质量施工,三峡建设者突破传统观念束缚,优化资源配置,选定以塔带机为主,辅以高架门机、塔机和缆机的综合施工方案。从传统的吊罐浇筑改变为混凝土一条龙连续生产工艺。通过皮带机将拌和楼外送的混凝土输送到塔带机直接入仓浇筑,集水平和垂直运输于一体。同时,配置五大混凝土拌和系统,使设计拌和能力达 2 500 m^3/h。

②建立了一整套快速施工工艺和管理体系

全面推行仓面设计,开发研制了混凝土生产、运送、浇筑计算机综合监控系统,实现了混凝土施工全过程的实时监控、动态调整和优化调度。同时针对混凝土浇筑的复杂状况,成功地开发了混凝土浇筑施工计算机模拟系统。

③混凝土原材料及配合比优化

选用品质优良的高效减水剂,通过与 Ⅰ 级粉煤灰联合掺用,使花岗岩人工骨料配制的 4 级配混凝土用水量由每立方米 110 kg 减少至 90 kg 左右。采用缩小水胶比增加粉煤灰掺量的技术路线,从而更有效地提高混凝土的耐久性;采用有补偿收缩性能的 525 号中热大坝水泥,以减少混凝土收缩变形,减少混凝土产生裂缝的风险。

④二次风冷技术

针对三峡工程的特殊性及混凝土预冷工艺的要求,经反复试验后首次采用了二次风冷骨料技术。其创新点,是用地面骨料风冷替代常规的水冷骨料工艺,高效冷风机及其相应的送配风装置组成的冷风闭式循环系统,可以连续冷却骨料。

⑤混凝土综合温控技术

三峡工程在广泛分析国内外工程已采取单项或多项温控措施现状的基础上,首次实施全过程、全方位、高标准、大容量的综合温控技术。采用了选择优质原材料、优化混凝土配合比、控制混凝土出机口和浇筑温度、通水冷却、表面保温和流水养护等一整套温控措施。尤其是高温季节,塔带机能快速高强度浇筑坝体约束区混凝土,在国内外尚属首次。

埋设在大坝各部位的 6 252 支各类监测仪器观测结果表明:大坝基础变形小于 1 mm,基础渗流量仅为设计量的 1/10;大坝水平位移和应力均在设计允许范围之内,完全满足设计要求。大坝质量优良。

图 2-2-23　三峡工程右岸大坝混凝土浇筑

(2) 三期碾压混凝土筑坝技术

碾压混凝土围堰为重力式坝型,堰顶长 580 m,堰顶高程 140 m,最大堰高 115 m,混凝土总量 168 万 m^3。围堰分两个阶段施工,第二阶段施工修建的坝体全长 380 m,最大堰高 90 m,混凝土 110 万 m^3,要求在不到 5 个月的时间内完成,其强度之高、难度之大、工期之紧、质量控制之严,都堪称当时世界水电工程之最。

为攻克这一技术难题,三峡总公司提前组织有关大专院校和参建单位开展科技攻关。施工中进行科学管理,采用新的工序,不但提前完成任务,还创造了当时碾压混凝土浇筑多项世界纪录：最大仓面面积达到 19 012 m^2；最大月浇筑强度达 47.6 万 m^3；最大日浇筑强度达 21 066 m^3。

3. 双线五级船闸高边坡和金属结构技术

三峡双线五级船闸系当时世界上总水头最大、连续级数最多的大型船闸，其开挖边坡高度、衬砌式结构高度、人字门高度和单扇门重量也均属于均列世界前列。

(1) 双线五级船闸高边坡施工技术

双线五级船闸纵贯枢纽左岸山体，上下游设引航道与长江主河道相连，全长 6 442 m，其中主体建筑物段长 1 607 m。两侧均为连续高边坡，最大边坡高度达 170 m，而边坡高度连续超过 120 m 的范围，长约 460 m。

①高边坡的技术特点

作为双线五级船闸的边坡，不仅要确保整体和局部稳定，而且对流变也必须严格控制，以满足船闸人字门正常运行的要求。

图 2-2-24 三峡工程双线五级船闸

三峡双线五级船闸的高边坡与其他一般的高边坡相比，具有以下这些特点：它是在山体中深切出来的陡高边坡，高度大、形态复杂、范围广、应力释放充分，呈现出明显的卸荷和非均质特征；对边坡稳定，尤其是变形特性有严格要求。长江是我国的黄金水道，作为永久船闸的边坡，不仅整体和闸门稳定必须保证，而且对边坡的流变必须严格控制，以满足船闸人字门的正常运行要求。

船闸施工难度大、干扰多、工期紧。船闸工程不仅地面施工强度高，窄、深且陡的闸室直立边墙开挖困难，而且与大量地下隧洞与竖井开挖同步进行，如何解决开挖爆破的相互影响，最大限度地减少岩体损伤和确保施工安全都是需要处理的难题。

②应对措施

针对双线五级船闸高边坡的特殊性和重要性，采取了山体内排水，地表水堵、截、排，安装预应力锚索和高强锚杆，喷混凝土支护等措施。在施工中，严格控制施工程序，采用整套控制爆破技术，加强原型监测和反馈分析，并实行动态设计等综合措施。对埋设在船闸各个部位的 3268 支各类监测仪器原型监测资料的综合分析显示，自 1999 年 4 月开挖基本结束后，岩体变形开始趋于稳定。船闸投入运行后，闸室充水过程中闸首的位移不大于 0.5 mm，完全满足船闸人字门正常运用的要求。

南北两侧山体内各布置 7 层排水洞，排水洞内钻设排水孔形成连续的排水幕。边坡开口与周边截水沟之间的地面表层清理后喷 12 cm 厚素混凝土；坡比为 1∶1 的全强风化岩体坡段，采用挂网喷混凝土，厚 12 cm，并布设排水孔；坡比为 1∶0.5 的坡段布设系统锚杆和挂网喷 12 cm 厚混凝土保护，并布设排水孔；坡比为 1∶0.3 的坡段布设系统锚杆和喷 7 cm 厚混凝土，并布设排水孔；直立坡段采用上长下短、上疏下密的系统锚杆，混凝土衬砌墙后设排水管网。边坡马道等平台均采用 20 cm 厚混凝土护面。对于闸墙顶以上的坡段，采用 2～3 排系统锚索加固：对直立段，在其上部和中部各布置一排系统锚索加固，对于块体采用锚杆和锚索加固。

从边坡开挖完成后的情况来看，边坡的整体稳定性好，局部稳定主要是由结构面构成的块体稳定问题。受岩体裂隙发育，边坡开挖轮廓复杂，临空面较多等因素影响，块体数量较多，最大体积达 2 万多 m^3。块体主要是由随机结构面构成，在施工期根据施工地质资料及时用锚索及锚杆加固。

对理设在船闸各个部位的 3 268 支各类监测仪器原型监测资料的综合分析显示，自 1999 年 4 月开挖基本结束后，岩体变形开始趋于稳定。截至 2003 年 8 月，测得南北坡岩体向闸室中心线方向的最大位移分别为 66.28 mm 和 49.43 mm；南北坡直立墙最大位移分别为 40.86 mm 和 33.25 mm；中隔墩南、北侧最大位移分别为 20.08 mm 和 32.37 mm。船闸投入运用后，闸室充水过程中船闸首的位移不大于 0.5 mm，完全满足船闸人字门正常运用的要求。位移均控制在预测范围之内，边坡变形已趋于稳定。

③主要创新技术成果

a. 在钻孔、平硐和槽探等基本勘察手段的基础上，综合运用钻孔弹模测试技术、钻孔全孔壁彩色数字录像、电磁波 CT 层析成像技术、地震波层析技术、地质雷达、声波测试等多种高新勘测技术。

b. 在高边坡开挖施工过程中，提出并发展了地质动态超前预报的一整套思路、手段、方法和程序，在全面预测各种地质条件与问题的基础上，成功预报各类块体

1 000余处，未发生一起因漏报而产生的工程或人员伤亡事故，预报之超前性、准确性及其与设计、施工的协调配合等方面均创造了水电建设史上的成功先例。

c. 采用应力应变全过程测试、岩体单轴和三轴压缩蠕变、岩体拉剪试验、硬性结构面及岩体剪切蠕变试验等多种方法对高边坡岩体力学特性进行了系统研究。在拉伸状态及三向应力状态下的岩石力学性质、岩石断裂力学性能、岩体流变特性、岩石拉剪强度准则、岩体宏观力学参数取值等方面取得了许多重要成果。为深化高边坡岩体力学研究及稳定性分析评价奠定了坚实基础。

d. 采用多种勘测手段及综合测试和监测技术，对高边坡及中隔墩岩体卸荷区进行了系统研究，首次提出了卸荷分区的划分原则与方法，将其划分为爆破-卸荷松弛带，卸荷松弛带和未松弛带。卸荷松弛带主要表现为部分原生结构面的张开与扩展，岩体力学强度有所降低。

e. 分别采用极限平衡方法及弹塑性、弹脆塑性、弹脆塑性损伤、黏弹塑性等多种材料模型进行了二、三维数值分析，对高边玻稳定性与变形特性进行了综合分析评价，为确定高边坡开挖加固设计基本方案提供了理论依据。得出了边坡总变形量绝大部分在施工期完成，时效变形量很小，不影响船闸正常运行的重要结论，并为原型监测资料所证实。

f. 首次在硬岩深切开挖边坡中论证并采用了68 m高的直立坡（总坡高170 m）和三面卸荷高48 m的直立岩体中隔墩，采用系统锚杆、大吨位预应力锚索及长达60 m的中隔墩对穿锚索加固技术，边坡表面截排水及两侧边坡岩体内部各设7层排水洞与排水幕等关键技术措施，有效地解决了高边坡的稳定与变形问题。

(2) 船闸金属结构技术

三峡双线五级船闸金属结构和机电设备制造安装总量达4万多t，不仅数量多，而且技术难度大。针对工作水头高、技术要求严的特点，开展了一系列的试验研究，着重研究闸门的抗扭刚度及增大抗扭刚度的措施，顶枢、底枢结构形式与受力状态，支枕垫的安全传力等问题。最终选用门侧两端布置连续支枕垫块传递水压力，并兼作止水；顶枢采用楔形块调整方案；底板采用固定式，与连续的刚性支枕垫相配用。第1闸室人字门高37 m，最大淹没水深达35 m，为当时世界上淹没水深最大的船闸人字门。船闸运行采用计算机集控调度的方式。2003年6月10日，三峡水库蓄水至135 m。6月16日，船闸开始试通航；6月18日，正式向社会船舶开放。

4. 高水头船闸水力学问题

永久船闸总设计水头113 m，分成5级后，中间级最大工作水头45.2 m，最大一次充、泄水体积23.7万m^3，一次充、泄水时间约12 min。如何按设计预定的时间，在满足闸室停泊条件、上下游引航道水流条件和廊道阀门段结构、阀门设备运行安全可靠的前提下完成闸室充、泄水，需要解决如输水廊道阀门段空蚀和声振等在当前世界上其他高水头船闸建设中尚未遇到过的复杂技术问题。

(1) 需要解决的主要问题

①研究中间级船闸在高速水流条件下，防止输水廊道阀门段及充泄水阀门发生空化、空蚀和危害性振动的措施。

②减少超灌、超泄的措施。

③船闸进水口布置。包括在不同运行状态下船闸的充水条件和在引航道内或引航道外取水产生的非恒定流，对进出船闸或升船机船舶的航行停泊条件的影响和防止进水口泥沙淤积的措施。

④船闸下游泄水布置。包括下游泄水在引航道内产生的非恒定流对下游引航道及升船机承船厢水位影响以及船闸主、辅泄水廊道的相互配合研究。下游泄水长管道在动水关门条件下水击压力的研究，包括确定动关门时间、相应的水击压力、空化特性及需要采取的措施。

(2) 主要解决措施

①阀门段防空化措施

a. 降低阀门段廊道高程，增大淹没深度。船闸主输水廊道是在船闸两侧岩石内开挖后混凝土衬砌而成的。其高程布置不影响船闸闸墙底板结构工程量，仅少量增加隧洞长度，增加工程量甚微，从水力学要求来说，多降低高程有利，但由于施工条件限制，廊道坡度不能太大，设计布置阀门顶淹没水深最小 26.0 m，仅出现在第 5 级的最低水位 62.0 m 时。正常情况最小为 27 m，其余中间级最大水头时最小淹没水深大于 27 m，根据试验加大淹没水深，防空化效果明显。

b. 优化阀门后廊道体型。输水廊道在阀门后采用 1：10 坡顶扩，顶扩长度 12 m，扩大高度 1.3 m，扩大面积 5.46 m^2，为原断面的 28.5%；同时在廊道阀门底部向下突然扩大，其结果门后压力可提高 1.5～3.0 m。底扩体型的底缘临界空化数较只扩顶体型小。根据试验，双充时底缘的工作空化数大于临界空化数。单充时有轻微空化，需用通气等措施。

c. 快速开启阀门。阀门开门方式及开门速度的变化对防止空化亦有明显影响，曾研究阀门间歇开启，匀速快开、慢开，变速开启等不同开门方式，由于水头高，阀门开度在 0.1 左右时，工作空化数较小，不宜停机，故间歇开启不宜采用。匀速快开较慢开时，门后压力有明显提高，1 min 较 2 min 开门更为有利，但由于 1 min 开门阀门启闭机的液压系统设计的难度较大，故一般选用 2 min 开门、必要时 1 min 开门的方案。

d. 通气。由于廊道压力为正压，无法直接向廊道内自然通气，抬高廊道高程可以形成负压通气的条件，但由于船闸内水位变幅大，无法在各种水位条件下均实现自然通气，门楣采用扩散型并加设挑槛，使在挑槛后形成负压以实现自然通气，可防止门空化及改善底缘空化，故作为三峡永久船闸主要的避免空化的手段。葛洲坝船闸实施门楣通气已有实践经验，效果较好。

②减少闸室超灌、超泄的措施

输水过程的末期，当水位齐平时，由于惯性作用，闸室内超灌、超泄值较大，危及闸门运行安全，需采取措施，在闸室水位齐平瞬间，开启人字门，以免反向水头推开人字门，影响启闭机安全。但由于超灌(泄)值大，水流将随开门流动，引起闸室停泊船舶产生过大的纵向系缆力，影响船舶安全，故不能采用，经研究主要采用在闸室内外水位齐平前，动水关闭输水阀门的措施，使阀门全关时刻的闸室内外水位差不超过允许值。模型试验表明，中间级闸室在级间水位差为 2.02 m(阀门双边运行)和 1.17 m(阀门单边运行)时，即开始以 2 min 关闭阀门，其最大惯性超高值分别为 0.18 m 与 0.14 m，可以满足设计规定的小于 0.25 m 的要求。末级闸室泄水，在闸室与下游水位差约 2.3 m 时，即开始以不小于 2 mim 动水关闭阀门，闸室水位的超降也可不超过允许值。葛洲坝 1 号船闸原超灌、超池值接近 1.0 m，通过采用提前动水关门措施后，已控制超泄、超灌值不大于 20 cm。实践已证明这是一种减少超灌、超池值的有效措施。

第三节
小浪底水利枢纽工程

一、工程概况

1. 小浪底工程简介

小浪底工程位于中国河南省洛阳市以北40 km，距三门峡大坝130 km，控制流域面积69.42万km^2，占黄河流域面积的92.3%，是黄河最下游的控制性骨干工程。坝址多年平均流量1 342 m^3/s，多年平均输沙量13.51亿t。

枢纽开发目标以防洪、减淤为主，兼顾供水、灌溉和发电，采取蓄清排浑的运用方式，除害兴利，综合利用。枢纽建成后，可使下游防洪标准由60年一遇提高到1 000年一遇，基本解除凌汛灾害，减少下游河道淤积，增加灌溉面积266万hm^2。厂房布置于左岸山体中，安装6台30万kW水轮发电机组，水电站总装机容量1 800 MW，多年平均年发电量51亿kW·h。

枢纽正常蓄水位为275 m，相应水库库容126.5亿m^3，其中淤沙库容75.5亿m^3，有效库容51亿m^3。枢纽主要水工建筑物设计洪水标准为1 000年一遇，洪峰流量40 000 m^3/s；校核洪水标准为10 000年一遇，洪峰流量52 300 m^3/s，枢纽总泄洪能力17 000 m^3/s，在死水位230 m时，泄量为8 000 m^3/s。

坝址区岩层为砂岩、粉砂岩、黏土岩层，倾向下游，倾角8°～12°，含有多层摩擦系数为 0.2～0.25 的泥化夹层，加之断层、节理、裂隙发育，岩体破碎，对地下洞室和岸坡稳定不利。坝基覆盖层最大厚度为 74 m，坝址区地震基本烈度为Ⅶ度，主要挡水建筑物设计烈度为Ⅷ度。枢纽主要建筑物包括挡水、泄水排沙和引水发电建筑物。

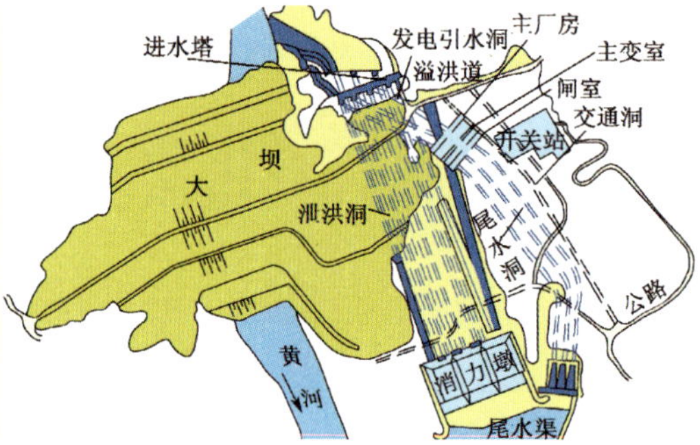

图 2-3-1 小浪底枢纽平面布置图

2. 工程枢纽建筑物组成

(1) 挡水建筑物

小浪底水利枢纽的大坝是中国已建成的体积最大、基础覆盖层最深的土质防渗体当地材料坝。

大坝分主坝和副坝，主坝位于河床中，考虑黄河多泥沙的特点，主坝采用带内铺盖的黏土斜心墙堆石坝坝型。最大坝高 154 m，坝顶高程 281 m，坝顶长 1 317.34 m，宽 15 m。上游边坡 1∶2.6，下游边坡 1∶1.75。副坝位于左岸分水岭垭口处，为壤土心墙堆石坝，坝顶长 170 m，坝顶高程 280 m。总填筑量 5 185 万 m^3，主坝坝基混凝土防渗墙厚 1.2 m，最大深度 81.9 m，顶部插入斜心墙 12 m。上游围堰是主坝的一部分，斜墙下设塑性混凝土防渗墙和旋喷灌浆相结合的防渗措施，由主坝斜心墙、上爬式内铺盖、上游围堰斜墙与坝前淤积体组成完整的防渗体系。

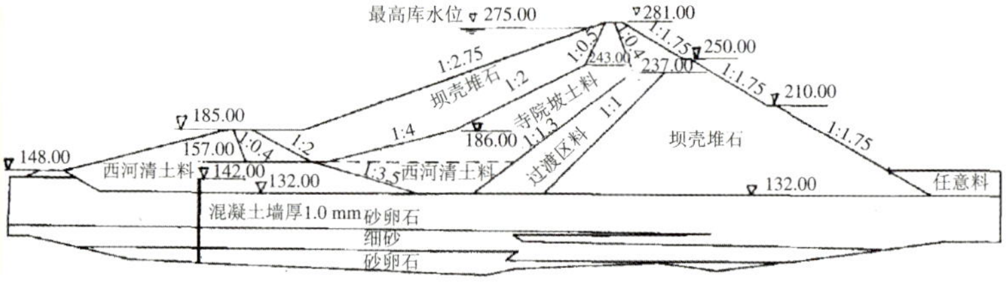

图 2-3-2 小浪底坝体典型断面图

(2) 泄水、排沙建筑物

由于地形、地质条件的限制和进水口防淤堵等运用要求，泄洪、排沙均布置在左岸，形成进水口、洞室群、出水口消力集中布置的特点。泄洪建筑物包括 9 条输水隧洞，其中，3 条导流隧洞改建的 3 条孔板洞，洞径 14.5 m，进口高程 175 m，设中间闸室，闸室前压力段设三道孔板，闸室后为明流洞，挑流入消力塘消能；3 条明流洞，从右往左编号分别为 1 号、2 号、3 号，进口高程分别为 195 m、209 m、225 m，洞身为城门洞形，尺寸分别为(宽×高)：10 m×11.5 m、10 m×12 m、10 m×13 m，挑流入消力塘消能；3 条排沙洞，洞身分别位于 1—2 号、2—3 号孔板洞和 3 号孔板洞与 3 号明流洞之间，进口位于 1—2 号、3—4 号、5—6 号发电引水隧洞之间的下部，进口高程 175 m，洞径 6.5 m，为压力洞。

设有一条正常溢洪道和一条非常溢洪道。正常溢洪道位于泄水洞群以北，为陡槽式溢洪道，进口闸室底板高程 258 m，闸室共 3 孔，每孔净宽 11.5 m，工作门为弧形门，尺寸为 11.5 m×17.5 m(宽×高)。非常溢洪道位于桐树岭以北宣沟与南沟分水岭处，为自溃式坝溢洪道，堰底高程 268 m，底宽 100 m，边坡 1∶0.8，心墙堆石坝挡水，坝顶高程 280 m，泄水前将坝体爆破一缺口，泄水入南沟。

输水隧洞和溢洪道在平面上平行布置，其出口处设总宽 356 m、总长 210 m，最大深度 28 m 的 2 级消力塘，对下泄水流集中消能，经泄水渠与下游黄河连接。各洞进口错开布置，形成高水泄洪排污，低水泄洪排沙，中间引水发电的总体布局，可防止进水口淤堵、降低洞内流速、减轻流道磨蚀，提高闸门运用的可靠性。最高洪水位时，泄水建筑物最大泄洪能力可达 20 000 m^3/s。

(3) 引水发电建筑物

引水发电建筑物布置在左岸，发电系统由引水发电洞、地下厂房、尾水洞和挡沙闸组成。发电引水隧洞共 6 条。1—4 号洞进口高程 195 m，5 号、6 号洞进口高程 190 m，洞径 7.8 m。电站位于 3 号明流洞以北，为地下厂房，6 台混流式机组(单机容量 30 万 kW)，总装机容量 180 万 kW，保证出力 30.5 万 kW，年发电量 51 亿 kW · h。

厂房下游接 3 条 12 m×18 m(宽×高)断面明流尾水洞。引水洞和 3 条排沙洞进口共组合成 3 座发电进水塔。每座塔布置两条发电洞进口，其下部中间为一条排沙洞进口，高差 15～20 m，可使粗沙经排沙洞下泄，减少对水轮机的磨蚀。

图 2-3-3 小浪底枢纽全景图

3. 工程特点

(1) 工程规模大

拦河大坝坝顶高程 281 m,最大坝高 154 m,坝顶长 1 317.34 m,宽 15 m。坝体总方量 4 813 万 m^3,主体工程土石方总开挖量为 3 240 万 m^3,土石方总填筑量为 5 040 万 m^3,混凝土和钢筋混凝土 269 万 m^3。

泄洪建筑物包括 9 条输水隧洞。其中明流泄洪洞 3 条,尺寸(宽×高)为 10 m×11.5 m、10 m×12 m、10 m×13 m;由导流洞改建而成的孔板消能泄洪洞 3 条,洞径 14.5 m;以及 3 条洞径 6.5 m 的排沙洞。此外,还设有一条正常溢洪道和一条非常溢洪道,最高洪水位时,其最大泄洪能力可达 20 000 m^3/s。

发电系统由 6 条洞径 7.5 m 的发电引水隧洞和地下厂房、尾水洞及挡沙闸组成。其地下厂房总开挖长度 251.5 m,最大跨度 26.2 m,最大开挖高度 57.94 m。

由以上建筑物规模可见,小浪底规模之大在当时国内外实属罕见。

(2) 在黄河流域防洪地位极其重要

小浪底水利枢纽位于黄河中游峡谷出口处,其坝址以上流域面积为 69 415 km^2,占花园口以上黄河流域总面积的 95.1%。小浪底水利枢纽工程是黄河中下游一个控制性的骨干工程。它的兴建,首先能使下游亟待解决的防洪、防凌和减淤问题得到大大改善。能使下游地区 60 年一遇的防洪标准提高到千年一遇。可将现状千年一遇流量为 32 980 m^3/s 的洪水削减为 22 500 m^3/s,将百年一遇流量为 26 170 m^3/s 的洪水削减为 15 700 m^3/s,并能提供 25 亿 m^3 的防凌库容和 75.5 亿 m^3 的淤沙库容。多年反复论证的结果表明,小浪底水利枢纽工程对确保下游地区的安全,在防洪、防凌和减缓河道淤积方面所起的巨大作用，是其他任何工程都无法代替的。

(3) 水沙条件特殊

根据多年实测资料，小浪底坝址黄河多年平均径流量为 423.2 亿 m^3，多年平均输沙量为 16 亿 t，平均含沙量为 37 kg/m^3，最大含沙量为 940 kg/m^3。如此惊人的泥沙含量将造成下游河道不断淤积抬高，年平均淤积量约 4 亿 t，河道年平均抬高速度为 0.1 m。

图 2-3-4　小浪底工程调水调沙

(4) 地质条件复杂

小浪底水利枢纽的库区位于华北断块南部的豫皖二级断块区，相邻二级断块有鄂尔多斯断块、太行断块和冀鲁断块。区内主要受燕山和喜山构造运动的影响，除形成一系列褶皱和断裂构造外，还造成自新生代以来，以大面积强烈升降运动与断层继承性差异运动为特点的构造运动。

库坝区褶皱构造、轻微陡倾角断裂构造发育。主要褶皱构造狂口背斜，为一宽缓的倾斜褶皱，其轴线在坝址区平行河流，分布于黄河南岸。轴向 NW280°～290°，其 NE 翼地层倾角 10°～15°，SW 翼地层倾角一般 5°～8°，所有建筑物几乎全部位于该背斜的 NE 翼。因此狂口背斜是控制小浪底近坝岸坡、所有地下工程及其进出口边坡各种工程地质问题产生和发展的主要地质构造之一。

库坝区陡倾角断裂构造发育，是产生各种工程地质问题的控制性结构面。坝址区的断层对工程影响较大的主要有 F1，F28，F236，F238 等，均属于倾角较陡的断裂构造。裂隙走向主要有 NW330°～350°，NW270°～290°，NE40°～60°，NE70°～80°五组。倾角一般在 80°～85°，且与岩层层面近正交，其相互组合，切割岩体为宽高比 1∶1～1∶2 的矩形断面块状结构体。

坝址区出露的地层主要为二叠系上统和三叠系下统地层。岩性为一套陆相沉积的碎屑岩和黏土岩类。其岩相变化较大。硅、钙质胶结的细砂岩夹有较多的黏土岩层。这种软硬相间的地层组合，是小浪底库坝区各种工程地质问题发育的物质基础。

在地形地貌上，小浪底属低山峡谷区，左岸临河山头高程为 290～300 m，岸坡 30°～40°。右岸 145 m 高程以下为河漫滩，15 m 以上为基岩岸坡，260 m 以上山体雄厚，坡度 30°～40°。坝址区发育有三级阶地，Ⅰ级阶地为内迭阶地，阶面高程在 150 m 左右，主要由河流相沙砾石及沙壤土组成。Ⅱ级阶地为嵌入阶地，阶面高程在 180 m 左右，基座高程在 110～112 m。其基座面以下有黄河古河槽，岩石成分相对复杂。Ⅲ级阶地为基座阶地，阶面高程在 310～320 m，基座高程在 270～290 m，上覆第四系沙砾石层及马兰黄土，基座由三叠系砂岩组成。

坝址区河谷为不对称的 U 形谷，河流平均水位 135 m，河床基岩面一般在 120～130 m。由于断层间块体的相对升降运动及河流的下切作用，在坝址区形成了较深的河谷深槽，覆盖最大深度达 70 多 m。

坝址区地下水埋藏较深，砂岩由于受裂隙切割，岩体一般透水性较强，而枯土岩相对阻水，形成层状裂隙透水岩层和相对隔水岩层。根据钻孔压水试验显示，一般近地表 30～50 m 深度内岩体由于卸荷风化作用的影响，为裂隙强烈透水岩层。

综上所述，宽缓的褶皱构造，软硬相间的地层组合，发育的泥化夹层及陡倾角断裂构造，构成了小浪底坝址区的基本地质构架，为各种工程地质问题的产生和发展提供了物质基础和变形破坏的边界条件。

小浪底库坝区的主要工程地质问题概括起来有：岸坡稳定问题，包括近坝库岸及建筑物进、出口边坡的稳定；地下工程围岩稳定性问题，包括洞群及地下厂房围岩的稳定，左岸单薄分水岭抗滑稳定问题；由于河床深厚覆盖层引起的坝基渗漏、渗透变形及地基振动液化问题；库坝区区域稳定性及水库诱发地震问题；天然建筑材料的储量、质量及开采、运输条件等。

(5) 运用条件苛刻

首先在防洪、防凌和减淤方面，要求小浪底水库建成后，与上游三门峡水库及支流的陆浑水库、故县水库联合运用，必须保证洪水期中下游地区沿河人民群众的安全，汛期控制下游洪水流量不得超过临河大堤的防洪标准。在凌汛期下游泄量不超过 300 m^3/s。并根据黄河多泥沙的特点，要求汛期排沙，非汛期既要保证不淤死建筑物口门，又要保证正常供水、灌溉和发电。因此该枢纽的综合开发目标对其运用条件提出了很高的技术要求。其次，复杂的地形地质条件决定了所有泄洪、发电建筑物必须全部集中布置在坝址左岸,形成了一个规模巨大、空间分布集中的地下工程系统。这无疑使其工程规划、勘测、设计、施工及运用难度增加。

二、工程规划建设历程

20 世纪 50 年代及以前是小浪底工程的设想与酝酿期。中华人民共和国成立之前,一些水利学家即有在黄河干流上建一系列水利枢纽的想法,小浪底就是其中一处。

1951 年 10 月,毛泽东亲临黄河视察,提出“要把黄河的事情办好”,黄河治理的规划工作开始进行。

1953 年,黄河水利委员会组织力量对小浪底坝址展开勘探和测量工作。

1955 年 7 月,第一届全国人民代表大会第二次会议通过《关于根治黄河水害和开发黄河水利的综合规划》,将小浪底列为一个梯级电站项目。

1958 年,三门峡至花园口出现暴雨,小浪底水文站实测洪水 17 000 m^3/s,黄河大堤多处出险,黄河下游损失巨大。这场洪水让人们意识到仅靠三门峡水库不足以保证黄河下游的安全。

1962 年 3 月,三门峡降低运行水位,水库运行方式由“蓄水拦沙”改为“蓄清排浑”,拦洪、拦沙能力下降,黄河防洪能力不足的问题进一步显现。

1975 年 8 月,淮河上游发生特大暴雨,板桥、石漫滩水库溃坝,洪灾损失较大。

1975 年 12 月,河南省、山东省和水电部联合向国务院报送《关于防御黄河下游特大洪水意见的报告》。

1976 年 5 月,国务院批复同意对黄河重大防洪工程进行规划设计。

1980 年 11 月,水利部对小浪底工程规划进行审查,确定了小浪底在黄河中下游防洪规划中的地位。

1984 年 9 月—1985 年 10 月,黄河水利委员(简称黄委会)会确定了小浪底的枢纽建筑物总布置格局。

1988—1989 年,黄委会确定了水电站装机 6×30 万 kW 的全地下厂房。

1991 年 4 月 9 日,第七届全国人民代表大会第四次会议批准小浪底工程为国家“八五”期间开工兴建的重点建设项目。

1991 年 6 月,黄委会设计院完成小浪底工程施工规划报告。

1991 年 9 月 1 日,开始进行前期施工准备工作。

图 2-3-5 黄河小浪底工程坝体施工

1994 年 9 月 12 日，主体工程正式开工，工程进入全面建设期。

1997 年 10 月 28 日，小浪底工程顺利实现大江截流。

2000 年 1 月 9 日，第一台机组投产发电。

2000 年 11 月 30 日，大坝主体工程全部完工。

2001 年 12 月 31 日，工程全部竣工。

图 2-3-6 黄河小浪底工程竣工验收

2002—2008 年，小浪底工程完成移民竣工初步验收等验收工作。

2008 年 12 月，小浪底工程通过竣工技术验收。

2009 年 4 月 7 日，小浪底工程顺利通过国家发展和改革委员会与水利部组织的竣工验收。

三、工程效益

(1) 防洪、防凌效益

工程建设之前，经水文气象资料分析得出，黄河可能出现 55 000 m^3/s 的特大洪水，即使经过三门峡、陆浑、故县等水库拦蓄后，花园口站的洪峰流量仍将达到 42 000 m^3/s。黄河下游防洪工程的设防标准仅为 22 000 m^3/s(花园口站)，不到百年一遇。三门峡水库对控制凌汛期流量起到了一定的作用，但由于可利用库容过小，防凌效果有限。

小浪底水利枢纽与已建的三门峡、陆浑、故县水库联合运用，并利用东平湖分洪，可使黄河下游防洪标准提高到千年一遇。千年一遇以下洪水不再使用北金堤滞洪区，减轻常遇洪水的防洪负担。与三门峡水库联合运用，共同调蓄凌汛期水量，可基本解除黄河下游凌汛威胁。

(2) 减淤效益

由于黄河输沙量高，以致下游河道平均年淤积量达 4 亿 m^3，河床平均每年抬高 0.1 m，迫使临河大堤必须逐年加高，国家年投资平均超过亿元。小浪底水库兴建后，可提供拦沙库容 75.5 亿 m^3，利用拦沙库容拦沙，汛期调水调沙，丰水时人造洪峰。经过 50 年预测计算，共可减少下游河道泥沙淤积近百亿 t，相当于下游河道 25 年左右不抬高。这可以减少 2～3 次大堤加高，为国家节约堤防投资 60 亿元左右。

图 2-3-7　小浪底工程防洪减淤

(3) 供水、灌溉效益

我国北方城市及工农业生产用水量猛增与有限的水资源之间的矛盾日益尖锐、突出。黄河是我国西北、华北地区的主要水源，目前不仅中下游沿河的陕西、山西、河南、山东等地寄厚望于黄河水源，而且华北及京、津地区也渴望得到和利用黄河水源。三门峡水库缺乏径流调节工程，在小浪底未修建之前，黄河沿岸保证灌溉率仅为32%。小浪底水库建成后，将有 51 亿 m^3 的长期有效库容，可以用来充分调节非汛期水量，一般年份可增加 40 亿 m^3 的供水量，不仅可以消除下游断流现象，基本上解决了下游干旱的问题，而且能使下游 1 500 万亩灌溉面积的用水保证率提高到 75%，下游抗旱保灌面积可扩大至 2 500 万亩。城镇供水除满足沿河的郑州、开封、洛阳、中原油田、胜利油田用水外，每年还可向青岛市供水 5 亿 m^3，向京、津地区供水 20 亿 m^3。

(4) 发电效益

电站总装机容量 180 万 kW，多年平均发电量 51 亿 kW · h，每年可节约原煤 210 万 t 以上。其是河南电网唯一的一个大型水电站，又位于负荷中心，是理想的调峰电站。它将对改善电力系统火电站运行条件，缓解河南电力紧张局面发挥巨大作用。也将为改善我国目前能源短缺的现状，促进黄河中下游地区经济迅猛发展，作出应有的贡献。

图 2-3-8 小浪底工程地下发电厂房

四、关键工程技术问题及创新

1. 工程难点

(1) 工程泥沙问题是小浪底工程设计必须妥善解决的特殊课题。黄河是世界上输沙量最大、含沙量最高的河流,治河的关键在于治沙。对小浪底工程而言,工程泥沙问题主要表现在库容的快速淤损,泄水建筑物进口淤堵,高速含沙水流对建筑物流道、闸门门轨、水轮机过流部件的磨蚀,库区及下游河道的冲淤变化等。这些问题事关工程成败,极其重要,涉及专业面很广且十分复杂,且缺乏国内外工程实践经验。

(2) 高含沙高速水流问题的处理对枢纽建筑物总体布置和泄洪排沙建筑物设计提出了很高要求。小浪底水库正常蓄水位 275 m,最大坝高达 154 m,采用土石坝挡水。低水位(220 m)、大泄量(7 000 m^3/s)的运用要求,形成了泄洪排沙建筑物以隧洞为主的布置特色。9 条泄洪洞泄流能力占枢纽总泄流能力的 78%,最高运用水头近 140 m,高含沙高速水流问题不可避免,对水工建筑物流道结构和材料设计、闸门设计都提出了很高要求,甚至给枢纽建筑物总布置都造成很大影响和困难。

图 2-3-9　小浪底工程泄洪排沙

(3) 大规模密集洞室群围岩稳定问题对工程建设至关重要。小浪底工程采用进口集中、洞线集中、出口消能集中的布置方式,即 9 条泄洪排沙洞、6 条发电引水洞、1 条灌溉引水洞和地下厂房洞群系统集中布置在左岸,加上灌浆、排水、交通以及附属洞群，在左岸单薄山体内形成了规模巨大、结构复杂、分布密集的洞室群，地下工程总开挖量达 270 万 m^3。其中地下厂房为最大的洞室，开挖跨度达 26.2 m，高 61.4 m，长 251 m，采用喷锚支护柔性结构作为永久支护。导流洞开挖断面达 17.2 m，3 条导流洞穿过Ⅳ、Ⅴ类围岩的长度超过 600 m。大规模密集洞室群的围岩稳定不仅影响到施工期人员、设备安全，也是控制截流进度的制约条件。另外，泄洪建筑物进口 110 m 高边坡和出口 60 m 顺向边坡地质条件复杂，其施工期稳定问题也是工程进度的制约因素。

(4) 坝基深厚覆盖层防渗处理是大坝设计的一大难点。小浪底大坝坐落在深度超过 70 m 的沙砾石覆盖层上，由于大坝高度大、覆盖层结构复杂，底部基岩面起伏变化大，覆盖层的防渗处理成为大坝防渗系统设计的关键，防渗墙与大坝防渗体的可靠衔接也是设计考虑的重点。地震引起的坝基沙砾石层的液化及坝体附加孔隙水压力等都需要采取相应的工程措施妥善解决。

2. 应对措施

(1) 合理拦排，综合兴利。为使小浪底水库 126.5 亿 m^3 总库容充分发挥巨大作用和效益，通过在死水位 220 m 设置 7 000 m^3/s 的泄流能力，汛期降低水位运用，保证一般洪水能够敞泄出库，汛期运用水位从 205 m 逐年抬高，可最终在库内形成高滩深槽形态。滩面高程 254 m 以上 40.5 亿 m^3 的库容可发挥巨大的防洪作用，深槽内 10.5 亿 m^3 库容可用来调水调沙，工程设计充分体现了“合理拦排，综合兴利”的规划思想。按此规划运用，可使黄河下游 20 年不淤积抬升，又可保持约 51 亿 m^3 的长期有效库容，非汛期蓄水兴利，汛期防洪，调水调沙，为黄河的长治久安长期发挥其巨大作用。

(2) 集中流道，互相保护，保持进口冲刷漏斗，成功解决引水泄水建筑物进口的防泥沙淤堵问题。所有泄洪排沙发电引水建筑物均集中布置在左岸一字排开的 10 座进水塔内，形成低位排沙、中部引水、高位排污溢洪的布置格局。在平面上，排沙、泄洪进口的布置力求在 270 m 的进水前缘能相互保护，泄流量分配力求合理搭配，以适应不同的泄流运用要求。充分利用地形条件，进口流道布置为侧向入流，并设置必要的导水墙，使水流在进水塔前形成一个反时针回流，保证不同量级的洪水在进水塔前形成且维持一个以排沙洞和孔板洞进口为底、规模较大的冲刷漏斗，在适宜的水沙条件下进行异重流排沙。

(3) 采用多级孔板消能泄洪洞，成功解决高速水流消能和永久利用导流洞问题。小浪底水利枢纽采用了极具特色的孔板消能泄洪方案。3 条直径 14.5 m 的导流洞在完成导流任务后设龙抬头段将进口抬高至 175 m，洞身加设 3 级孔板，孔板后设置弧形控制闸门。高水位运用时 3 级孔板可消能达 50 m 水头，经控制闸室后形成明流状态，可控制最大流速为 34 m/s，一般不超过 30 m/s。多级孔板消能技术将大直径低位洞内高含沙水流的流速控制在工程技术允许条件之内，从而成功解决了导流洞重复利用问题，避免了重新开洞带来布置上的极大困难，使得孔板消能泄洪洞、明流泄洪洞、排沙洞组合泄洪方案成为可能，使小浪底工程枢纽布置走出了困境。

(4) 在深厚覆盖层上建造带内铺盖的壤土斜心墙堆石坝，充分适应坝址地质条件、地形特点和建筑材料条件，又充分利用了黄河多泥沙特点。经过多年研究论证，并经现场试验，坝基采用厚 1.2 m 的混凝土防渗墙，其最大造孔深度 81.9 m，防渗墙底嵌入基岩 1～2 m，墙顶插入心墙 12 m。大坝坝型及防渗设计具有如下特点：

①坝基防渗采用以垂直防渗为主、水平防渗为辅的双重防渗体系，提高了大坝防渗的可靠性；

②上游堆石坝坝壳体积大大增加，保证了坝体抗滑稳定性和抗震性能；

③内铺盖采用上爬式，消除了坝体下部软弱带，提高了上游坝坡稳定性；

④主坝混凝土防渗墙移至斜心墙下，与斜墙坝相比，大坝防渗线缩短，帷幕灌浆进尺大大减少；

⑤上游围堰采用斜墙与上爬式内铺盖衔接，减小了施工难度，缩短了施工工期。

(5) 排沙洞采用双圈缠绕无黏结后张预应力混凝土衬砌。小浪底压力式排沙洞设计水头 122 m，为了防止高压水渗漏影响左岸单薄山体的稳定，设计对钢板衬砌、复合衬砌等方案进行了大量研究，均因工程造价高、施工复杂、工期长而难以采用。为此专门从国外引进了预应力混凝土衬砌技术，经过大量的试验研究和方案论证，最终确定采用双圈缠绕无黏结混凝土衬砌结构并付诸实施。

3. 工程创新

(1) 无黏结预应力衬砌技术的应用满足了各项设计原则，防止了高压水外渗，确保了整个左岸山体、洞群稳定乃至整个枢纽的正常运行，为高含沙、多泥沙河流上类似工程的设计和实施提供了宝贵经验。

(2) 创新性地提出了“合理拦排，综合兴利”的规划理念。对 126.5 亿 m^3 的总库容进行了科学的规划，其中 75.5 亿 m^3 为拦沙库容，40.5 亿 m^3 为防洪库容，另有 10.5 亿 m^3 的调水调沙库容，防洪和调水调沙库容为长期有效库容；研究建立了水库水沙调控指标体系，优化了可最大限度发挥水库减淤效益并长期保持有效库容的水库调度方法，形成了一套适应高含沙水流且可较为精确描述水沙运动规律的计算公式，提出了水电站过机泥沙组成的计算方法和防沙措施等。各项成果不仅为水库建设与运行奠定了坚实的基础，而且大幅度提升了基础研究水平，促进了行业科技进步。

(3) 科学性地采用“隧洞泄洪为主、进水口集中布置”的枢纽布置方案。该方案融汇了众多的技术创新：

①世界坝工史上最密集的洞室，在约 1 km^2 的左岸山体内密集布置了 108 个洞室；

②世界坝工史上最大最复杂的进水塔群，9 条泄洪洞、6 条发电洞和 1 条灌溉洞的进水口集中布置在一字排开的 10 座进水塔内；

③世界最大、最集中消力塘，9 条泄洪洞和 1 条正常溢洪道集中在 3 个水垫塘内消能；

④国内首次在高水头、大直径有压隧洞中采用双圈缠绕无黏结后张预应力混凝土衬砌技术，成功解决了高压水外渗影响左岸单薄山体稳定的技术难题；

⑤成功建造了国内缓倾角砂页岩不良地质条件下最大的地下厂房。

隧洞泄洪为主、进水口集中分层布置的枢纽布置方案既充分适应了复杂的地形地质条件，又成功满足了进水口防泥沙淤堵、发电引水口门前清淤及防洪、水沙调控等异常复杂的运行要求。

(4) 合理性地采用天然淤积铺盖作为大坝辅助防渗体系。小浪底工程大坝坐落在 70 余 m 深厚覆盖层上，坝前最终淤积高程将达 254 m。经多方案比较后，采用带内铺盖的斜心墙堆石坝，内铺盖和拦洪主围堰的黏土防渗斜墙相连，形成辅助防渗系统。初期运用以垂直防渗为主，后期随着水库淤积的发展，坝基的渗透稳定性增加，渗漏量随之减少，从而在大坝防渗措施上进行了简化，采取一道混凝土防渗墙和基岩单排灌浆幕，深覆盖层下 157 m 的主河床不设帷幕灌浆。采用以垂直防渗为主、内铺盖和天然淤积铺盖防渗为辅的大坝渗控体系，不仅提高了大坝防渗安全性，而且促进了多沙河流坝基防渗技术的发展。

(5) 经济性地采用多级孔板消能技术成功改建泄洪洞。为了解决左岸山体有限的空间和深埋洞群布置之间的矛盾，3 条直径 14.5 m 的导流洞能否重复利用成为枢纽建筑物总布置要解决的核心难题。在大量科学试验研究的基础上，首次在世界坝工史上采用多级孔板洞内消能技术，将 3 条直径为 14.5 m 的导流洞改建为总泄流能力达 4 825 m^3/s 的永久泄洪洞，从而使枢纽建筑物总体布置走出了困境，不仅解决了枢纽总布置难题，节约投资 3.8 亿元，而且为大型导流洞重复利用提供了一条崭新的技术思路和案例。

(6) 突破性地解决了金属结构技术难题。小浪底工程金属结构集中布置在进水塔群、孔板洞中闸室、排沙洞出口闸室、溢洪道、地下厂房尾水闸室和电站尾水出口等部位，包括各种闸门 62 扇，卷扬启闭机 20 台，液压启闭机 27 套(45 台油缸)，拦污栅 25 扇，清污机 4 台，门机 2 台，台车式启闭机 1 台，总重量 32 000 t。其中，运用水头 140 m 的 1 号孔板洞偏心铰深孔弧形工作门，总水压力 75 700 kN 的 1 号明流洞泄洪弧门，可局部开启运用的设计水头 122 m 的排沙洞偏心铰弧门，突破 4 000 kN 轮压的定轮闸门，提升力 5 000 kN、提升高度 90 m 的固定卷扬启闭机，1 号孔板洞出口浮箱式检修门，闸门集中监控系统等，以及多泥沙河流闸门埋件的抗磨蚀技术等当时均处于国内同类产品中技术领先水平。

(7) 创造性地采用了多项国际领先的施工技术。多项技术创新达到当时国际、国内领先水平，主要有：采用机械化联合流水作业建造了国内第一高壤土斜心墙堆石坝；采用横向接头孔填充塑性混凝土保护下的平板接头形式，建造了国内当时最深、强度最高的混凝土防渗墙；在国内首次采用双圈缠绕后张无黏结预应力混凝土隧洞衬砌技术；在砂页岩地层中设计建造了当时国内最大的地下厂房；建造了世界坝工史上绝无仅有的进水塔群和大型综合消能水垫塘；首次在国内大规模地采用了双层保护预应力锚索和钢纤维喷混凝土技术、成功地处理了地质条件极为复杂的进出口高边坡岩石开挖；70 MPa 高强硅粉混凝土等新材料的研究及应用；首次在国内成功地采用了 GIN 帷幕灌浆技术等。

第3章 调水工程

第一节
南水北调工程

一、工程概况

1. 工程概述

南水北调工程原计划为东线、中线和西线三条调水线路，各有其合理的供水目标和范围，并与四大江河形成一个有机整体，可相互补充，充分发挥多水源供水的综合优势，共同提高北方受水区的供水保证程度。要从根本上缓解黄淮海流域、胶东地区和西北内陆河部分地区的缺水问题。

东线工程：利用江苏省已有的江水北调工程，逐步扩大调水规模并延长输水线路。东线工程从长江下游扬州江都抽引长江水，利用京杭大运河及与其平行的河道逐级提水北送，并连接起调蓄作用的洪泽湖、骆马湖、南四湖、东平湖。出东平湖后分两路输水：一路向北，在位山附近经隧洞穿过黄河；另一路向东，通过胶东地区输水干线经济南输水到烟台、威海。目前车线一期工程已全面完工。

中线工程：从加坝扩容后的丹江口水库陶岔渠首闸引水，沿规划线路开挖渠道输水，沿唐白河流域西侧过长江流域与淮河流域的分水岭方城垭口后，经黄淮海平原西部边缘在郑州以西孤柏咀处穿过黄河，继续沿京广铁路西侧北上，可基本自流到北京、天津。工程分两期实施，目前一期工程已全面通水运营。

规划中的西线工程：在长江上游通天河、支流雅砻江和大渡河上游筑坝建库，开凿穿过长江与黄河的分水岭巴颜喀拉山的输水隧洞，调长江水入黄河上游。西线工程的供水目标主要是解决涉及青、甘、宁、内蒙古、陕、晋等 6 省（自治区）黄河上中游地区和渭河关中平原的缺水问题。结合兴建黄河干流上的大柳树水利枢纽等工程，还可以向邻近黄河流域的甘肃河西走廊地区供水，必要时也可相机向黄河下游补水。规划分三期实施。

规划的东线、中线和西线到 2050 年调水总规模为 448 亿 m^3，总投资规模约为 5 000 亿元。分期实施后可基本缓解黄淮海流域水资源严重短缺的状况，并逐步遏制因严重缺水而引发的生态环境日益恶化的局面。

南水北调工程是优化水资源配置、促进区域协调发展的基础性工程，是中华人民共和国成立以来投资额最大、涉及面最广的战略性工程，事关中华民族长远发展。

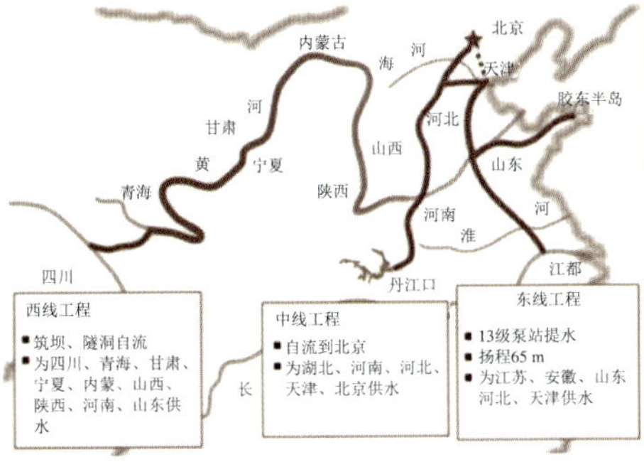

图 3-1-1　南水北调规划线路示意图

东线工程可为苏、皖、鲁、冀、津五省市净增供水量 143.3 亿 m^3，其中生活、工业及航运用水 66.56 亿 m^3，农业用水 76.76 亿 m^3。东线工程实施后可基本解决天津市、河北黑龙港运东地区、山东鲁北、鲁西南和胶东部分城市的水资源紧缺问题，并具备向北京供水的条件。促进环渤海地带和黄淮海平原东部经济又好又快地发展，改善因缺水而恶化的环境。为京杭运河济宁至徐州段的全年通航保证了水源。使鲁西和苏北两个商品粮基地得到巩固和发展。南水北调工程是实现中国水资源优化配置的战略举措。受地理位置、调出区水资源量等条件限制，西、中、东三条调水线路各有其合理的供水范围，相互不能替代，可根据各地区经济发展需要、前期工作情况和国家财力状况等条件分步实施。

南水北调中线一期工程是我国南水北调工程的重要组成部分，是缓解黄淮海平原水资源严重短缺、优化配置水资源的重大战略性基础设施，是关系到受水区北京、天津、河北、河南等省市经济社会可持续发展的民生工程。中线一期工程从大坝加高扩容后的丹江口水库引水，沿线开挖渠道直通北京，总长 1 432 km，工程自 2003 年开工以来，经过 10 多年的建设建成。

2014 年 12 月 12 日，南水北调中线一期工程正式通水。工程通水后，不仅可提升北京城市供水保障率，还将增加北京水资源战略储备，减少使用本地水源地密云水库水量，并将富余来水适时回补地下水。截至 2021 年 7 月 19 日，南水北调中线已向北京供水 68 亿 m^3。

2021 年 12 月 12 日是南水北调东、中线一期工程全面通水七周年。七年来，工程取得了年调水量从 20 多亿 m^3 持续攀升至近 100 亿 m^3 的突破性进展。截至 12 月 12 日，东、中线一期工程已累计调水 494 亿 m^3，有效缓解了华北地区水资源短缺问题。

2. 工程主要建筑物

(1) 东线工程

①主要工程项目及规模

输水干渠工程：包括向北输水的分干渠在内，总长 2 370 km，其中利用现有河道扩挖 2 104 km，根据受水区的要求以及河道输水能力与沿线湖泊可能开发的调蓄能力，输水工程的远景规模定为抽引长江水量超过 1 000 m^3/s，送水到黄河以北的流量超过 500 m^3/s，送水到天津的流量为 200 m^3/s 左右。

泵站枢纽工程：从长江至东平湖在输水主干渠和分干渠上设 13 级泵站枢纽，枢纽由泵站、节制闸、船闸与其他附属工程组成，还有给泵站供电的输变电工程。

蓄水工程：在黄河以南，利用洪泽湖、骆马湖、南四湖以及东平湖作为调蓄水库，这些原来都是拦洪蓄水湖泊，可用于调水工程的总库容为 70 多亿 m^3。在黄河以北利用北大港、大浪淀、浪洼、千顷洼及大屯水库等洼地建设平原水库，总调节库容近 15 亿 m^3。

输水干渠与穿黄工程：在山东省黄河南岸的解山与北岸的位山之间开 3 条直径 9 m 左右的穿过黄河河底的输水隧洞。

向山东胶东地区供水工程：西起东平湖，东接引黄济青干渠，全长 237 km，输水流量 90 m^3/s。济南以西沿济平干渠开挖，济南以东可利用小清河或平行于小清河另开渠道。

图 3-1-2　南水北调工程东线线路图

②泵站、穿黄工程

东线的地形以黄河为脊背向南北倾斜，引水口比黄河处地面低 40 余 m。从长江调水到黄河南岸需设 13 个梯级抽水泵站，总扬程 65 m，穿过黄河可自流到天津。

黄河以南除南四湖内上、下级湖之间设一个梯级，其余各河段上设三个梯级。黄河以南输水干线上设泵站 30 处，其中主干线上 13 处，设计抽水能力累计共 10 200 m^3/s，装机容量 101.77 万 kW。一期工程仍设 13 个梯级。

黄河以北各蓄水洼淀进出口设 5 处抽水泵站，设计抽水能力共 326 m^3/s，装机容量 1.46 万 kW。

穿黄河工程选定在山东东平县与东阿县之间黄河底下打隧洞方案。通过多年地质勘探和穿黄勘探试验洞开挖，查明了河底基岩构造和岩溶发育情况，并成功解决了河底隧洞堵漏开挖的施工难题。穿黄工程从东平湖出湖闸至位临运河进口全长 8.67 km，其中穿黄河工程的倒虹隧洞段长 634 m，平洞段在黄河河底下 70 m 深处，为两条洞径 9.3m 的隧洞。第一期工程先开挖一条。

图 3-1-3 南水北调东线工程(山东聊城)

③东线工程特点

a. 水源丰富。该工程远景规模的多年平均年抽引长江水量约占长江下游多年平均年径流量的 1/40;遇淮河流域枯水,需水量增大,抽长江水量也只占长江下游最枯年径流量的 1/20;遇淮河流域丰水年,淮河水也可北调。从长江下游调水,除遇长江特枯年的特枯月可能根据河口的要求限制或暂停调水外,调水量主要受工程规模和用水需求的控制。

b. 充分利用现有河道、湖泊及已建工程。输水主干渠和分干渠需要新开挖的长度只占工程总长度的 12%,其他均可利用现有河道和工程,这样可以基本上避免新开河道与现有河道交叉带来的许多问题,但也增加了水质保护的难度。

c. 综合利用条件好。东线工程可同时发挥供水、航运、除涝和防治土壤盐碱化以及改善环境等主要作用,工程通过的各个地区都可受益。

d. 便于分期实施。工程总量虽大(主体工程土方量超过 10 亿 m^3),但可分期实施,便于根据投资能力逐步安排。分期实施的办法比较灵活。既可先小规模全线通水,又可从南到北逐段推进,第一期工程在江苏江水北调工程的基础上,把抽长江水的能力从 400 m^3/s 增大到 600 m^3/s。同时扩大自流引长江水的能力;扩建输水干渠和增设泵站枢纽向胶东地区送水 50 m^3/s;一期工程建成 1 条穿黄隧洞,为黄河以北应急送水;京杭运河济宁以南航运将全部贯通。

e. 调水需抽水。抽水耗能增加了调水成本是该工程的主要缺点。但与中国已建成的干旱缺水区的供水工程相比,属于中低扬程,调水成本相对较低。工程运行虽然需消耗电能,但苏北、鲁南、淮北煤矿区的电力开发又需依靠该工程补充水源。

(2) 中线工程

①主要工程项目及规模(一期工程)

a. 水源区工程

(a) 丹江口水利枢纽加高完建，混凝土顶高程由 162 m 加高到 176.6 m，正常蓄水位由 157 m 提高到 170 m。按 1990—1991 年调查，淹没线以下有耕地 1.35 万 hm^2、人口 22.43 万人、房屋 479 万 m^2。

(b) 为免除近期调水对汉江中下游的工农业及航运等用水可能产生的不利影响，需兴建：干流渠化工程兴隆或碾盘山枢纽，东荆河引江补水工程，改建或扩建部分闸站和增建部分航道整治工程。

b. 输水工程

总干渠大部分为全衬砌明渠。还有跨河流、铁路、公路以及分水、节制退水闸等大小建筑物共约 1 800 座，其中规模较大的跨河建筑物有 160 余座，最大的跨河建筑物为穿黄河工程。天津干渠上有大小建筑物共约 200 座，全部输水工程土石方约 10 亿 m^3，混凝土约 2 000 万 m^3。穿黄隧洞长 4.25 km，双洞平行布置，隧洞内径 7.0 m，采用盾构法施工，设计流量 265 m^3/s，加大流量 320 m^3/s。

c. 配套工程

大部分利用现有设施。

d. 调蓄工程

南水北调中线穿黄工程调水竖井位于河南省郑州市以西约 30 km 的王村，其任务是将中线调来的长江水从黄河南岸输送到黄河北岸，向黄河以北地区供水，同时在水量丰沛时可向黄河相机补水。工程北岸竖井为大型圆筒结构，建于黄河河滩地中细砂强透水地层中，内径 16.4 m，井深 50.5 m。设计流量为 265 m^3/s，加大流量为 320 m^3/s，井壁为双层结构，外层为地下连续墙形式，厚 1.5 m，深 76.6 m；内层为 0.8 m 厚钢筋混凝土现浇衬砌，采用逆作法施工。

②主要枢纽建筑物

a. 丹江口水库

丹江口水利枢纽位于中国湖北省丹江口市，汉水与丹江交汇口以下 800 m 处，是汉水干流最大的水利枢纽。它具有防洪、发电、灌溉、航运、养殖等综合效益。枢纽分两期开发，第一期正常蓄水位高程 157.0 m，设计洪水位高程 159.8 m，校核洪水位高程 161.3 m，坝顶高程 162 m，总库容 174.5 亿 m^3，最大坝高 97 m，两岸土石坝坝顶高程 165.2 m。第二期正常蓄水位高程 170.0 m，总库容 290.5 亿 m^3。丹江口水利枢纽不仅是治理和开发汉水的关键性工程，也是南水北调中线方案的水源工程。

图 3-1-4 南水北调工程中线线路示意图

坝址河谷宽 500～600 m，混凝土坝全部建在坚硬的变质岩浆岩上，断裂构造发育，较大断裂带多与坝轴线斜交，工程地质条件复杂，地震烈度Ⅵ度，大坝按地震烈度Ⅷ设防。坝址控制流域面积 95 217 km^2，多年平均径流量 378 亿 m^3，多年平均流量 1 200 m^3/s，1 000 年一遇设计洪峰流量 64 900 m^3/s，10 000 年一遇校核洪峰流量 8 300 m^3/s。

枢纽主要由挡水建筑物、泄洪建筑物、通航建筑物和发电建筑物等组成，一期工程坝顶长度 2 461 m。挡水建筑物包括河床混凝土宽缝重力坝、两岸连接混凝土重力坝、两岸土石坝(左岸土石坝为黏土心墙及黏土斜墙坝、沙砾料坝壳土石混合坝，最大坝高 56 m；右岸土石坝为黏土心墙风化石渣坝壳土石混合坝)。泄洪建筑物包括溢洪坝段和泄洪深孔。

图 3-1-5 南水北调中线水源工程——丹江口水利枢纽

溢洪段位于河床中部，总长 264 m，设有 20 个宽 8.5 m、堰顶高程 138 m 的开敞式溢流孔，最大泄流量 39 900 m^3/s，采用鼻坎挑流消能。泄洪深孔位于河床右部，12 孔，每孔宽 5 m，高 6 m。孔底高程 114.0 m(其中 1 孔已作为备用电源电厂的进水口)，共长 144 m，最大泄流量 8 800 m^3/s。坝后厂房位于河床左部坝后，装有 6 台单机容量 150 MW 水轮发电机组，总装机容量 900 MW。通航建筑物位于右岸，由垂直升船机与斜面升船机组成，可通过 150 t 驳船，年单向通过能力下水 82 万 t，上水 73 万 t。

坝址上游左岸 30 km 处支流丹江上建有 2 座灌溉取水渠首，一为河南省灌溉用的陶岔引水闸，引水流量 500 m^3/s；另一个为湖北省灌溉用清泉沟引水闸，引水流量 100 m^3/s。

b. 穿黄工程

穿黄工程是南水北调中线总干渠穿越黄河的关键性工程，也是南水北调中线干线工程总工期中的控制性项目。穿黄工程位于河南省郑州市以西约 30 km 处，荥阳市境内，总长 19.30 km。穿黄工程由南、北岸渠道，南岸退水建筑物，进口建筑物，穿黄隧洞，出口建筑物，北岸新老蟒河交叉工程，以及孤柏咀控导工程等组成。

为适应黄河游荡性河流与淤土地基条件的特点，南水北调中线穿黄工程开创性地设计了具有内、外两层衬砌的两条长 4 250 m 隧洞，内径 7 m，外层为厚 0.4 m 拼装式管片结构衬砌，内层为厚 0.45 m 钢筋混凝土预应力衬砌，两层衬砌之间采用透水垫层隔开，内、外衬砌分别承受内、外水的压力。这种结构形式在当时国内外均属先例，也是国内首例用盾构方式穿越黄河的工程。

穿黄隧洞是南水北调工程中规模最大、单项工期最长、技术含量最高、施工难度最复杂的交叉建筑物。穿黄工程于 2005 年 9 月 27 日开工建设，历时 9 年。

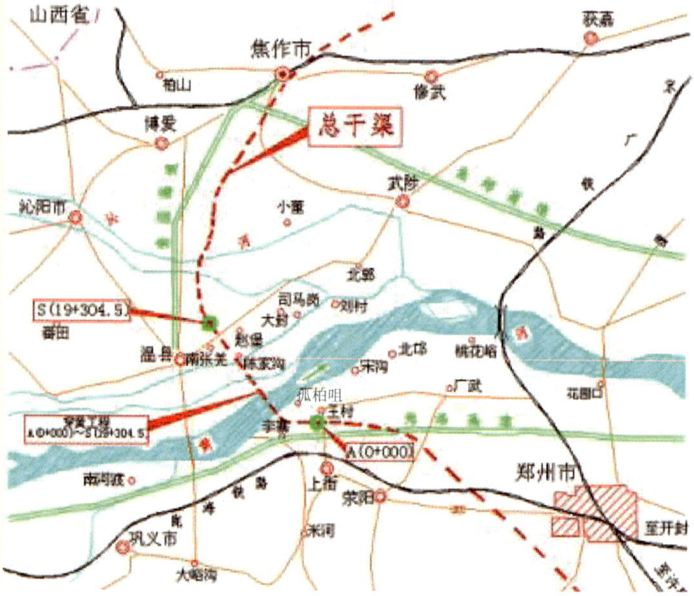

图 3-1-6 中线穿黄工程位置示意图

(3) 西线工程

西线工程目前尚在研究论证阶段，还没有进行具体的施工，这里只简要介绍其原规划设想。

①第一期工程的选定

从三条河调水工程总体布局初步比较来看，由于各输水线路的入黄出口均在黄河贾曲，出口段输水线路集中在从雅砻江和大渡河支流引水的达-贾联合自流线路附近，工程实施必然要按由近及远，先支流后干流的步骤逐步实施，即先从靠近黄河的达-贾联合自流方案开始，逐步扩展到雅砻江干流和通天河引水，实现三条河调水 170 亿 m^3。

本着由低海拔到高海拔、由小到大、由近及远、由易到难的规划思路，第一期工程达-贾联合自流方案调水 40 亿 m^3，需要建 5 座引水枢纽，引水线路长度 260 km。

②第二期工程选择

布局方案二中，雅砻江距黄河较近，调水条件优于通天河，因此选择雅砻江阿-贾自流方案为第二期工程。

第一、第二期工程的实施，可满足 2030 年左右黄河上中游 6 省(自治区)对供水资源量的需求。

③第三期工程选择

布局方案二中，选择通天河侧-雅-贾自流方案为第三期工程。第三期工程调水 80 亿 m^3，输水线路长，投资高达 1 929 亿元。单方水投资 24 亿元，占南水北调西线工程总投资的 63%。南水北调西线工程要全部实施，需要一个较长的时期，按现规划的工期排序，第三期工程的实施时间预计在 8 年以后(2030 年)，那时南水北调东、中线工程已经实施，西线工程的第一、第二期工程也已实施，南水北调“四横三纵”的总体格局已经形成，黄河水资源需要重新配置。再者，那时西北地区经济社会和生态环境需水也有变化，第三期工程的规模势必相应调整，工程方案尚可与抽水方案或其他方案进一步比较优选。由于目前规划的第一、第二、第三期工程具有相对的独立性，第一期工程先行实施，第二、第三期工程输水线路在通过雅砻江和大渡河支流分水岭时，与第一期工程平行的线路部分都需另外开凿隧洞，与第一期工程互不干扰，故第一期工程的选定不影响第二期工程的调整变化，更不影响第三期工程进一步优选。

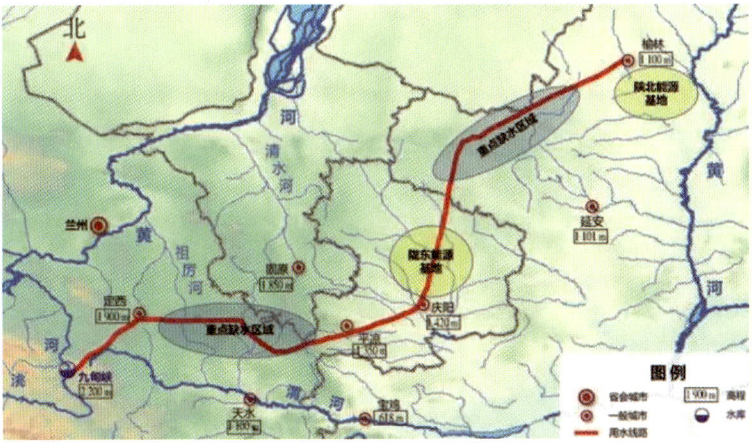

图 3-1-7　南水北调工程西线调水用水规划图

二、工程规划建设历程

1. 工程规划阶段

(1) 东线工程

东线工程是我国南水北调总体布局中的重要组成部分。

1972 年，华北大旱后，水利部组织有关部门研究东线调水方案。水利部于 1973 年开始编制南水北调东线工程规划。

1976 年，提出《南水北调近期工程规划报告》上报国务院，选定东线工程为南水北调近期工程。

1983 年，完成《南水北调东线第一期工程可行性研究报告》，提出先调水到黄河南岸东平湖的方案。

1985 年，完成《南水北调东线第一期工程设计任务书》。

1990—1993 年，陆续完成了《南水北调东线工程修订规划报告》以及全线小规模通水到京津地区的《南水北调东线第一期工程可行性研究修订报告》和《南水北调东线第一期工程修订环境影响报告书》。

1996 年，提出《南水北调东线工程论证报告》，对之前的规划作了补充。

2001 年，水利部淮河水利委员会会同海河水利委员会编制了《南水北调东线工程规划(2001 年修订)》制定分期实施方案。

(2) 中线工程

中线工程的任务是与东线工程相互配合，解决京津华北地区城市缺水问题，缓和城市挤占生态与农业用水的矛盾，基本控制了大量超采地下水、过度利用地表水的严峻形势，遏制生态环境继续恶化的趋势。

1959 年，长江水利委员会在《长江流域综合利用规划要点报告》中提出了从长江上、中、下游(即西线、中线和东线)分别向北方调水的总体格局。

1973 年，南水北调中线水源工程——丹江口水利枢纽建成初期规模，为调水创造了条件。

1980 年，长江流域规划办公室[1]完成《南水北调中线引汉工程规划要点报告》，对引汉工程向黄河以北供水直到北京的方案进行了研究。

1987 年，完成了《南水北调中线规划报告》，明确了先引汉、后引江的顺序，着重

[1] 现长江水利委员会。

论证了引汉初期工程规划；其成果纳入 1990 年修订的《长江流域综合利用简要报告》中。

1991 年，长江水利委员会提出《南水北调中线工程规划报告(1991 年 9 月修订)》同期还提出了《南水北调中线工程初步可行性研究报告》，水利部调查审核后同意这两个报告。

1994 年，水利部组织审查并通过了《南水北调中线工程可行性研究报告》。

1995 年，国家环境保护局[1]审查并通过了《南水北调中线工程环境影响报告书》。

2001 年，水利部组织审查并通过了《南水北调中线工程规划(2001 年修订)》，制定了分期实施方案。

(3) 西线工程

西线工程的任务是引水至黄河上游，以补充黄河水资源的不足，解决西北和华北部分地区干旱缺水的状况。

1952 年，水利部黄河水利委员会(简称黄委会)查勘了从通天河引水入黄河的线路。

1958—1961 年，黄委会等有关部门进行了西线调水查勘工作，研究地区东至四川盆地西部边缘，西达黄河、长江源头，南抵云南石鼓，北抵祁连山，约 155 km^2。

1978 年后，黄委会又组织多次查勘，集中力量就距黄河较近、调水量适宜、相对工程难度较小的通天河、雅砻江、大渡河 3 条河流调水，并提出了可能的方案。

1987 年，西线调水前期工作被列入国家“七五”“八五”计划。

1996 年，完成超前期规划研究，随后转入规划阶段工作。

2001 年，水利部组织审查并通过了黄委会提交的《南水北调西线工程规划纲要及第一期工程规划》报告。

2020 年，黄河水利委员会组织南水北调西线工程综合查勘出征仪式。

2. 工程建设历程

(1) 东线工程

东线一期工程于 2002 年 12 月 27 日开工建设，全线于 2013 年 11 月 15 日正式通水。

2003 年，开工建设三阳河、潼河、宝应站工程和山东济平干渠工程；开始江苏段、山东段治污工作。

---

[1] 现国家环境保护总局。

2004年,开工建设骆马湖至南四湖段江苏境内工程、山东韩庄运河段工程。

2006年,开工建设江都站改造工程、淮安四站工程、淮安四站输水河道工程、淮阴三站工程(长江—骆马湖)。

2007年,开工建设骆马湖水资源控制工程、南四湖水资源控制工程;开工建设穿黄工程;初步完成江苏段、山东段的截污导流工程。

2013年11月15日东线全线贯通开始通水。

图3-1-8 南水北调工程津冀地区输水工程

一期工程全线共设立13个梯级泵站,共22处枢纽、34座泵站,总扬程65 m,总装机台数160台,总装机容量36.62万kW,总装机流量4 447.6 m^3/s。

二期工程正在建设中,计划新建13座泵站。

三期工程尚未开工建设,计划新建17座泵站。

(2) 中线工程

中线一期工程于2003年12月30日正式开工建设,全线于2014年12月12日正式通水。

2003年,中线京石段应急供水工程开工建设,标志着南水北调中线工程正式开工建设。

2005年,丹江口水库大坝加高、中线穿黄工程开工。

2008年,中线京石段应急供水工程建成,从河北黄壁庄、岗南等水库向北京应急供水。

2009 年,南水北调中线穿黄工程上游线过河段隧洞顺利贯通。

2010 年,南水北调中线一期汉水中下游引江济汉工程开工建设。丹江口大坝需要加高的 54 个坝段全部加高到坝顶。

2012 年,丹江口库区移民搬迁任务完成,共移民 34.5 万人。同时陶岔渠首工程建成。

2013 年 12 月 25 日,南水北调中线干线主体工程完工,中线干线工程全线贯通。

2014 年 9 月 16 日,南水北调中线穿黄隧洞充水试验取得圆满成功;9 月 29 日,南水北调中线一期工程通过全线通水验收,具备通水条件。

2014 年 12 月 12 日 14:32,南水北调中线工程开始全线通水。

图 3-1-9 南水北调中线工程陶岔渠首段

三、工程效益

(1) 东线工程

工程的直接受益区包括淮河流域的江苏北部地区、安徽东北部地区、山东西南部与胶东地区以及海河流域东部平原地区。还可通过长江水与黄河水的统一调配逐步替代山东省引用的部分黄河水。调水到天津后,必要时还可用管道送水,为北京市东部增加一项后备水源。从水量丰沛的长江调入可靠的补给水源,是解决上述地区发展经济、改善环境和提高人民生活水平所需水资源不足的根本办法。主要有 4 点作用。

①供水。配合当地水资源的开发利用，经过合理的调蓄和分配，调入的长江水将为天津，河北沧州、衡水、黄骅、泊头，山东济南、青岛、烟台、威海、潍坊、淄博、东营、滨州、聊城、德州、济宁、枣庄，安徽蚌埠、淮北、宿州，江苏徐州、连云港、淮安、扬州等城市以及京杭运河和津浦铁路沿线的其他部分城镇，增加可靠的供水水源。

图 3-1-10 江都水利枢纽

②航运。输水工程建设既满足航道水力条件又保证航运用水，将使古老的京杭运河恢复并扩大其运输能力，使之成为北煤南运，促进华北、华东地区经济发展的一条重要交通线，从江苏扬州到徐州的航道将成为国家二级航道。

③除涝和防治土壤盐碱化。调水工程结合淮河治理，可使一部分排水河道得到扩大，输水泵站可结合洼区排涝，通过引水补充低洼地区的水稻灌溉用水，从而提高抗涝和防治土壤盐碱化的能力；还可为华北东部平原的地下咸水改造利用提供淡水水源。

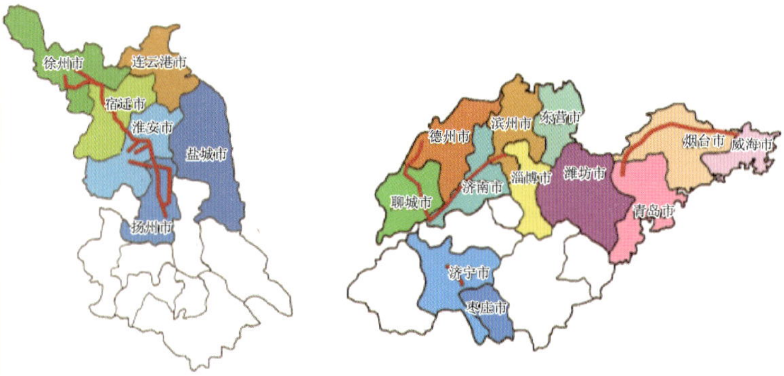

东线江苏省受水城市　　东线山东省受水城市

图 3-1-11 东线受水城市

④改善环境。为保证供水水质，与调水工程有关的淮河及海河水污染得到有效治理。受益区因长期缺水造成河道常年断流与地下水位大面积持续下降等引起的环境恶化状况，会在调入补充水源的情况下得到改善。工程的建设还为发展旅游业创造新的条件。

(2) 中线工程

中线工程主要为北京、天津以及京广铁路北段沿线城市生活及工业提供可靠的补充水源，同时为黄淮海平原西、中部农业高产地区补水。这些地区因工农业用水大量增加而造成的地下水持续超采、地下水位逐年下降、许多河湖干涸等环境问题，供水后将得到改善，对华北平原的可持续发展起到重要的支撑作用。由于加高丹江口水库大坝，改善了汉水中下游的防洪条件，使防洪标准在基本不需中游民垸分洪配合的条件下即可达到 100 年一遇，可减轻洪水对汉北地区及武汉市安全的威胁，改善人民生活及投资环境。

①经济效益

南水北调中线工程是一项良好的经济工程。按 2000 年末价格计算，中线工程总投资约 920 亿元。这些投资的 40%将转化为消费资金，这对于扩大内需，刺激经济增长将发挥重要的推动作用。根据投资的乘数效应，中线工程的兴建，将拉动建材业、制造业、交通运输业以及第三产业的发展。中线工程还将带动南方调水区、调水沿线地区、北方受水区经济结构的战略性调整，建设节水型工业、农业和节水型社会。

南水北调中线工程按照社会主义市场经济的一般要求，结合水资源调配的公共特性，构建其建设与管理体系，从而保证建设的顺利进行，建成后的良性运营。

②社会效益

兴建南水北调中线工程，将 30 万移民中的多数外迁到居住和生存条件较好的地方安置，将大大改善库周的生态环境，并提高移民的生活水平。

图 3-1-12　丹江口水库移民安置

2005 年，开始加高南水北调中线工程的丹江口水库大坝，坝顶由原来的 162 m 加高到 176.6 m，水位从 157 m 提高到 170 m，丹江口水库总库容达到 290.5 亿 m^3。为此，丹江口水库上游地区淹没面积达到 144 km^2，整个库区移民 34.5 万人，其中河南省 16.4 万人、湖北省 18.2 万人。

移民安置一直是影响中线工程决策的重大问题，但同时也是解决丹江口库区环境容量严重不足、居民生活贫困的重大机遇。移民分期分批安置。从 2009 年 8 月完成试点移民搬迁开始，至 2012 年 5 月，河南省 16 余多人的移民搬迁全部完成，加上湖北省已经完成的 18.2 万移民搬迁安置，南水北调中线工程 34 万余人的移民工作全部完成。2012 年 9 月 18 日，在郧县(现郧阳区)柳陂镇移民安置点，湖北省省长王国生宣布："南水北调中线工程湖北省移民搬迁任务圆满完成。"至此，中国南水北调中线工程移民搬迁全部结束。

中线工程建成后，沿线城市居民优质饮用水能够得到保证，干旱年份一些城市将不再出现"水荒"现象。对于数百万长期饮用高氟水、苦咸水和其他含有害物质的深层地下水的当地农民来说，中线工程将从根本上改善其饮水质量。

③生态效益

中线工程对保护汉江中下游的水环境同样也起到积极的作用。在汉江流域的四大工程——汉江干流上的兴隆枢纽、从荆州到沙洋的引江济汉工程、对航运受影响的汉江河段实施整治工程、对引水受影响的涵闸和泵站实施改造工程，不但将调水的影响减少到最低限度，而且引江济汉工程使得兴隆以下河段枯水期流量显著加大，可以基本消除汉江曾发生的严重威胁武汉等城市供水安全的春季"水华"现象。

图 3-1-13　白洋淀再现往日生机

中线工程的总干渠不仅是一条“清水长廊”，也是一条“绿色长廊”。总干渠不经过崇山峻岭，施工条件优越，对环境的影响小。沿线河流均与总干渠立体交叉，可保证水质。同时，在丹江口水库水量充沛的时候，可以方便地将水放入当地河流中，以改善河道的水环境。此外，中线工程还将带动绿化、生态农业和绿色农业的发展，改善当地的生态环境。

南水北调中线工程是一项宏伟的生态工程。中线工程受水区之前一直处于缺水状态，经济社会的发展不得不靠大量超采地下水维持，从而造成地下水大范围、大幅度下降，甚至部分地区的含水层已呈疏干状态。实施南水北调中线工程后，使受水地区的缺水问题得到有效解决，生态环境将有显著改善。

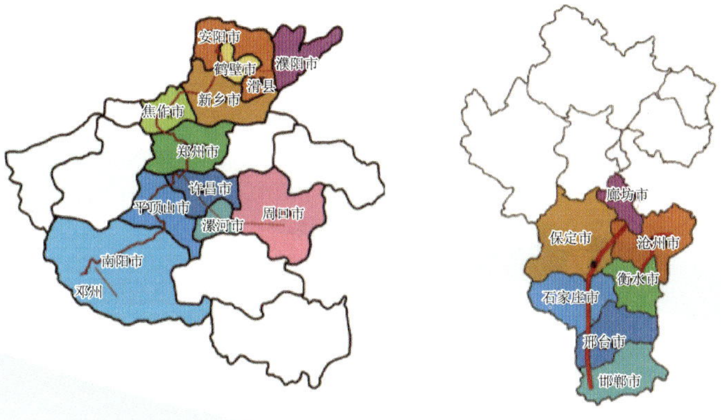

中线河南省受水城市　　中线河北省受水城市

图3-1-14　南水北调中线受水城市

(3) 西线工程

南水北调西线跨流域调水工程，是解决西北地区干旱缺水问题的重大战略措施。工程实施后，除产生巨大的经济效益外，还将产生显著的社会效益和环境效益，可促进我国西部国土资源、矿产资源的综合开发和黄河上中游干旱地区的全面繁荣，改变老、少、边、穷地区落后面貌，对防止沙漠侵掠、增强民族团结，具有重大的政治意义和经济意义，同时为保持未来西北地区持续稳定发展、进一步缩小东西部地区差距提供了保障。

四、关键工程技术问题及创新

1. 东线工程中的技术难点、应对措施及创新处

(1) 泵站工程

南水北调东线泵站设计建造技术已经成熟,除个别特殊情况外,在建造泵站方面没有大的技术难题。东线工程梯级泵站设计总装机容量 1 017.7 MW,要求年运行时间超过 5 000 h,年运行费用达 30 亿~40 亿元,工程影响范围大,运行费用高,特别是梯级泵站,其中任一级发生问题,都会影响到整个工程的正常调水。另一方面,泵站每提高 1%的运行效率,每年即可节省数千万元的运行费用。因此,工程要求泵站在保证运行可靠性的前提下,提高运行效率,降低调水成本。因此,东线泵站工程的最主要技术难题就是如何提高泵站的运行效率。变工况运行是泵站实现经济运行的主要途径之一。

根据南水北调东线工程梯级泵站要求及其扬程特点和水泵机组特性,为满足泵站经济运行和安全运行的需要,源头泵站宜采用变速、变角运行方式;进湖泵站、出湖泵站宜采用变频变速或变角运行方式;中间泵站宜采用机械式运行全调节变角运行方式。

(2) 穿黄隧洞

东线工程穿黄隧洞是东线工程中的关键性工程,穿黄隧洞的主要难题就是隧洞的涌水问题。由于该隧洞自黄河河底以下岩层中穿过,其主要工程地质问题是因黄河水、潜水和岩溶裂隙水"三水相通"而造成隧洞涌水。

穿黄隧洞由斜井、平洞、水仓水泵房和支探洞 4 部分组成,总长 634.80 m,其中斜井长 165.52 m,平洞长 334.78 m,水仓水泵房长 34.50 m,两条支探洞各长 50 m。斜井进口位于黄河北大堤外侧距坡脚约 100 m 的位山脚下,从高程 29.20 m 处以 20°坡伸入黄河河底,至高程 −27.41 m 处接平洞,平洞以 3‰倒坡穿越黄河至南岸解山村生产堤下,终点处洞底高程为 −26.41 m。隧洞均为三心圆拱门洞形断面,其中主隧洞断面为:2.93 m×2.61 m(宽×高);支探洞断面为:2.5 m×2.4 m(宽×高)。

穿黄隧洞涌(渗)水,取决于围岩所处的地层岩性、构造、地下水的特征三个主要地质条件。

对穿黄隧洞涌水采取的工程措施如下。

①开挖前利用地质钻机沿洞线方向在开挖断面周围钻孔探水,钻孔呈伞状布设,

通过向钻孔高压灌注水泥、水玻璃浆液，在隧洞开挖断面周围形成防渗帷幕圈，堵塞了断层、岩溶裂隙形成的涌水通道，并加固了破碎岩石，在确保不会出现涌水的情况下再进行这一灌浆段的开挖。每次开挖均需留下已灌过浆的 7～10 m 长洞段不开挖，作为下一段灌浆的止浆岩盘。

②隧洞施工时形成的灌浆阻水帷幕和喷锚支护均属临时措施，经多年的高压地下水的溶蚀作用，原阻水帷幕的阻水效果逐渐变差，1999 年 8 月底，隧洞水仓水泵房发生了突然涌水。后按照扩建为大洞断面的要求进行全面的灌浆补强，在确保黄河大堤安全的同时也为穿黄隧洞在无水状态下进行常规开挖与衬砌创造了有利条件。

③隧洞断面为圆形过水断面，采用钢筋混凝土衬砌。南水北调东线穿黄河工程采用隧洞方案，隧洞采用超前灌浆堵水开挖水下隧洞的施工方法。超前钻孔预注浆堵漏技术在穿黄探洞的应用，是水利工程建设的一次创造性的突破。该技术 1990 年获得水利部科学技术进步二等奖，1992 年国家科学技术委员会[1]颁发了国家科技成果证书。

2. 中线工程中的技术难点、应对措施及创新处

(1) 丹江口水库加高

丹江口大坝加高工程，是南水北调中线工程中关键性、控制性、标志性的龙头工程，也是国内大坝加高改造项目中规模最大和难度最大的工程。

图 3-1-15　丹江口水库大坝加高工程

[1] 现科学技术部。

在大坝加高施工前需对大坝前期工程的缺陷进行处理；右岸土石坝改线新建；左岸土石坝墙厚加高延长；右岸垂直升船机改造加固；金属结构及机电设备需拆除更新改造。

施工主要技术难题及处理措施如下。

①新老混凝土接合技术复杂，处理工序多且相互干扰，施工难度大，混凝土坝加高的新老混凝土接合问题，实际上是坝体加高加厚后联口口合整体受力必须满足设计要求的问题，是工程的最大难点，决定着加高工程成败的关键。

新老混凝土接合技术措施。经过新老混凝土接合的有限元计算分析验证和现场试验，即使缝面部分脱开，如结合面竖直缝面及斜缝缝面设置键槽，结合面增设足够连接钢筋，坝踵及坝体应力均能得到有效控制，整个坝体能达到联合受力的设计要求。大坝新老混凝土接合技术采取以直接浇筑为主、宽槽回填为辅的总体施工方案，主要有以下几方面的技术措施：a. 旧混凝土表面的碳化层对新旧混凝土的结合不利，采用风镐人工凿除并冲洗。经过现场试验分析，旧混凝土垂直凿除深度为 30～50 mm；斜坡面及水平面凿除深度为 20～30 mm。b. 新增键槽。旧混凝土面设置键槽是保证新旧混凝土整体良好传力的措施之一，新增键槽水平布置，断面为不等边三角形。c. 新旧混凝土结合面设置锚杆。新旧混凝土结合面锚筋分为普通砂浆锚杆和锁口锚杆。锚杆采用 ϕ25 的Ⅱ级螺纹钢筋。砂浆锚杆注浆浆材为水泥砂浆，砂浆强度等级为 C20。锚杆施工采用“先注浆后安装锚杆”的程序施工。d. 特殊部位结合面刷涂界面胶。为增加新老混凝土的黏结力，对于一些特殊部位，例如溢流坝段老闸墩与新加高溢流堰结合面，在浇筑新混凝土时刷涂环保型界面胶。涂刷采用滚轮或涂刷方式进行，要求涂抹后在 1 h 内覆盖混凝土，涂刷面积与混凝土浇筑速度相适应。

②大体积混凝土及薄层混凝土拆除安全防护要求高，技术难度大。加高工程属于老坝体加固改造，部分建筑物需拆除，混凝土拆除工程量为 6.38 万 m^3，拆除部位绝大部分为钢筋混凝土结构，拆除工程量大，结构复杂，实施过程中不但要确保枢纽工程的正常运行，还要保证邻近建筑物安全及应保留混凝土体的功能质量。

大体积混凝土及薄层混凝土拆除技术措施。针对工程大体积混凝土及薄层混凝土拆除安全防护要求高、技术难度大等特点，施工前进行了专项控制性爆破试验研究，在研究和试验成果的基础上制定安全可行的爆破防护方案。

施工中针对不同的拆除对象和部位，采取了定向爆破、台阶爆破、三角体光爆层爆破、水平厚度 1 m 的光爆层爆破、预裂爆破和光面爆破等方法，取得了良好效果，保证了施工中大坝和电站的正常运行和度汛安全。

③初期工程混凝土裂缝检查和处理工程量大，裂缝处理技术要求高。丹江口水利枢纽初期工程经过多年的运行，混凝土大坝坝顶、上下游坝面廊道、溢流面等部位均不同程度地出现了表面裂缝，数量较多且有些裂缝位于重要部位。施工中需对坝体混凝土裂缝进行全面检查、分类鉴定和处理。

初期工程裂缝检查与处理技术措施。对于裂缝的处理以“检查清楚、认定明确、处理可靠”的原则来实施。裂缝根据产状和性状分为Ⅰ—Ⅳ类，Ⅰ类缝一般不做处理，Ⅱ类裂缝使用环氧胶泥嵌缝处理，Ⅲ类、Ⅳ类裂缝采用化学灌浆、布设防裂钢筋、补打锚杆、锚索等综合处理方式。

④金属结构埋件检测与修复技术难度较大。丹江口大坝金属结构门槽埋件大部分长期处于水下运作。为确保大坝加高后闸门安全运行，必须对门槽水下金属结构埋件进行详细的检测，判定水下埋件的结构变形、空蚀、磨损及锈蚀程度，针对检测出来的问题，确定修复、加固、补强和改造的方案。

⑤高水头下的帷幕灌浆施工技术难度大。按照设计要求，需对原大坝帷幕段灌浆进行检查，根据情况予以施灌补强。研究确定高水头且水位变化频繁的条件下补强灌浆所采用的灌浆技术、工艺、设备及材料，验证灌浆后能否满足设计要求。

高水头下的帷幕灌浆技术措施。为确保帷幕灌浆质量，进行了帷幕灌浆试验。试验选择两个坝段，一个坝段采用超细水泥(减水剂 MG 掺入量为 0.2%)，另一个坝段采用普通硅酸盐 P. O42.5 水泥，以比较两种材料的可灌性及灌浆效果。试验阶段普硅水泥浆液开灌水灰比为 5∶1，超细水泥浆液开灌水灰比为 2∶1，试验结束后对两个坝段各布设检查孔进行灌浆效果检查。通过灌浆成果分析，两种浆材的灌浆效果差别较小，最终选用普硅 P. O42.5 水泥作为灌浆材料。

(2) 穿黄工程施工

穿黄工程主要技术难题在于北岸超深竖井的施工。南水北调中线穿黄工程调水竖井位于河南省郑州市以西约 30 km 的王村，其任务是将中线调来的长江水从黄河南岸输送到黄河北岸，向黄河以北地区供水，同时在水量丰沛时可向黄河相机补水。工程于 2005 年 9 月 27 日开工。工程北岸竖井为大型圆筒结构，建于黄河河滩地中细砂强透水地层中，内径 16.4 m，井深 50.5 m。设计流量为 265 m^3/s，加大流量为 320 m^3/s，井壁为双层结构，外层为地下连续墙形式，厚 1.5 m，深 76.6 m；内层为 0.8 m 厚钢筋混凝土现浇衬砌，采用逆作法施工。基坑工程规模之大、开挖之深、地质条件之复杂、工作难度之高，均居当时国内之最。

①北岸竖井在高地下水位的砂层中修建，超深竖井要解决的主要技术问题有：

a. 地下连续墙开挖成槽过程壁面失稳、塌孔；

b. 地下连续墙接缝渗漏、夹泥与喷砂；

c. 基坑底部涌水与流沙；

d. 地下连续墙水下混凝土桩缩径、露筋；

e. 内衬逆作法开挖过程地下连续墙失稳与内支撑折曲等。

②具体措施除采用常规的技术措施外，还采取了如下处理措施：

a. 竖井外设置防渗灰浆墙，截断竖井外地下水与黄河水的水力联系；

b. 井内、外布置降水井，降低地下水位，并在地下连续墙脚下方布置帷幕灌浆，隔断深部砂层远方的补给水；

c. 对盾构出发洞口和反向的井外土体、井内地基以及地下连续墙接缝采用高压喷浆加固；

d. 对相邻竖井之间土体，自地面以下 15 m 范围采用水泥搅拌桩加固，防止槽间坍塌；同时采用先进的大型液压铣槽机成槽，对固壁泥浆、导墙、成槽、钢筋笼、混凝土浇筑提出明确的技术要求，确保成槽、成墙质量。

(3) 穿越地铁的输水隧洞工程

南水北调中线北京段西四环暗涵工程，具有两条内径 4 m 的有压输水隧洞，穿越北京市五棵松地铁站，这是世界上第一次大管径浅埋暗挖有压输水隧洞从正在运营的地下车站下部穿越，创下暗涵结构顶部与地铁结构距离仅 4.67 m、地铁结构最大沉降值不到 3 mm 的纪录。

图 3-1-16 南水北调中线穿黄工程下游线隧洞

(4) U 形渡槽

南水北调中线湍河渡槽和沙河渡槽均为三向预应力 U 形渡槽，渡槽内径 9 m，单跨度 40 m，最大流量 420 m^3/s，采用造槽机现场浇筑施工，其渡槽内径、单跨跨度、最大流量属世界首例。

图 3-1-17　南水北调工程 U 形渡槽

王长德教授课题组突破了传统渡槽宽度过大、跨越能力小、建材不能充分发挥潜能等缺点，有针对性地提出了“多厢梁式渡槽”结构及其设计理论，并结合河北省洺河渡槽，对每孔净宽 7 m、净高 8 m 的大流量三孔渡槽进行了设计优化及动力分析，使得大流量渡槽每米宽水荷载达 150 余 t，相当于每米宽的渡槽上跑 100 多辆小轿车。这个荷载是长江二桥每米荷载的 30 余倍。据介绍，相对于传统底纵梁式渡槽而言，多厢梁式渡槽材料不变，但承载能力呈几何级数增加。底纵梁改变为多厢梁，其原理就像悬空平放的书垂直加压很易变形，但竖放时却难以压垮。

3. 调水工程与生态环境

南水北调工程将长江水调入黄淮海平原及胶东地区，解决了华北地区和京津地区生产发展与用水矛盾，缓解了当地的缺水现状。东线、中线、西线工程在规划过程中都已经开展了环境影响评估，总的来看，对环境的影响是趋于好的一面的。这主要体现在以下几个方面。

(1) 东线工程的环境影响利大于弊，不利影响也可采取措施加以改善。

①对调出区长江下游的影响。在长江平水或丰水时期影响不明显，但在枯水时

期调水减少了长江入海水量，会加重长江口盐水上侵的危害。补救措施在近期可利用洪泽湖的调蓄能力，在长江枯水时暂停或减少调水量，缓解供需矛盾。长江三峡水库建成后，枯水期下泄流量增加，问题得到缓解。

②对调入区黄淮平原东部地区环境的影响。主要表现为环境的改善。但如果灌溉管理不善，南四湖以北的灌区有可能发生土壤次生盐碱化，需注意防治。故这一地区的农田灌溉必须与排水系统统一考虑，同时要加强管理，厉行节约用水。

③淮河水质得到明显改善，沿线各大城市、城镇生产生活用水质量明显提高。20 世纪 80 年代以来，淮河水质恶化加剧，国家把淮河等几条严重污染的河流作为治理重点，颁布了《淮河流域水污染防治暂行条例》等多个文件，实施了防治规划。

(2) 中线工程对环境的影响从总体来看是有利的，不利方面需采取措施防治。

不利影响主要有：丹江口水库大量移民，如处理不当可能带来较多环境问题；汉水水文情势发生变化，中水时段和中水流量减少，如不采取措施将对沿岸工农业、生活供水以及航运带来负面影响；水量减少降低了河道的自净能力；汉水渠化段和江汉运河沿线可能会出现水污染和环境问题。

(3) 西线工程尚未发现制约工程实施的重大环境因素。

初步分析了调水对调水河流地区、调水工程区的自然生态和社会环境的不利影响。

①社会环境方面，初步分析了调水对人群健康、三江源保护区、水库淹没等的影响。调水对调水河流梯级发电有一定的影响，但调水入黄河后增加了发电效益，从 2030 年水平看，损失和效益大体相当。调水对工农业用水、漂木、航运基本没有影响。

②自然生态影响方面，初步分析了对局地气候、地下水位、下游水质、干旱河谷和生物等的影响。研究表明，尚未发现制约西线调水工程实施的重大因素。

第一期工程，从雅砻江支流调水 15 亿 m^3，大渡河支流调水 25 亿 m^3，调水量有限，对下游影响甚微。

我国近代的著名调水、引水工程，如引大入秦工程、引黄入晋工程、引黄济青工程、引滦入津工程和引碧入连工程等，都对调入区的社会环境和自然环境起到了积极作用，创造了巨大的社会、经济和环境效益。跨流域的引水、调水工程是对水资源空间上的重新分配和优化配置，环境影响有好的一面，也有不利的一面，主要体现在对调出区的生态环境的影响，但是都可以采取工程和管理措施进行缓解控制。总的来说，调水工程不可避免地会对环境产生不利影响，但利大于弊。

图 3-1-18　南水北调工程优化环境

图 3-1-19　南水北调生态廊道工程

第二节
滇中引水工程

一、工程概况

1. 工程建设背景

滇中地区是全国干旱最严重的地区之一，2017 年，人均占有水资源量仅为 700 m^3 左右，大大低于人均水资源占有量 1 700 m^3 的警戒线，特别是滇池流域仅为 166 m^3，处于极度缺水状况。仅在 1950 至 2014 年间，滇中发生严重干旱灾害的年份就有 20 余年，且干旱发生的持续时间越来越长、造成损失越来越重。水资源极度匮乏已成为制约滇中地区可持续发展的最大瓶颈，滇中人民对水资源的需求愈加迫切。

20 世纪 50 年代，时任云南省副省长（后任全国政协副主席）张冲率队 9 次考察金沙江，提出了“引金入滇，五湖通航”的宏伟设想。2002 年以来，全国政协多次考察滇中引水，积极推动金沙江调水的前期工作。2014 年 5 月，国务院常务会议将滇中引水工程列入了 2014 年、2015 年和“十三五”期间要分步建设纳入规划的 172 项重点水利工程之中；纳入国家开工建设的 15 项重大水利工程。2017 年 4 月，经国务院批准，国家发改委批复了《滇中引水工程可行性研究报告》。

滇中引水工程是云南省贯彻落实习近平总书记考察云南重要讲话精神，努力实现"民族团结进步示范区、生态文明建设排头兵、面向南亚东南亚辐射中心"三大定位的战略性支撑工程，是打造"绿色食品、绿色能源、健康生活目的地""世界一流三张牌"的重要保障工程，是补齐云南"工业增加值、城镇化率、中等收入群体""三个10%短板"和重塑"烟草、旅游、有色金属""三大支柱产业新优势"的基础要素工程，是国务院批准、国家发展改革委和水利部确定的172项重大节水供水工程中的标志性工程之首，是云南省有史以来投资最大的民生福祉工程，对云南实现2035年远景目标和2050年与全国同步全面实现社会主义现代化意义重大。

2. 工程概述

滇中引水工程是国务院确定的172项节水供水重大水利工程中的标志性工程，也是中国西南地区规模最大、投资最多的水资源配置工程，是我国在建最大引水工程之一。

一期工程由水源工程和输水工程两部分组成，水源工程位于玉龙县石鼓镇，从石鼓镇上游约1.5 km的金沙江取水，由泵站提水至总干渠。输水工程自丽江石鼓镇望城坡开始，途经丽江市、大理州、楚雄州、昆明市、玉溪市，终点为红河州新坡背。

一期工程全线各类建筑物总长755.44 km，其中输水总干渠总长664.24 km，共有58座主隧洞长611.99 km；有施工支洞120条长91.2 km。计划动态总投资825.76亿元，计划施工总工期96个月。

二期配套工程计划总投资329.09亿元，计划施工总工期59个月。

工程建成后，可从水量相对充沛的金沙江干流引水至滇中地区，缓解滇中地区城镇生产生活用水矛盾，改善区内河道和湖泊生态及水环境状况，将有力促进云南经济社会可持续发展。工程完工后，受水区共涉及输水总干渠沿线6市(州)的30多个县(市、区)，受益国土面积3.69万km^2。约1 112万人口直接受益，改善灌溉面积63.6万亩，设计每年平均引水量34.03亿m^3，向滇池、杞麓湖和异龙湖补水6.72亿m^3，创造直接就业机会约340万个，创造地区生产总值约3 300亿元。

2021年6月29日，滇中引水工程"上甘岭"香炉山隧洞实现首个主洞区间贯通，这是工程建设"上甘岭战役"香炉山隧洞掘进中首个实现贯通的主洞区间，标志着工程关键线路建设取得阶段性突破，在党的百年华诞到来之际，为工程提速建设吹响了最嘹亮的攻坚号角。

图 3-2-1 滇中引水水源工程

2021 年 11 月 25 日，云南滇中引水工程楚雄段施工 1 标万家隧洞进口主洞与万家隧洞 1 号支洞上游主洞控制段顺利贯通，这是云南滇中引水工程楚雄段内第二个实现贯通的主洞区间。

图 3-2-2 滇中引水工程示意图

2022 年 3 月 1 日，由中铁七局承建的全国在建最大单体“倒虹吸”引水工程——观音山倒虹吸首节压力钢管伸缩节安装就位，标志着压力钢管进入最后的合拢阶段，为全面提速滇中引水工程建设奠定了坚实基础。

滇中引水工程涉及水利水电工程的几乎全部工程类别，堪称水利工程的“百科全书”。

二、工程规划建设历程

1. 前期工作

20世纪50年代，时任云南省副省长张冲率专家实地考察，提出了“引金（金沙江）入滇，五湖通航”的设想。“滇中调水”称呼由此而来。

1960年，长江流域规划办公室完成的《金沙江流域规划意见书》中，明确滇中调水是金沙江流域综合利用任务之一。

1986年，全国第一次水资源规划成果中又指出：“滇池流域的缺水问题已到了必须从外流域调水补充昆明城乡生活和工农业需水的地步。”

1990年，国务院批准、由长江委编制的《长江流域综合利用规划简要报告（1990年修订）》中，进一步明确了向滇中调水是金沙江综合利用任务之一。

2003年，在十届全国人大一次会议期间，云南代表团向国务院总理温家宝汇报了滇中调水工程情况，温总理要求切实做好工程前期工作，水利部将工程规划列为重大水利前期工作项目，给予了前期工作经费支持。滇中调水项目前期工作正式启动时，云南省始设“滇中调水工程建设前期工作小组办公室”，该办公室作为项目法人主体存在，意味着“滇中调水”结束了长达半个多世纪的设想阶段，进到工程操作阶段。

2003年12月21日，云南省滇中调水工程建设前期工作小组办公室与长江委长江勘测规划设计研究院签署《滇中调水工程规划》合同。

2004年6月，水利部水规总院在北京组织有关领导及专家对《滇中调水工程规划任务书》进行审查，建议将部分专题按专项规划列入。水利部的意见称：考虑规划基础相对薄弱，建议将部分专题按专项规划列入。云南省政府发文称，龙盘水电站工程总库容371亿m^3，装机420万kW，是金沙江水电基地建设的龙头水库，是“滇中调水”的最佳水源，是长江流域重要的防洪工程。

2005年，全国两会上，云南代表团提出《关于把云南“滇中调水”工程列入国家西部大开发和“十一五”规划的建议》，并编制完成相关引水方案，相关专家开展多轮论证。

2007年9月，云南省政协利用“云南企业家论坛”这个平台，在昆明召开“滇中调水”恳谈会，使滇中调水再次引起各级各界的重视和关注。

2008年，全国政协十一届一次会议期间，云南省政协主席王学仁与多名住滇全国政协委员联名提交了《关于请求国家支持云南实施“滇中调水”工程的提案》，使得“滇中调水”工程清晰地进入高层视野。当年4月，全国政协人口资源环境委员会专门听取了云南省政协关于实施“滇中调水”工程的专题汇报，并将“推进金沙江龙头水库比选，实施滇中调水工程”列为重点调研课题。

2008年7月，云南省政府批复了《滇中调水工程规划报告》，明确了龙盘至奔子栏河段为最佳取水河段，由此确立了滇中引水项目立项的国家规划依据。

之后，十届省政协连续五年将推进滇中调水工程作为履职重点，通过举办常委会专题协商会、企业家论坛恳谈会、海促会专题论坛等活动，广泛凝聚政协委员和各界有识之士的共识，为推动工程前期工作献计献策。

云南省政协领导数次赴北京就滇中调水工程及金沙江中上游龙头水库比选向全国政协领导和国家有关部委汇报，促成了“推进金沙江龙头水库比选，实施滇中调水工程”专题调研情况通报会在北京召开，全国政协调研组到云南就滇中调水工程进行实地考察。

2010年以来，我国西南地区发生了历史罕见的特大旱灾，特别是云南连续遭遇了百年不遇的干旱。大旱明显地暴露出云南水利基础设施薄弱、水资源利用率低的问题。滇中引水工程，可破解制约滇中地区发展的水资源问题，缓解滇中地区干旱。2009年至2011年，省政协两次把清水海调水和牛栏江—滇池补水工程的建设作为重点课题开展视察。“牛栏江—滇池补水及清水海调水工程，是滇中引水近期重点工程项目，对最终实施滇中引水工程具有示范引导作用。”视察组提出，从供水数量上看，牛栏江—滇池补水工程是滇中引水工程实现之前，昆明市赖以生存和发展的最重要水源工程。2010年，政协第十一届全国委员会常务委员会第十次会议为编制“十二五”规划建言，王学仁在会上发言时呼吁把云南省的滇中引水工程列入“十二五”规划，力争尽早启动实施，尽快从根本上解决昆明等滇中地区水资源严重短缺的问题。

2010年8月6日，云南省政府召开滇中引水工程建设前期工作领导小组专题会议。会议决定，舍弃之前争议较大的虎跳峡取水点，新的水源点位于迪庆州德钦县奔子栏镇的金沙江上游河段。

2010年9月17日，云南省环保厅发布了《滇中引水工程规划环境影响评价公众参与信息公告》。

2010年10月8日，云南省环保厅发布了《滇中引水工程规划环境影响评价公众参与第二次信息公告》。

2011年，云南省委、省政府作出《关于加快实施“兴水强滇”战略的决定》后，省政协立即把推进“兴水强滇”作为重点调研课题调研，并提出在实施“兴水强滇”战略中，要把加快推进滇中引水作为实施“兴水强滇”战略的核心目标。水利部批复了《滇中引水工程规划》,启动了工程项目建议书审查程序。

2011年3月5日,“滇中调水”写入了提交十一届全国人大四次会议审议的《中华人民共和国国民经济和社会发展第十二个五年规划纲要(草案)》。

2012年,全国两会上,云南代表团再次呼吁请国家尽快批复滇中引水工程,争取在“十二五”期间立项开工。

2012年12月,水利部将滇中引水工程项目建议书审查意见函报国家发展和改革委员会。

2013年,罗正富联合多名住滇全国政协委员通过提案向国家呼吁滇中引水工程项目立项问题。委员们呼吁国家尽快对滇中引水工程项目立项条件进行评估,早日立项,并从电价附加政策、前期工作经费补助等方面进一步给予云南支持和帮助。

2014年12月,云南省政府将修改完善后的项目建议书再次上报国家发展改革委请求审批,同年4月,国家发展改革委批复了滇中引水工程项目建议书。

2015年4月2日,滇中引水工程项目建议书获国家批复。7月下旬《滇中引水工程可行性研究报告》编制完成,由云南省水利厅、发展改革委联文上报水利部请求审查。8月中旬,水利部水规总院对滇中引水工程可行性研究报告进行了技术审查,并于12月16日出具了技术审查意见报水利部。水利部水规总院初步确定了工程静态总投资为847.09亿元。

2015年4月23日,云南省环境保护厅发布了《云南省滇中引水工程环境影响评价公众参与第一次信息公告》。正式公布滇中引水工程组成:主体工程主要由水源工程、输水工程组成。水源工程地处丽江市玉龙县石鼓镇,主要由引水渠、地下泵站等组成;输水工程从金沙江右岸支流冲江河右岸提水后,途经丽江、大理、楚雄、昆明、玉溪,终点为红河的蒙自,线路全长663.9 km。工程主要由明渠、渡槽、隧洞、暗涵和倒虹吸等建筑物组成,各种建筑物占线路长度比例分别为:0.06%、2.26%、88.96%、4.14%和4.36%。

2015年5月,在云南省政府发布《云南省人民政府关于禁止在滇中引水工程建设征地新增建设项目和迁入人口的通知》后,省移民局联合滇中引水办在昆明召开滇中引水工程建设征地移民安置规划推进会,标志着滇中引水工程建设征地移民安置规划工作全面正式启动。

2015年6月,为进一步加强滇中引水工程建设管理的组织领导,统筹协调工程建设管理工作,经云南省委、省政府领导同意,决定将云南省滇中引水工程建设前期工作领导小组及其办公室更名为云南省滇中引水工程建设管理领导小组及其办公室,并调整充实组成人员及成员单位。根据《中共云南省委办公厅 云南省人民政府办公厅关于云南省滇中引水工程建设前期工作领导小组更名及调整组成人员的通知》(云办通〔2015〕30号),原省滇中引水工程建设前期工作领导小组办公室已更名为省滇中引水工程建设管理领导小组办公室。内设10个正处级机构,下设丽江分局、大理分局、楚雄分局、昆明分局、玉溪分局、红河分局6个正处级直属事业单位。行政编制50名、事业编制110名。

2015年10月初,和段琪在丽江主持召开香炉山隧洞岩溶地下水环境影响专题汇报会。

2016年9月5日至9日,受国家发展和改革委员会的委托,中国国际工程咨询公司在昆明组织召开会议,对长江设计院牵头、中国电建昆明院和云南省院共同编制的《滇中引水工程可行性研究报告》进行了咨询评估。

2017年4月15日,经国务院批准,滇中引水工程可行性研究报告获国家发展改革委(发改农经〔2017〕687号)正式批复,标志着项目前期工作取得突破性进展,工程全面进入开工阶段。

2017年7月12日至15日,水利部水利水电规划设计总院(水规总院)在大理组织召开会议,对滇中引水工程初步设计阶段输水工程总体设计专题报告及11个施工支洞初步设计报告进行了讨论。

2017年8月20至21日,水利部水利水电规划设计总院在北京召开滇中引水工程初步设计阶段输水工程总体设计专题报告技术讨论会。

2017年9月21日至28日,水利部水利水电规划设计总院在昆明组织召开会议,对滇中引水工程输水总干渠楚雄段初步设计报告、昆明段初步设计报告进行了讨论。

2017年11月11日至12日,水利部水利水电规划设计总院在昆明组织召开专题会议,对滇中引水工程初步设计阶段建设征地移民安置规划专题报告进行了讨论。

2017年11月13日至23日,水利部水利水电规划设计总院在北京组织召开会议,对滇中引水工程初步设计阶段有关专题专项报告进行了技术讨论。

2017年12月7日,水利部水利水电规划设计总院召开滇中引水工程冲江河管涵施工方案和下庄倒虹吸设计方案技术讨论会。

2017年12月26至29日,水利部水利水电规划设计总院在北京召开《滇中引水工程初步设计报告》审查会议。

2018年3月16日,水利部正式对滇中引水工程初步设计报告准予行政许可,标志着滇中引水工程项目各项前期工作全部完成。

2. 建设进度

按照工程规划,滇中引水工程分为二期建设。

一期工程主要建设内容包括提水工程和输水工程。于2018年10月正式开工,初设批复总工期96个月。主要建设内容包括水源工程和输水工程。水源工程位于丽江市玉龙县石鼓镇,将建设一座装机48万kW的世界第一大提水泵站,平均提水扬程219 m。输水工程长664 km(其中隧洞58座612 km),全部为地下洞渠工程,途经丽江、大理、楚雄、昆明、玉溪、红河6个市(州),终点位于红河州个旧市新坡背。另外,还有120条施工支洞长91 km,地下洞渠总长755 km。工程建设任务以城镇生活与工业供水为主,兼顾农业和生态用水,多年平均引水量34.03亿 m^3(供昆明16.7亿 m^3)。受水区覆盖沿线6个市(州)30多个县(市、区)3.69万 km^2,惠及人口1 112万,可改善和新增灌溉面积113万亩。

二期工程分为骨干和配套工程,供水任务、范围、多年平均引水量均与一期工程一致。二期工程共布置各级干支线157条,其中干线32条,分干线82条,支线43条,线路全长1 840 km。全线共布置570个输水建筑物,其中管道332条长1 187 km,隧洞81条长193 km,其余为倒虹吸、明渠(暗涵)、渡槽及天然河道等。二期工程共设置提水泵站53座,总装机22万kW;共布置调蓄水库5座,总库容5 729万 m^3。

2015年9月29日上午,滇中引水工程勘察试验性工程动工仪式在丽江主会场和楚雄、大理分会场同时举行。

2017年8月4日,滇中引水工程正式开工建设。

2018年5月7日,滇中引水工程丽江市玉龙县段香炉山隧洞2号施工支洞贯通,全长1 255.5 m。

2019年8月8日,滇中引水工程昆明1标(团结段)破土动工。

2019年11月26日,滇中引水工程大理段海东隧洞0号施工支洞掘进到主洞,支洞全长682.5 m。

2019年12月6日,滇中引水工程大理宾川县段狮子山隧洞3号支洞贯通,全长914.78 m。

2019年12月7日,滇中引水工程楚雄段柳家村隧洞1号支洞贯通,支洞全长896 m。

2019年12月26日,滇中引水工程大理段海东隧洞1号支洞掘进到主洞,支洞全长626 m。

2019年2月27日,滇中引水工程大理段海东隧洞2号施工支洞掘进到主洞,支洞全长 756 m。

2020 年 4 月 9 日，位于玉龙县石鼓镇附近的香炉山隧洞 1 号施工支洞衬砌混凝土浇筑完成，支洞全长约 1.677 km。

2020 年 4 月 22 日，位于建水县境内的柴里冲 1 号隧洞贯通，全长 175.9 m，是全线 58 座主隧洞中首座贯通的引水隧洞。

2020 年 5 月 31 日，滇中引水工程昆明段松林隧洞 1 号施工支洞掘进至主洞，支洞长 432.3 m。

2020 年 7 月 27 日，滇中引水工程楚雄段龙潭隧洞 1 号支洞贯通，全长 570.14 m。

2020 年 8 月 1 日，位于昆明市城区的龙泉倒虹吸工程盾构机始发，龙泉倒虹吸工程全长 5 071 m。

2020 年 8 月 4 日，滇中引水工程红河州建水县境内的阿子冲 1 号隧洞贯通，全长 285 m，是全线 58 座隧洞中第二座贯通的引水隧洞；楚雄段柳家村隧洞 3 号支洞掘进主洞，成为楚雄段第一个坡度最大的有轨运输支洞。

2020 年 8 月 10 日，滇中引水工程玉溪市江川区段阿斗村隧洞贯通，全长 540.4 m。

2020 年 9 月 9 日，滇中引水工程红河段 1 标、2 标隧洞全部进洞。

2020 年 10 月 19 日，滇中引水工程昆明段昆呈隧洞 11 号斜井贯通，全长 391.78 m。

2020 年 11 月 6 日，滇中引水工程大理段海东隧洞 3 号支洞掘进到主洞，支洞斜长 719.4 m。

图 3-2-3　2020 年 4 月滇中引水工程柴里冲 1 号隧洞贯通

2020 年 11 月 10 日，滇中引水工程红河州建水县段柴里冲 2 号隧洞贯通，全长 368 m。

2020 年 11 月 18 日，滇中引水工程红河段阿子冲 2 号隧洞贯通，隧洞长 1 039 m；大理段海东隧洞 5 号支洞掘进到主洞，支洞全长 1 576 m。

2020 年 11 月 30 日，滇中引水工程玉溪段螺峰山隧洞 1 号支洞贯通，全长 599.7 m。

图 3-2-4　2021 年 1 月 20 日滇中引水工程昆呈隧洞 8 号支洞贯通

2020 年 12 月 10 日，滇中引水工程昆明段昆呈隧洞 10 号支洞贯通，全长 1 019.57 m。

2020 年 12 月 12 日，滇中引水工程红河州个旧市段乍甸隧洞贯通，全长 369 m。

2020 年 12 月 14 日，滇中引水工程昆明段昆呈隧洞 9 号支洞贯通，全长 485 m。

2020 年 12 月 23 日，滇中引水工程楚雄州禄丰县段凤凰山隧洞 4 号支洞贯通，全长 923.14 m。

2020 年 12 月 26 日，滇中引水工程红河州建水县段地田坡隧洞检修支洞贯通，全长 400 m。

2020 年 12 月 28 日，滇中引水工程楚雄段蔡家村隧洞 1 号支洞贯通，全长 250 m。

2020 年 12 月底，滇中引水工程楚雄段万家隧洞 5 号支洞贯通，全长 865.6 m。

2020 年 12 月下旬，滇中引水工程隧洞累计掘进总进尺 158.69 km，占施工总里程的21%。

2021年1月2日,滇中引水项目狮子山隧洞安全掘进突破10 km,标志着我国在建规模最大引水工程建设取得新突破,为整个工程提前一年建成通水创造了有利条件。2021年1月初,滇中引水工程昆明段蔡家村隧洞3号支洞已贯通,全长547.5 m。

2021年1月11日,滇中引水工程楚雄段凤凰山隧洞5号支洞贯通,全长791 m。

2021年1月15日,滇中引水工程楚雄州武定县段龙潭隧洞3号支洞贯通,全长847 m。

2021年1月20日,滇中引水工程昆明段昆呈隧洞8号支洞贯通,全长1 051.55 m。

2021年1月21日,滇中引水工程大理祥云县段老青山隧洞1号支洞贯通,全长836 m。

2021年1月28日,滇中引水工程楚雄段万家隧洞1号支洞贯通,全长792.4 m。

2021年3月5日,滇中引水工程大理段洗窝帚山隧洞贯通,全长622 m。

2021年3月15日,滇中引水工程红河州建水县段大坡子隧洞4号支洞贯通,全长790.4 m。

2021年3月19日,滇中引水工程楚雄段九道河隧洞1号支洞贯通,全长941.5 m。

2021年3月23日,滇中引水工程昆呈隧洞14号支洞贯通;石鼓水源工程进水隧洞2号支洞贯通,全长662.86 m。

2021年3月24日,滇中引水工程小扑隧洞5号支洞贯通。

2021年3月31日,滇中引水工程万家隧洞4号支洞贯通,全长931 m。

2021年4月6日,滇中引水工程楚雄段大转弯隧洞1号支洞贯通。

2021年4月20日,滇中引水工程楚雄段柳家村隧洞2号支洞贯通,全长713 m。

2021年4月24日,滇中引水工程昆明段昆呈隧洞12号支洞贯通,全长1 117 m。

2021年5月1日,滇中引水工程万家隧洞3号支洞贯通,全长1 029.6 m。

2021年5月25日,滇中引水工程红河段大坡子隧洞2号支洞贯通,全长479 m。

2021年5月27日,滇中引水工程香炉山隧洞3号支洞贯通,全长876 m。

2021年5月28日,滇中引水工程昆呈隧洞13号支洞贯通,全长531.97 m。

2021年6月9日,滇中引水工程楚雄段凤凰山隧洞2号支洞贯通,全长1 373 m。

2021年6月21日,滇中引水工程楚雄段万家隧洞2号支洞贯通,全长496 m。

2021年6月29日,滇中引水工程"上甘岭"香炉山隧洞实现首个主洞区间贯通。昆明段昆玉隧洞15号施工支洞贯通,全长518 m。

2021年7月12日，滇中引水工程大理州鹤庆县段衍庆村隧洞贯通，全长657 m。

2021年7月30日，滇中引水工程楚雄段龙潭隧洞2号斜井支洞贯通，全长682 m。

2021年8月4日，滇中引水工程红河段阿子冲1号隧洞贯通，全长285 m。

2021年8月13日，滇中引水工程楚雄段蔡家村隧洞2号施工支洞贯通，全长921 m。

2021年9月1日，大理段芹河隧洞2号支洞贯通，洞长1 220.74 m。

2021年9月15日，滇中引水工程昆明段盛家塘隧洞主体隧洞贯通，全长1 102 m。

图3-2-5 滇中引水工程观音山倒虹吸首个镇墩顺利封顶

2021年10月5日，全国在建最大单体倒虹吸引水工程——滇中引水工程观音山倒虹吸压力钢管安装突破100节。观音山倒虹吸全长9.78 km，为目前国内在建的线路最长、施工规模最大的单体“倒虹吸”引水工程，采用并排3根内径4.2 m的压力钢管输水，设计流速100 m^3/s，建成后将成为滇中引水工程一道壮观、靓丽的风景线。工程线路穿越罗茨盆地，从观音山脚下穿过，沿途两次以管桥的形式跨越深谷，两次穿越东河，下穿汤郎—易门断裂带、X334县道及武易高速，施工难度大、技术含量高。

2021年12月9日，滇中引水工程大理州段海东隧洞4号支洞贯通，全长691 m。

2021年12月24日，滇中引水工程大理州段积福村隧洞贯通，全长302 m。

2021年12月29日，红河段小路南2号隧洞3号支洞贯通。

2022年1月8日，滇中引水工程楚雄段3标隧洞开挖突破万米大关，项目隧洞开挖施工完成近50%。

2022年2月18日，滇中引水工程玉溪段4、5、6标扯那苴隧洞施工支洞上游与扯那苴隧洞进口安全顺利贯通。

2022 年 3 月，由中国中铁装备和中国水电十四局共同研制的世界引调水工程最大直径硬岩掘进机“弘毅号”(9.84 m)在云南昆明下线，后续将在滇中引水工程香炉山隧洞(大理Ⅰ段 2 标)开启施工掘进任务，为滇中引水工程建设提速助力。这是继“云岭号”敞开式硬岩掘进机之后，中国中铁装备为香炉山隧洞打造的第二台施工“利器”。

图 3-2-6 世界引调水工程最大直径硬岩掘进机“弘毅号”

2022 年 4 月 7 日，由中铁二十五局承建的云南滇中引水工程黄草坝隧洞顺利贯通，这是全线 664 km 首个贯通的 3 km 以上隧洞，标志着我国在建规模最大引水工程建设取得新突破，为整个工程建成通水创造了有利条件。

2022 年 4 月 12 日，由中铁二局承建的云南省滇中引水工程楚雄 4 标大转弯隧洞 7 号支洞下游主洞顺利贯通，掘进至合同里程，比计划工期提前 93 天。

2022 年 5 月 21 日，滇中引水工程玉溪市通海段螺峰山隧洞 3 号支洞贯通，全长 1 261 m。

截至 2022 年 5 月中旬，滇中引水输水工程已累计开挖(掘进)434.96 km，总体进度实现过半，比预期提前约半年。水源工程各类隧洞开挖 16.5 km，占总长 21.6 km 的 77%，土石方开挖 421.6 万 m^3，占总量 595 万 m^3 的 71%，比合同工期提前约半年。

2022 年 6 月，滇中引水大理Ⅱ段 5 标项目老青山隧洞掘进顺利突破千米大关。

2022 年 6 月 17 日，中铁一局五公司滇中引水昆明 2 标项目主洞、支洞累计掘进 9 008 m，完成隧洞总长 13.71 km 的 65.7%。

2022 年 6 月 21 日，由中国中铁五局承建的滇中引水工程昆明段龙泉倒虹吸隧洞顺利贯通,全长5 071 m。

2022年7月6日,滇中引水工程第二长隧昆呈隧洞15号至16号主洞控制段提前18个月顺利贯通。

三、工程效益

(1) 经济效益

滇中区包括昆明市、玉溪市、楚雄州、曲靖市、大理州、红河州以及丽江市的49个县(市、区),土地面积仅占云南省面积的24%,但人口数量、国内生产总值和农田有效灌溉面积分别达到云南省的40%、61%和41%,是云南省人口最集中、生产生活最活跃的地区。同时,滇中区形成了以昆明、玉溪、楚雄、大理、蒙开个为中心的城市群体,是国家面向东南亚开放的桥头堡和新一轮西部大开发的重点建设区。因此,滇中地区经济发展直接关系到云南全省和我国西南地区经济发展,具有十分重要的战略地位。

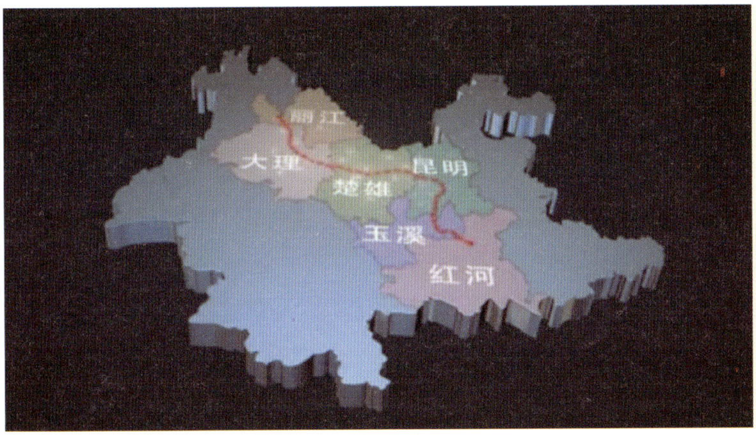

图3-2-7 滇中引水工程受水区

滇中引水工程实施后,主要以城镇供水和工业生活供水为主,兼顾农业和生态用水,工程供水范围涉及6个市(州)30多个县(市、区),可创造工业增加值5 000亿元,可新增灌溉面积49.2万亩,改善灌溉面积63.6万亩,每年可产生的效益达到171.13亿元。

(2) 社会效益

滇中引水工程促进解决工农业和城镇的用水需要,同时滇中地区积极采取节水、治污和鼓励污水回用等措施,昆明市已成为全国推行节约用水的先进城市。目前滇中区水资源开发程度很高,主要河流的水资源开发利用程度已超过国际公认的40%

的上限。同时,滇中引水工程利于维护社会稳定,增强民族团结,增加就业机会。

(3) 生态效益

滇中区水资源分布不均,降水量空间分布规律为山区大,河谷坝子小,垂直变化明显,人、水、地资源组合不匹配;时间分布规律为夏秋降水集中多洪涝,冬春干旱少雨,缺水严重。受降水季节变化影响,滇中大部分地区 70%～80%的降水集中在雨季 6—9 月,冬春降雨不到年降水量的 10%,是该时期全国旱情最严重的地区之一。从天然径流的情况看,汛期和枯期的径流量差别很大,汛期径流量占年径流量的 78.3%～92.9%,并且大部分区域的年径流量 C_v 值高于 0.5。径流量的年内、年际变化大,造成可供利用的水资源量十分有限。

滇中区是云南省降雨低值区,大部分地区年降水量为 600～900 mm,而水面蒸发量为 1 400～2 000 mm,干旱指数大于 2.0。近年来旱灾频次及危害程度呈上升趋势,1950—2005 年的 56 年中,出现严重干旱灾害 12 次,时间间隔越来越短,且连续干旱的年份较多。滇中引水工程极大程度地缓解滇中地区旱灾的发生,生态环境逐步好转。

四、关键工程技术问题及创新

滇中引水工程具有地下泵房世界最大、引调水工程全断面隧道掘进机直径世界最大、提水泵站单机离心泵容量世界最大、提水泵站总装机容量世界最大、地质条件在引调水工程中最复杂等世界之最,存在泵站设计制造难、深埋隧洞施工难、地下水处理难、破碎断层穿越难、软岩大变形应对难、应对地震防护难、岩爆危害处理难、有毒有害气体排除难、地热危害治理难、全断面隧道掘进机制造工艺难等十大世界级技术难题。2017 年 2 月,水利部参事咨询委员会组织国内权威专家团队实地调研后,明确指出“滇中引水工程建设难度世界罕见”。

1. 龙泉倒虹吸盾构法掘进

2020 年 12 月 23 日,由中国中铁五局承建的当时我国在建最大引水项目——滇中引水工程龙泉倒虹吸盾构掘进突破千米大关,标志着施工建设取得重大突破,夺得了阶段性胜利。

“龙泉倒虹吸是滇中引水工程全线唯一在城区施工的项目,也是唯一使用盾构法施工的项目,全长 5 071 m,沿盘龙区沣源路下方穿过昆明主城区,地表管线密布,周边建筑物多,尤其是下穿昆明地铁 2 号线和盘龙江,施工沉降控制要求高,盾构穿越施工风险大,地质条件复杂多变,特别考验盾构关键部件的承压能力。”中国中铁五局滇中引水昆明段施工 4 标项目经理龚振宇介绍盾构施工中的难题。

图3-2-8 滇中引水“龙祥号”盾构机

中铁五局针对复杂地质条件量身打造了“超级装备”——“龙祥号”盾构机。该设备总长度约90 m，总重量500 t，最大推力4 086 t，最大推进速度80 mm/min，总功率1 975 kW，开挖直径6.47 m，开口率40%，转弯半径250 m，具备直径方向最大40 mm的扩挖能力，能适应±50‰坡度的隧洞工程，与其他复合式土压平衡盾构机相比，增加了许多针对性设计，采用了主动铰接方式，前盾配备了稳定器，中盾配备了可伸缩式撑靴，进一步增强了盾构机的适应性、稳定性和可靠性，能有效应对隧洞埋深大、易喷涌、施工风险大等问题，代表了当前盾构行业最前沿的技术水平，将全面保障龙泉倒虹吸建设的安全质量以及进度。

自2020年8月1日，盾构始发以来，中铁五局参建者们提前研究谋划，盾构技术团队合理控制盾构机掘进参数，严格控制盾构机姿态，成功攻克始发段260 m的全断面灰岩和上软下硬地层，不断刷新滇中引水工程主洞日掘进纪录。此次掘进突破千米，不仅证明盾构法在云南水利隧洞施工的可能性，更填补了这方面施工的空白，对进一步攻克滇中引水工程隧洞掘进难题、创新盾构穿越施工技术、提高施工效率、增强全体参建职工提速工程建设的信心具有重大意义。

2. 施工中环境保护问题及措施

(1) 施工中生态环境保护问题

①水土保持问题

滇中引水工程间接影响楚雄三峰山州级自然保护区等特殊生态敏感区，涉及玉龙雪山国家级风景名胜区、建水国家级风景名胜区等重要生态敏感区；工程对生态环境影响范围广，生态环境影响范围主要为各类永久占地和临时占地、移民安置区。工程输水总干渠长度为 660 多 km，工程实施过程中如不高度重视水土保持工作，将会造成施工区域植被破坏、水土流失，严重时将会造成山体滑坡、河道堵塞等问题，对沿线施工人员、居民以及工程设施设备造成损害。

②环境污染问题

滇中引水工程施工期间将建造大量的职民工驻地、混凝土生产系统、砂石料加工系统、隧洞排水系统等一系列生产、生活设施，不可避免将会造成环境污染问题。环境污染问题主要有施工期间生活污水、隧洞排水、生产废水（混凝土拌和系统污水、机修厂生产废水等）、施工区粉尘、噪声、固体废弃物以及有毒有害物质和危险品等未经处理或处理不达标直接或间接排放，造成施工期间周边环境污染问题。

③陆生动植物保护问题

云南省有陆生动植物资源王国之称，工程施工区生态保护目标包括 4 种国家或省级保护鱼类、17 种特有鱼类、调出区分散的裂腹鱼类产卵场和 6 种自然植被、30 种国家级或省级保护植物、140 株古树名木、45 种国家或省级重点保护动物。工程施工过程中要加强陆生动植物保护，严格执行国家以及地方动植物保护要求。

（2）施工过程生态环境保护措施

①坚持技术先行，制定保护方案

工程施工过程中不可避免会对沿线生态环境造成一定不利影响，因此要坚持技术先行，制定生态环境保护措施方案，分析施工期间生态环境不利影响产生的原因，明确生态环境的不利影响的预防措施，制定科学的生态环境保护方案。比如，在工程施工前对附近以及周边生态环境影响因素进行全面细致调查，分析施工期间会对生态环境造成什么不利影响，并在此基础上制定详细的生态环境保护方案，最大限度地降低工程施工期间对生态环境的影响。

②加大宣传，加强知识教育

工程施工参与建设单位众多，包含行业监管部门、项目业主、设计、监理、项目施工等，人员涵盖工程建设相关各行各业，参建单位、人员生态环境保护意识参差不齐，需要加大生态环境保护宣传，开展有针对性、主题鲜明、形式多样的环境保护宣传活动，在施工区、生活区、办公区开设环境保护宣传栏，在开挖线边界附近植被地区制作警示牌，警示人们保护植物、动物，禁止乱砍滥伐，捕杀野生动物，在施工区附近生态敏感区、水域附近设置警示牌，警示与预防破坏环境行为发生；加强各级参建单位、人员生态环境保护知识教育，只有深入学习和了解生态环境保护相关知识，才能深刻认识生态环境破坏所造成的深远影响，才能从项目监管、设计、监理、施工等全过程控制出发，落实各项生态环境保护措施，才能够促进生态环境保护各项工作的顺利开展。

③建立、健全管理制度

建立、健全完善的生态环境保护管理制度是减少生态环境保护所带来的不利影响的重要方式，各级参建单位要建立、健全完善的生态环境保护制度，针对生态环境保护的各项内容，明确管理流程、管理责任，同时要做好制度的监督、执行，过程中根据行业最新要求以及实际管理需要及时进行修订，确保制度的适宜性、可操作性，将制度全面落实到生态环境保护的各项工作中。

④落实资金、人员、设备投入

在施工过程中将生态环境保护资金、人员、设备投入当作重点工作来抓，只有各参建单位重视生态环境保护工作，积极全额投入生态环境保护资金，足额配备生态环境保护所需的人员、设备，才能确保生态环境保护的效果达到相关要求。资金的投入能确保人员、设备的投入，各级参建单位需设立专人负责生态环境保护工作的开展，监督资金设备、设施的投入，在施工期间提前规划，将设备、设施投入写入生态环境保护措施、方案中，过程严格按照措施、方案进行落实。行业监管部门、业主、监理等要将生态环境保护资金、人员、设备投入纳入日常监管，确保生态环境保护资金、人员、设备落实到位。

⑤严格监管、验收

建立生态环境保护措施验收制度，对生态环境保护的措施实施全过程监管和验收，确保生态环境保护各项措施落实到位。生态环境保护措施的落实贯穿在整个施工过程中，从措施的制定、审批、实施到最后的验收都要严格进行，如生活区生活污水处理设施、隧洞排水处理系统、混凝土拌和系统废水处理系统、水泥和粉煤灰等灰罐安装除尘装置、道路洒水降尘设备等，都要进行调试运行，确保排放满足各项要求后投入使用，保证其符合生态环境保护相关要求。

⑥建立突发事件应急机制

施工过程中要对重要环境因素进行识别，建立健全环境保护应急预案体系，按“科学、完整、可操作”的原则编制《突发环境事件应急预案》，并根据内外部环境的变化适时修订。建立应急管理体系，成立应急指挥部，配备必要的应急物资，如报警设备、通信设备、运输设备、排水设备、机械设备和防护用品、应急医用品等。成立应急预案管理小组，负责应急预案的编制、评审、发布、培训和修订等工作。建立健全预案体系，按科学、完整、可操作的原则编制预案和现场处置方案，并根据内外部环境的变化适时进行修订，保证预案的实用性和可操作性。根据阶段性施工特点，组织相应的预案演练，检验预案的科学性、可操作性、完整性、熟练度及应急队伍的应急响应速度和处置能力。建立良好的内外部沟通、协调机制，共享应急信息和资源。

3. 世界罕见超长隧洞群

滇中引水工程隧洞群中长度超 100 km 的有 1 条(昆玉隧洞)，超 60 km 的有 1 条(香炉山隧洞)，超 20 km 的有 7 条，超长隧洞密集程度世界范围罕见。其中昆玉隧洞跨越昆明、玉溪两市，长 104.56 km，最大埋深 340 m，最大开挖断面尺寸 9.82 m×9.22 m(高×宽)，隧洞穿越盘龙江，两次穿越区域活动断裂带，穿越多个岩溶水系统，10 余次穿越铁路，多次穿越昆明城区道路等，施工面临区域活动断裂带、白云岩沙化、突泥涌水等诸多风险以及复杂地表环境浅埋隧洞施工影响控制的难题，工程地质、水文地质、社会协调条件极其复杂。

香炉山隧洞跨越丽江、大理两市(州)，起于丽江市玉龙县石鼓镇，止于大理州鹤庆县松桂镇，线路长 62.6 km。隧洞沿线属高、中山地貌区，隧洞最大埋深 1 450 m，埋深大于 1 000 m 洞段累计长 21.43 km，埋深大于 600 m 洞段累计长 42.18 km。隧洞穿越 9 条断裂带，其中 3 条为活动断裂带。隧洞设计断面为圆形，采用“钻爆法＋TBM”施工，其中钻爆法施工段总长 27.08 km，两台 TBM 掘进段总长 35.52 km。

开挖香炉山隧洞的“云岭号”TBM 为当前世界引调水工程最大直径敞开式 TBM，TBM 刀盘直径 9.83 m，最长独头掘进 23 km(含支洞)，面临超长距离施工组织的世界级施工技术难题。在 TBM 超长距离掘进中，人员、物料、出渣等运输效率低，供电、排水困难，通风效果差，施工安全救援难度大，同时还对作业人员的身心健康和意志带来巨大考验。另外，岩溶及软岩地质条件下 TBM 易受困卡机，并面临“栽头”风险；涌突水和高外水压力给 TBM 施工带来潜在的淹机风险；高地应力岩爆及隧洞围岩坍塌存在砸坏设备的风险。

据不完全统计，目前已建成的世界最长连续输水隧洞是芬兰赫尔辛基调水工程的派延奈隧洞，其单洞长 120 km，埋深 50～70 m，在建的世界最长引水隧洞(单洞)为我国某供水工程隧洞，其单洞长度达 283.3 km，最大埋深 774 m。国外埋深最大输水隧洞是非洲莱索托有压隧洞，单洞长 45 km，最大埋深 1 200 m；国内埋深最大输水隧洞是锦屏二级输水隧洞，单洞长 16.67 km，最大埋深 2 525 m。因此，滇中引水工程超长隧洞群中，特别是昆玉隧洞、香炉山隧洞从单洞长度、埋深、断面尺寸等方面，工程综合规模、建设难度均居世界前列。

4. 世界罕见超高地应力影响

滇中引水工程隧洞群中埋深大于 1 000 m 隧洞 1 条、埋深大于 600 m 隧洞 5 条。其中香炉山隧洞最大埋深 1 450 m 为全线最典型深埋长隧洞，埋深大于 1 000 m 洞段累计长 21.43 km，地应力可达 40～46 MPa 极高应力量级，中、强岩爆洞段累计长 4.49 km，占比 7.18%，其中强烈岩爆段长 0.32 km。狮子山、凤屯、蔡家村、松林等隧洞最大埋深 605～740 m，地应力可达 16～24 MPa 中—高应力量级，发生中、强岩爆的风险非常大。

对于高地应力条件下隧洞穿越硬岩洞段，由于开挖产生围岩卸荷，储存在岩体内的势能可能突然猛烈释放，导致岩石爆裂并将岩块弹射出来，即发生岩爆。轻微岩爆可能导致隧洞围岩局部超挖，初期支护受损；剧烈岩爆则往往造成开挖工作面的严重破坏、设备损坏和人员伤亡。同时，由于岩爆出现的时间、位置、强度等均难以预测，这也会给施工人员造成一定程度的畏惧情绪。对于高地应力条件下隧洞穿越软岩地层，隧洞断面易发生挤压大变形，围岩变形量可达到米级，导致支护结构屈服破坏，造成隧洞断面严重欠挖，对工程建设成本和施工效率产生较大的不利影响。高地应力围岩挤压大变形可能导致 TBM 卡机灾害，包括卡刀盘、卡护盾，甚至机器损毁。

5. 世界罕见超高外水压力

滇中引水工程地下水问题在各段均不同程度存在，全线预测高外水压力（大于 1 MPa）洞段总长约 68 km，占隧洞总长 11%以上，主要分布于香炉山、芹河、北衙、海东、狮子山、凤屯、凤凰山、蔡家村等 10 余条隧洞。其中香炉山隧洞高外水压力问题突出，隧洞存在高外水压力洞段累计长 29.94 km、占总长 47.83%，隧洞深埋段地下水水位一般在 300～500 m，局部达 700 m 以上，最大超过 1 300 m，最大外水压力在 12 MPa 以上。另外，柳家村、蔡家村、鸡米冲、小路南、龙树等隧洞部分洞段还存在承压含水层高外水压力问题，最大外水压力达 3 MPa。

施工期，高外水压力下高压突涌水高速向隧洞临空面喷射而造成严重危害，相比于一般性涌水灾害更具破坏性。高外水压力与断层破碎带、岩溶等不良地质条件耦合后，带来更严重后果，如香炉山隧洞 4 号、5 号施工支洞断层破碎带叠加高外水压力，涌水突泥后处置难度大，严重制约工期。运行期，隧洞衬砌结构可能因承受高外水压力而产生开裂和渗漏水现象。

6. 施工中全面运用“三超”安全风险控制措施

面对滇中引水工程隧洞群罕见的“三超”特点，施工过程中必须全面运用超前探、超前灌、超前护“三超”措施确保工程质量、严控安全风险。

(1) 全面运用超前探

为最大限度降低施工安全风险，滇中引水工程全线都开展了超前探，即实施超前地质预报工作。通过超前探及时了解掌子面前方的地质问题和风险，及时提供地质信息以预防隧洞涌水、突泥、塌方等可能形成的灾害性事故，提前采取处置措施，尽可能规避地质风险，保障了隧洞施工安全、优化了工程设计、实现了施工安全风险信息化管理，为工程顺利施工奠定了坚实基础。滇中引水工程施工中主要采取的超前探手段有施工巡视和观测、综合地质分析、物探、超前钻探等，并按照“凡挖必探”原则将超前地质预报纳入了施工工序强化管理。

(2) 全面运用超前灌

对深埋长隧洞，在施工中遭遇断层破碎带、高外水压力、岩溶等富水不良地质洞段时，为降低突涌水风险、保障施工安全，减少地表水枯竭、地面塌陷等伴生环境问题，对渗水量大的洞段特别是软弱破碎洞段，经超前探测研判后，开挖前必须进行超前灌浆。超前灌浆在富水软弱破碎洞段主要起加固围岩、防突水突泥、防坍塌作用，在富水硬岩可溶岩洞段主要起控水作用。超前灌浆最直接的效果是保证隧洞安全掘进，进一步的效果是控制地下水排水量，为二衬施作提供仓面条件，同时减缓对环境敏感区的影响。滇中引水工程全线不良地质段、富水洞段大量运用了超前灌浆的施工工艺。

(3) 全面运用超前护

在隧洞施工中，对于不稳定的围岩体系，对工作面前方围岩的预加固和预支护是控制和减少隧洞开挖后围岩收敛变形以及防止坍塌失稳的关键。在滇中引水工程隧洞施工中，常用的超前支护措施主要有超前锚杆、超前小导管和超前管棚等。

超前锚杆支护柔性较大，整体刚度较小，主要适用于地下水较少的Ⅳ、Ⅴ类破碎、软弱围岩。超前锚杆的超前长度为循环进尺的 3～5 倍，外插角 10°～30°，搭接长度为超前长度的 40%～60%，形成双层或双排锚杆。

超前小导管支护主要用于隧洞Ⅴ类围岩中性状较差的含水洞段顶拱临时支护。在掌子面岩体开挖前，沿断面拱顶一定范围斜向前方钻孔安装带孔小导管，随后通过小导管向围岩压入起胶结作用的浆液，待浆液硬化后便可在掌子面岩体外围形成有一定厚度的加固圈，以保护作业安全。超前小导管一般采用热轧无缝钢花管，单根长 3～4.5 m，外径 42 mm，壁厚 3.5 mm，在前部钻注浆孔，孔径 10 mm，孔间距 15 cm，呈梅花形布置，前端加工成锥形，尾部留不小于 30 cm 的无孔止浆段。

超前管棚支护主要用于特殊不良地质Ⅴ类、浅埋洞段顶拱临时支护。在隧洞开挖前采用钻机沿隧洞外周打设超前长钢管，通过钢管向围岩灌浆与钢拱架联合形成棚架体系。滇中引水工程施工中使用超前管棚一般长 12～30 m，利用自进式管棚机最长可以钻进 50 m 管棚。管棚一般采用热轧无缝钢管，直径 108 mm，壁厚至少 6 mm，前端加工成锥形，管壁四周钻 15 mm 注浆孔，间距 30 cm，采用梅花形布置，尾部预留 4.5 m 无孔止浆段。

第三节
引黄济青工程

一、工程概况

1. 工程建设背景

青岛地处山东半岛东南部，是我国重要的经济中心城市和沿海开放城市，是国家历史文化名城和著名海滨旅游胜地，经济总量、人均 GDP 指标和综合竞争力均位居山东省首位。受自然和地理条件限制，青岛属水资源短缺城市，人均水资源占有量仅占全国平均值的 9.5%。回顾 20 世纪 80 年代，因降水偏少、水资源短缺，青岛市地下水位大幅下降，导致海水入侵，水生态破坏严重，经济发展和居民生产生活用水供需矛盾突出，形势非常严峻。

面对青岛市水资源短缺的严峻形势，为彻底扭转青岛地区水资源短缺困局，决策者将目光投向黄河。

兴建跨流域调水工程，将黄河水引到青岛，从根本上解决青岛水危机，逐渐进入党和政府的决策层面，山东省引黄济青工程由此诞生了。

从工程的酝酿、论证、设计，到批复立项、动工实施，上至国务院，下至地方政府，各级领导、有关方面专家、相关科研设计勘测人员，倾注了大量的心血，熬过了无数个日夜，足迹踏遍胶东地区的山山水水、沟沟坎坎，科学规划，精准勘测，精心设计,充分分析跨流域调水工程在满足技术、经济、资源、社会、生态环境等方面的要求,分析工程实施具有的自然因素和人为因素的不确定性对工程建设运行管理的影响,分析给水区和受水区的水资源承载能力等,解决输水损失、引黄泥沙、水质污染、输水渠道两侧及棘洪滩水库周围土壤盐碱化等一系列问题,一张张蓝图应运而生。

1985 年 10 月,国家计委批复《山东省引黄济青工程设计任务书》,青岛市彻底解决水源短缺问题有了明确答案,它是“七五”期间山东省重点工程之一,也是我国继引栾济津后第二项跨流域调水工程。

1986 年 4 月 15 日是个值得纪念的日子。青岛市境内桃源河改道的爆破声,打响了引黄济青跨流域调水工程建设的第一炮。

1989 年 11 月 25 日,随着工程建设指挥部的一声令下,滚滚黄河水自滨州博兴打渔张引黄闸喷流直下,经渠首沉沙池沉淀后,沿着引黄济青工程输水渠道,穿倒虹、跨渡槽、越泵站,经过 252 km 长途跋涉后到青岛棘洪滩泵站,源源不断注入棘洪滩水库,流入青岛市区的千家万户、厂矿企业,青岛人民喝上了黄河水、厂矿企业用上了黄河水,青岛市水资源短缺的困难解决了,制约青岛市经济和社会发展的瓶颈打破了,青岛市无客水的局面成为历史。

引黄济青工程被誉为“黄金之渠”“绿色长廊”。

2. 工程概况

引黄济青是远距离、跨流域调引黄河水的大型水利、市政供水工程,整个工程横跨胶东半岛,途经滨州、东营、潍坊、青岛 4 个市的博兴、广饶、寿光、寒亭、昌邑、高密、平度、胶州、即墨、崂山 10 个县(市、区),跨越小清河、潍河、胶莱河、大沽河等 30 多条河流,从打渔张引黄闸沉沙池出水口至崂山区白沙河净水厂,全长 274.81 km。(数据各类资料有差异,《山东省年鉴 1987》记为:输水线路全长 291.14 km,其中棘洪滩水库以上为明渠,长 253.14 km,水库以下为管道,长 38 km。)

工程特点是战线长、项目多、数量大、工期紧、施工难。沿线大部分地区是咸水区,属海陆交互地层,流沙多、渗漏大。该工程主要由水源工程(棘洪滩水库以上部分)和供水工程(水库以下部分)组成。

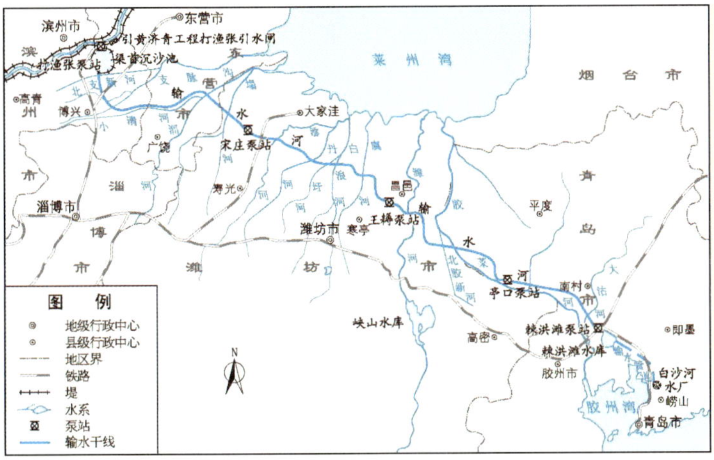

图 3-3-1 引黄济青工程示意图

3. 工程主要建筑物

引黄济青工程由水源工程和供水工程两部分组成。

图 3-3-2 引黄济青渠首闸——打渔张闸

(1) 水源工程的组成

水源工程由以下各工程组成。

①渠首引水和沉沙工程

利用现有打渔张引黄闸引水，改建博兴县一干渠进水闸，引水流量为 45 m^3/s，年引水总量为 5.5 亿 m^3。

沉沙池采用自流和扬水相结合的条渠沉沙方式，淤高 5 m，沉沙池总面积为 36 km^2，分 9 个条渠使用，每条渠可用 4～5 年，可共用 40 年。条渠长度为 6～8 km，最大宽度约为 600 m，为保证沉沙效果，沉沙池出口需建闸控制。

②输水河工程

输水河始于博兴县引黄济青沉沙池出口，向东经广饶、寿光、寒亭、昌邑、高密、平度、胶和、即墨等 9 个县(市、区)，在即墨县(现即墨区)桥西头村西北至棘洪滩水库，全长 253 km(其中新开挖长 211.4 km，利用已有河沟 41.6 km)。该工程沿途地势平坦，输水河比降 1/6 000～1/20 000，水深 2.1～3.5 m，底宽 7.4～18.9 m，内坡 1∶1.5～1∶2.5。为防止渗漏损失，根据不同河段的土壤特性、地下水埋深和投资条件，因地制宜地采用混凝土板、塑料薄膜和黏土进行衬砌。为防止冻胀破坏，在水位变动区混凝土板下埋设了聚苯乙烯保温板。输水河两堤堤顶宽度分别为 8 m 和 4 m。为方便管理，堤顶 8 m 侧为公路，并在另一侧附设了 138 km 长的排水沟。输水河沿途共穿跨天然河、沟、渠 90 余条，为防止污染输水河水质，均采用立交方式输水。

③建筑物工程

建筑物工程包括 5 座泵站，还有倒虹吸、渡槽、涵闸、桥等 389 座。

④调蓄水库

位于青岛市崂山县的棘洪滩水库为本工程的调蓄水库，其主要工程有大坝、放水洞、泄水洞以及坝外截渗沟等。

图 3-3-3　引黄济青输水渠道

图 3-3-4　引黄济青工程唯一的调蓄水库——棘洪滩水库

⑤输变电工程

引黄济青工程的用电是由山东电网的位庄、小营、胜利、益都、寿光、昌邑、南村、马戈庄、黄埠岭等 10 余处已有变电站供给。在 5 座泵站内分别建有 35 kV 降压站，除供泵站本身用电外，还分别向泵站上、下游出线供输水河涵闸、倒虹吸用电。

⑥外围工程

为修建渠首沉沙池，将打渔张河改道 7.7 km；为建棘洪滩水库，将桃源河改道 7.76 km。

(2) 供水工程的组成

供水工程由下述工程组成。

图 3-3-5　引黄济青工程低压管道

①暗渠、低压管道、隧洞

暗渠、低压管道、隧洞长计 22 km。暗渠断面尺寸为 3 m×2.5 m;低压管道为 2.8 m×2.8 m;隧洞洞径为 3.4 m,长为 2 km。

②净水厂

设置了 1 座净水厂,净水规模为 36 万 t/d。采用了平流式沉淀池,气水反冲滤池加矾加氯净水工艺。

图 3-3-6 引黄济青工程白沙河净水厂

③其他

供水工程还设置了下述几项设施:a. 1 座增压泵站,选用 8 台 24Sh-9A 型水泵,总装机 5 260 kW;b. 43.5 km 的输配水管道,采用预应力钢筋混凝土管,管径有 1.2 m、1.0 m 和 0.8 m;c. 3 处蓄水池,总容量 4 万 m^3;d. 3 处加压站,为输配水管加压,能力为 32 万 t/d;e. 3 处 35 kV 降压站。

二、工程规划建设历程

1982 年 1 月,为解决青岛市水源紧缺状况,国家城建总局会同山东省有关部门,在青岛召开的"青岛市水资源研究讨论会"上提出"引黄济青"工程设想。

1982 年 2 月,山东省水利勘测设计院提出《引黄济青工程查勘计划》,组成 13 人的规划设计组,对输水路线进行查勘。7 月,山东省政府向国家计划委员会(以下简称国家计委)呈报《青岛市供水工程计划任务书》。

1982年9月，国家计委、经济委员会(以下简称国家经委)、水利电力部(以下简称水电部)，于1982年3月和城乡建设环保部(以下简称建设部)联合考查后，认为从黄河调水是解决青岛市供水的重要途径。

1984年7月4日，中共中央、国务院领导同志万里、胡启立、李鹏，以及有关部委的专家、学者乘直升机视察了黄河，听取了水电部部长钱正英关于引黄济青方案的汇报，指出:引黄济青采用明渠方案好，综合效益大，并要求当年9月提出可行性研究报告，邀请全国专家进行论证。

1984年8月8日，山东省引黄济青工程指挥部成立，山东省副省长卢洪任指挥，山东省水利厅厅长马麟等4人任副指挥，山东省水利厅总工程师孙贻让任总工程师。办公室设在山东省水利厅，马麟兼办公室主任。

1984年9月15日，山东省政府第52次常务会议同意省水利厅提出的增加青岛每日供水55 t的规划方案，确定对省水利勘测设计院引黄济青工程设计组完成的《山东省引黄济青工程可行性研究报告》进行修改，由卢洪、朱奇民定稿，并负责开好论证会。

1984年9月23日至26日，山东水利学会受中国水利学会委托，在青岛市召开引黄济青工程可行性研究论证会。与会代表一致认为，引黄济青势在必行，可行性研究报告中提出的工程方案是切实可行的，经济上也是比较合理的。

1984年10月，山东省政府将《山东省引黄济青设计任务书》呈报国务院，10月29日至31日，水电部会同国家计委、建设部在北京召开了审查会，初审确定近日向青岛市区日供水55万m^3。后鉴于国家财力、物力限制，将供水规模缩小为日供水30万m^3。核增投资1.0亿元，整个工程核定控制投资12.50亿元。

1985年1月，国务院领导召集有关部门负责人讨论引黄济青工程，指示要对明渠和管道方案作进一步比较。5月，国家计委下达《关于请进一步论证引黄济青方案的通知》，要求山东省根据年初国务院会议的精神，进一步做好引黄济青方案的比较、论证工作。

1985年4月，著名水利学家、清华大学副校长张光斗教授，受国家计委委托来山东青岛等地对引黄济青工程实地考察、论证。

1985年7月，山东省政府又将《山东省引黄济青工程修正设计任务书》呈报国务院。国家计委按照国务院批示，会同水电部、建设部，并邀请有关专家审查了修正设计任务书，9月向国务院呈报了审批请示。

图 3-3-7 张光斗院士对引黄济青工程实地考察

经国务院审批同意，国家计委于 1985 年 10 月 18 日正式批准了引黄济青工程设计方案，把该工程作为关系青岛市经济发展和对外开放的一项战略性措施，作为地方重点建设项目列入国家计划，由山东省政府执行。工程总投资 8 亿元，其中国家投资(拨改贷)5 亿元，山东省自筹 3 亿元，后概算调整为 9.53 亿元。

1985 年 12 月 10 日，《山东省引黄济青工程初步设计》全部完成，由山东省水利厅上报山东省人民政府。

1985 年 12 月 25 日至 29 日，山东省人民政府商同水电部、建设部在济南齐鲁宾馆召开《山东省引黄济青工程初步设计》审查会，副省长卢洪主持会议。会议认为《山东省引黄济青工程初步设计》符合国务院对《山东省引黄济青修正设计任务书》的批复精神，其设计深度和广度基本上达到了国家规定的要求，设计的指导思想、总体布局、工艺流程等是合理的、可行的。

1986 年 4 月 2 日，万里、郝建秀等领导同志在青岛八大关小礼堂仔细察看了引黄济青工程示意图，并和省、市领导及水利专家一起研究工程建设，要求集思广益付诸实施。

1986 年，经国务院批准，引黄济青工程于 1986 年 4 月 15 日破土动工。截至 1986 年底，累计完成投资 1.65 亿元。开工的工程包括：桃源河改道、棘洪滩水库、穿输水河倒虹吸、泵站等 40 处单项工程和迁占补偿工作，共完成土石方 195.7 万 m^3，建成中、小型建筑物 7 座。

图 3-3-8　棘洪滩水库建设现场

首先实施的是桃源河改道工程。1986 年 4 月,引黄济青工程计划在桃源河原河道的赵家堰一带建棘洪滩水库,故将在胶济铁路以南一段河道向西迁移改道。重挖新河从赵家堰铁路桥处,经小新河东侧在魏家庄西归原河道。济南军区 5 000 余名官兵仍按 1975 年规划施工土方工程,国家投资 111 万元。历时 4 个月,投工 60 万个,挖填土方 130 万 m^3,修了一条长 7.73 km、河底宽 50～60 m、河口宽 110 m 的新河道。由胶州市和即墨县负责施工胶青公路桥、泵站公路桥、马家庄和辛家屋子生产桥。至 1987 年,桃源河左岸堤防可达 5 年一遇防洪标准,右岸堤防洪能力尚不足 3 年一遇。

1987 年,工程计划投资 1.95 亿元,实际完成投资 1.8 亿元;安排工程 158 项,完成或基本完成 138 项,其余 20 多项较大型工程需跨年度继续施工;全年完成工程量 450 万 m^3,混凝土 10 万 m^3,工日 300 万个。已建成的工程质量比较好,达到或基本达到设计要求。在工程质量大检查中,检查 100 个项目,混凝土强度指标达标率 100%,质量合格率达到 96.6%,其中优良率达 86.6%。移民安置工作取得新的成绩,崂山、即墨、胶州 3 地绝大多数移民搬进新居,新扶持移民的 13 个工副业项目业已开工,有的建成投产。

1988 年,完成投资 2.7 亿元,建成各类建筑物近 200 座;输水河开挖 210 km,衬砌 70 km。其中,东营市广饶县境内工程提前一年竣工。1986 年至 1988 年,累计完成投资 5.6 亿元,占总投资的 70%,完成和基本完成泵站、倒虹吸、桥、涵、闸等建筑物 350 多座,占工程总数的 85%,输水河开挖完成 84%,优质工程率达 85%。棘洪滩水库以下工程，也有较大进展，青岛市区水厂基本建成，市区管网完成 40 km。总的看，经过紧张施工，整个工程初具规模。

图 3-3-9 1989 年引黄济青工程胜利通水

工程历经 3 年又 7 个月的艰苦施工，于 1989 年 10 月 16 日试通水成功，到年底已放水 7 000 万 m^3。这项工程共挖砌、修建输水干渠 253.2 km，建筑物 455 座，完成土石方 5 500 万 m^3，砌石 60 万 m^3，混凝土 75 万 m^3，使用钢材 7.05 万 t，木材 5.23 万 m^3，水泥 35 万 t。在山东省水利和市政工程建设史上开创了新的纪录。

其中棘洪滩水库至白沙河新水厂之间的 1 900 m 隧洞工程，由于工期紧、石质差、渗水塌方多，原地方承包单位中途退出。北海舰队某部主动承担了这一紧急、艰巨任务。为抢工期，施工部队放弃春节假日，连续打钻爆破，苦干巧干，创造了爆破 10 万炮无事故和日进度 15 m 的高纪录，按时完成了任务，保证了引黄济青工程如期竣工。

引黄济青工程得到了时任党和国家领导人的重视和关心，李鹏、万里、钱正英等领导同志多次过问工程情况，国家计委、财政部、建设部、水利部、物资部等国务院有关部门的同志曾多次到工地视察，并对工程所需物资、资金等给予了重点保证。山东省委、省人大、省政府的领导同志更是把引黄济青工程建设当作造福人民的大事来抓，在各方面给予了支持，沿线各地市领导也都把工程当作自己的事来办，不少领导同志还到工程第一线参加劳动。

据统计，有 200 多个专业队伍、1 000 多名施工指挥者和工程技术人员参加了引黄济青的建设，施工高潮期，沿线近百万群众参加了劳动。引黄济青工程采取了“任务切块、投资包干、节余留用、超支不补”的施工办法，并大胆引用了先进技术，其中：“等容量控制”先进技术在国内属首次使用；250 km 输水河道采用 8 种形式进行全衬砌，在国内也属首例；30 多条河道采用立体交叉全封闭倒虹吸，较好地防止了水污染；对水库采用砖质土作防渗墙，也是水利建设史上的大胆尝试。引黄济青工程各项建筑经过几次大检查，优良率达 96%，混凝土合格率达 100%，达到设计要求，受到有关专家和领导好评，被国务院赞誉为“速度快、质量好、投资省”。

图 3-3-10 引黄济青工程正式竣工

工程建成后，举行了通水典礼和表彰大会，时任全国政协副主席谷牧、水利部部长杨振怀等领导为工程通水剪彩。国务院发来贺电，李鹏同志为工程题词：“造福人民的工程。”时任全国人大常委会委员长万里、全国政协副主席钱正英也分别打来了电话、电报，对工程建成通水表示热烈祝贺，山东省委、省政府、省引黄济青指挥部，对为引黄济青作出贡献的 46 个先进单位，进行了表彰并颁发了锦旗。

1989 年 12 月《引黄济青工程管理办法》由山东省人大常委会通过并颁布实施。

1991 年 12 月，根据国家计委的意见，组成由水利部、建设部、建设银行总行及省直属有关部门等单位参加的验收委员会，对山东境内国家“七五”重点水利工程、1949 年以来省内规模最大的水利和市政建设工程——引黄济青工程进行验收。验收委员会从打渔张开始检查了输水干渠、泵站、棘洪滩水库以上的水源工程、水库以下的供水工程，检查了设计结果，经验收工程建设属于国内领先水平，合格率 100%，优良率 93.4%。工程总体设计获水利部优秀设计一等奖，输水、沉沙研究获 1991 年水利部科技进步一等奖。

图 3-3-11 引黄济青改扩建工程(东营段)

2014 年,由山东省发改委批复同意,山东省引黄济青工程进行改扩建工程,主要是泵站、渠道的改造,还有棘洪滩水库大坝护坡的改造,以提高向青岛输水的能力和效率。从 2015 年开工,分两期实施,目前均已竣工验收。设计供水能力将由原来的 30 万 m^3/d 增加至 71.9 万 m^3/d。原来设计供水一年只供三个月,主要是冬季供水。改扩建后,变成常年供水。

改扩建引黄济青工程配套设施也成为胶东地区引黄调水工程的一部分。即为保证胶东地区供水,山东省实施的胶东地区引黄调水工程。这是南水北调东线工程中山东"T"字形调水大动脉的重要组成部分,工程自滨州市打渔张引黄闸引取黄河水,途经滨州、东营、潍坊、青岛、烟台、威海 6 市 16 县(市、区),输水线路总长 482 km,其中利用原有引黄济青工程 172.5 km。工程初期以黄河水为水源,设计年调水量 1.43 亿 m^3,在南水北调东线工程建成后,以长江水为水源,设计年调水量 3.83 亿 m^3。2003 年 12 月 19 日,胶东地区引黄调水工程在招远市辛庄泵站工地开工。

2014 年正式建成通水。

三、工程效益

(1) 供水效益

规划时期,根据青岛市估算,引黄济青工程在经济上,将为青岛增加经济效益

300 多亿元，使高氟、咸水区的居民能喝上正常水。在地理上，工程能有效地补偿地下水，回灌补源 6 亿多 m^3，防治了海水内侵的危害。

1989 年建成通水至 1991 年，两年时间共运行 233 天，从黄河调水 53 789 万 m^3，向青岛棘洪滩水库送水 15 532 万 m^3，为博兴县供水 11 214 万 m^3，为沿线农业供水 13 530 万 m^3。基本满足了青岛市的需水要求。

到 2019 年，引黄济青工程累计向青岛市区及其西部地区供水 44 亿余 m^3，特别是 2015—2018 年，胶东地区遭遇持续严重干旱，2015 年、2016 年、2017 年、2018 年分别供水 2.74 亿 m^3、4.8 亿 m^3、5.3 亿 m^3、3.94 亿 m^3，有效地保障了青岛市用水需求。

图 3-3-12　引黄济青工程供水图

(2) 生态效益

引黄济青工程通水运行以来，补充地下水，既抬高了地下水位(部分地段地下水位上升非常明显)，又压制了咸水的入侵，改善了区域土地状况，保护了生态环境，尤其昌邑、寒亭、寿光等北部沿海咸水地区受益明显。

(3) 灌溉效益

至 2020 年 11 月，引黄济青工程累计为博兴县和工程沿线提供农业用水近 20 亿 m^3，扩大改善灌溉面积 333.3 km^2，增产粮食约 7 亿 kg。寿光市改善粮食种植面积 40 万亩。

(4) 乡村文明建设效益

引黄济青工程不仅仅是供水生命线，调水工程沿线水土保持措施、绿化防护林带，已经成为齐鲁大地上镶嵌的一条条蓝色飘带和最美丽、最柔和的绿色长廊，为沿线广大群众营造了人水和谐的良好生态人居环境，极大促进沿线乡村文明发展建设。

图 3-3-13 引黄济青崔家集河段

四、关键工程技术问题及创新

(1) “等容量控制”渠道的设计、运行准则

引黄济青输水河工程沿线，受地形等条件的限制，缺乏调蓄能力，因而满足不了沿线分水、泵站断电，以及事故情况时控制渠道内流量的实时变化；输水河衬砌后，如果水位骤降，有可能引起衬砌的破坏。参考美国加州的调水经验，设计及运行时，采用“等容量控制”准则。该原理系采用实时控制手段将明渠中的水流变成“类似管状流”，在输水流量急剧变化的情况下，使水面波动最小。根据输水河的具体情况，拟定的控制指标是水位升降不超过 15 cm/h 和 30 cm/d。

要实现等容量控制，输水河必须有可控性：第一，全线必须有足够多的节制闸，根据输水河的断面、比降，以及建筑物的分布情况，经分析计算，一般要求两座节制闸间的距离不大于 10 km；第二，全线必须有可靠的自动化测控系统，实现由泵站及总局调度中心的计算机控制，实现全输水河闸门实时、同时动作。

调度软件的创建分为三个步骤：①建立数学模型；②建立物理模型，最后根据原型，修正各闸门的启闭面积曲线；③按照变化工况的闸门启闭面积曲线，建立等容量调度闭环控制软件。

(2) 冬季长距离安全输水

引黄济青的输水时间主要是冬春，冰冻对引水、输水会产生很大影响。

根据黄河利津站 1951—1981 年的冰情测验资料，多年平均冰凌期为 67 天，其中封冻期 23 天，此时河水在冰下流动，基本可以引水；淌凌期 30 天对引水影响较大，可停止引水。根据山东省引黄济清两次冬季引水、输水的实践，没有发生问题。

引黄济青输水河冬季长距离输水，尚无实践经验，目前只能做些理论分析。为保证冰期安全输水，采取了以下措施：①注意开停水泵，尽量稳定输水，避免水面波动破坏已形成的冰盖；②在冰期开始时，用闸门控制抬高水位，降低流速，减小弗汝德数，以防流冰下潜；③在关键部位（如小清河分洪道子槽出口、王耨泵站前、北胶新河倒虹吸前）的河面架设过河缆索，促使缆索前尽快形成均匀的连续冰盖；④倒虹吸进口顶部以上水深大于 1.5 m，闸门槽采取必要的电热措施；⑤泵站前设置回转式拦冰栅，将水中冰捞出，前池内采用压缩空气吹波，防止结冰；⑥全线设置 3 座排冰闸。

（3）串联泵站的匹配运行

在泵站规划选点时，曾考虑到几级泵站布局方面扬程要接近，各级泵站尽量选同一泵型，每级泵站设 4～6 台水泵。但是，由于受地形的限制及总体方案的优化，特别是着重考虑了今后管理的方便，所以各级泵站的泵型不够统一。又由于输水河沿线缺乏调蓄条件，这就要求各泵站间必须匹配运行。即前一站的排水量必须与下一站的输水量相当，以保持水泵机组稳定运行，水位保持不变。要保证这一条件，通过调节水泵叶片角度，或者水泵转速与叶片角度同时调节的方式是容易实现的。因此，最好选用叶片可调的水泵，但受水泵生产品种的限制，可调的泵很难选。有文献指出，轴流泵在扬程超过 9 m 时，工况条件较差；而混流泵做成叶片可调形式时，其调节结构、接力器的制造较难，价格贵且没有定型产品。根据上述情况，除打渔张、亭口泵站为可调的泵外，其他三级泵站采用了设置流量较小的泵，以及在小泵的出水管加闸阀来实现调节流量的目的。但是，这种做法调节难度大，靠闸阀调节可能使小泵的工况恶化，有时要几级泵站共同调节，必要时还要靠开、停水泵来实现。

（4）通信和自动化测控系统

引黄济青工程输水线路长，输水调度控制要求高，管理总局设在济南，分成三级管理网。因此，指令的下达、数据的测报传输及信息的交流，没有一套现代的通信和自动化测控系统是无法完成的。

①通信系统

干线结合山东省防汛，采用 480 路、30 Mb/s 数字微波，总长 397 km。支线为星形网，采用一点多址时分制 1.5GHz 无线，5 座泵站为 5 个中心站，用户站为 57 个电话点，其中 41 个为闸站测控点。电话交换采用星形连接，多局间路由，用小型程控交换机组网。

图 3-3-14 亭口泵站

②自动化测控系统

自动化测控系统是以通信系统连接的三级计算机网为核心的，总局配置STRATUS XA2000 MODEL70 容错机，泵站设 STD 总线工业控制机及 COMPAQ 286 机各一台，闸站采用 CMOS 的 8 位 STD 总线工业控制机。41 个闸站控制点采用传感器、光电码盘将水位、流量、闸门开启高度、开启孔数等实测数据，通过调制解调器（或适配器）进入一点多址小微波，以 600（或 1200）波特的速率传输至泵站，经调制解调（或适配器）后进入泵站计算机系统，然后在画有泵站所辖工程的模拟屏上显示。泵站再通过微波干线，将数据发送到济南总局的计算机系统，实时地在画有全部工程的大模拟屏显示。

泵站计算机系统根据等容量控制调度软件，实时发出指令，控制闸站闸门升降。

参考文献

[1] 刘加喜. 倾尽全力超常规推进滇中引水工程建设[J]. 水利建设与管理，2021，41(8)：8-10.

[2] 矫阳. 我国在建最大引水项目滇中引水工程取得重大突破[N/OL]. 中国科技网，[2020-12-28]. http://www.stdaily.com/index/kejixinwen/2020-12/28/content_1065707.shtml.

[3] 桂耀，肖昌虎，侯丽娜. 跨流域引调水工程规划方案优选研究——以滇中引水工程为例[J]. 中国农村水利水电，2017(9)：63-66.

[4] 张琦敏. 投资420亿！滇中引水二期工程计划今年全面开工建设[N/OL]. 云南网，[2022-03-03]. https://baijiahao.baidu.com/s?id=1726291249081435190&wfr=spider&for=pc.

[5] 918云南交通之声. 六项世界之最！十大世界级技术难题！云南这项在建工程值得你关注[N/OL]. 腾讯网，[2021-09-03]. https://new.qq.com/rain/a/20210903A0DA7200.

[6] 矫阳. 滇中引水工程龙泉倒虹吸盾构掘进，突破千米大关！[N/OL]. 中华网，[2020-12-29]. https://tech.china.com/article/20201229/20201229685628.html.

[7] 任梦熊，郭云波，宗廷学. 云南省滇中引水工程生态环境保护措施分析[J]. 云南水力发电，2021(6):182-184.

[8] 胡朝碧. 滇中引水工程隧洞施工"九超"浅析[J]. 中国水利，2021(14):31-34.

[9] 王大伟. 引黄济青工程概况[J]. 水利水电技术，1989(1):15-19.

[10] 方垒. 山东水网工程累计调水超百亿方！这几个方面效益显著[N/OL]. 闪电新闻，[2020-11-13]，https://baijiahao.baidu.com/s?id=1683243999716505093&wfr=spider&for=pc.

[11] 李东锋，姬脉兴. 南水北调丹江口大坝加高工程施工技术[J]. 水中发电. 2008,34(12):48—49+75.

第4章 防洪工程

第一节
荆江分洪工程

一、工程概况

1. 工程建设背景

历史上，长江流域洪水范围以中游宜昌至武汉段和洞庭湖一带为中心，其中又以荆江沿岸洪水最为严重。荆江是指从湖北枝江到湖南洞庭湖口城陵矶的这一段长江，其间以藕池口为界，按河型分为上荆江和下荆江。上荆江为“微弯型”河段，下荆江为典型的“蜿蜒型”河段，素有“九曲回肠”之称，极易遭受洪水侵袭和破坏。在1954年以前，荆江大堤是指荆江北岸从江陵县枣林岗到监利县麻布拐的干堤，全长133 km。此堤为长江沿岸最为险要的一段堤防。这段长江，河道弯曲，河身狭窄，急流汹涌，险象环生，隐患堪虞。一方面，荆江南岸有松滋、太平、藕池和调弦四口分泄江水进入洞庭湖，泥沙淤淀致使河床不断抬升，导致荆江泄洪能力不足。另一方面，沙市附近的荆江最高流量可达5万多m^3/s，但江槽最高容泄量仅有4.1万m^3/s，荆江下游江槽容泄量只及上游的1/3。此外，北岸荆江大堤平均有12 m高，堤外滩高和内坡脚相差7～8 m。每逢汛期，长江洪水大量聚集在沙市一带不能畅泄，洪水高悬地面之上，往往形成“帆轮楼顶驶，江水屋上流”的险恶形势，因此便有“万里长江，险在荆江”之说。所以，荆江两岸人民称荆江大堤为“命堤”。

图4-1-1 荆江大堤一隅

荆江大堤历来是湖北江汉平原的重要防洪屏障。荆江大堤一旦溃决，湖北江陵、监利、沔阳等10多个县、数百万人民、数百万亩良田都有被洪水淹没的风险。此外，一旦长江因大堤溃决而发生改道，长江航线将陷入瘫痪状态，整个西南地区的对外交通将受到极大影响。荆江沿岸原本是鱼米之乡，也是长江流域重要的棉花产地。在丰收年份，荆州专区每年棉花产量占湖北全省的一半以上，稻谷产量占湖北全省的1/4，鱼、虾、麦、藕的产量也十分可观。但是，历次荆江大堤决溢给当地人民带来了深重的灾难。沔阳一带群众常说"沙湖沔阳洲，十年九不收"，沙市还流传着"荆沙不怕刀兵动，只怕南柯一梦中""洪水溃了荆江堤，荆沙便是养鱼池"等民谣，充分反映出荆江两岸人民遭受的洪灾之重。

治理荆江，平波安澜，造福人民，是荆江两岸世世代代劳动人民的夙愿。新中国成立以后，为了减少荆江洪水对两岸人民生命财产的严重威胁，党和国家领导人多次视察荆江大堤，极为重视荆江大堤的培修加固工作。

1950年夏汛期间，荆州专区(现荆州市)10多个县组织10万抢险大军上堤防护，"使沙市、观音寺等地险工安然度过汛期"。该年岁修工程共计消耗土方376.4万m^3、石方5万多m^3，远远超出民国时期的岁修工程量。新中国成立后，国家每年都拨出大批款项投入荆江大堤建设，1949—1951年间，岁修土方共达600多万m^3。全堤安全隐患大大减少，千疮百孔的大堤得到培护和加固，但荆江大堤抵御特大洪水的能力依旧不足。

2. 工程概况

荆江分洪工程是中华人民共和国成立后第一个大型水利工程，也是长江水利史的一座丰碑。1952年4月5日，本着“确保荆江大堤，江湖两利，蓄泄兼筹，以泄为主，上下荆江统筹考虑”的综合治理方针，经中华人民共和国政务院批准，荆江分洪工程全面破土动工。

图4-1-2 荆江分洪工程施工现场

经过75天的连续奋战，在太平口附近，一座像长城似的54孔的进洪水闸，坐落在分洪区北端，长达1 054 m，可吞吐长江三峡奔泻而来的洪水。在虎渡河黄山头有一座同样雄伟的32孔节制闸，坐落在分洪区南端，长达336 m，可调节和拦蓄巨量的洪流。1952年11月14日，以加固堤防和安全区围堤为主的荆江分洪二期工程开工，18.4万建设者，经过160天的艰苦奋斗，于1953年4月25日完工。共完成土石方1 100万 m^3，修培了荆江南大堤、虎渡河两岸大堤，刨开进洪闸前滩地堤梗37万 m^3，栽植防护林37万株。堤防加固和安全区围堤的建成，标志着荆江分洪区具备了分洪运用的基本条件。

荆江分洪区东濒长江，西临虎渡河，北起太平口与荆州、沙市隔江相望，南达黄山头与湖南省安乡县为邻；东西平均宽13.55 km，南北平均长68 km，总面积为921.34 km^2。

就在荆江分洪工程全面建成的第二年(1954年)，长江出现罕见的全流域性大洪水，荆江大堤形势危急。经国务院批准，于7月22日至8月22日，先后3次运用荆江分洪工程，分蓄超额洪水 122.6 亿 m^3，有效降低沙市(现沙市区)水位 0.96 m，确保了荆江大堤、江汉平原和武汉市的安全。荆江分洪工程，给肆虐千年的长江洪水套上了“枷锁”。1998 年，长江流域再次发生全流域洪水，荆江分洪区时刻准备启用，紧急转移人口 33 万人。分洪区内人民“舍小家保大家”，为保江汉平原及下游武汉等战略要地安全作出了贡献。

为持续提升荆江分洪工程防洪保安能力、促进区域经济社会发展，后陆续修建了配套的转移工程、安置工程、通信工程，并多次进行升级改造。长江三峡水利枢纽工程兴建后，荆江分洪工程仍是长江中下游平原地区的重要水利枢纽，是长江远期防洪系统的重要组成部分，解决长江较大和稀遇洪水的危害，是治标与治本相结合的大型水利枢纽，也是平原水资源综合利用的典范工程。

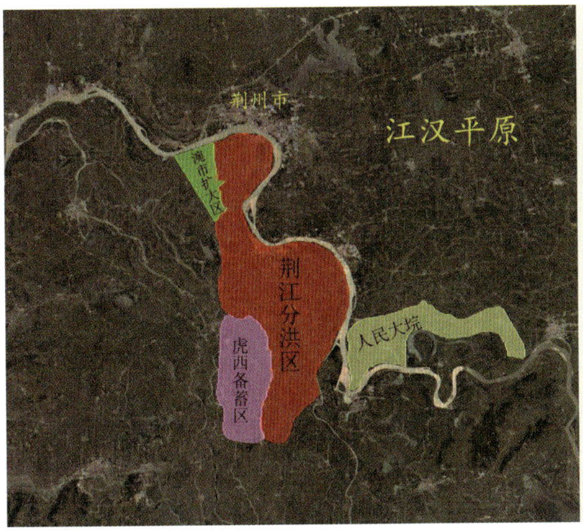

图 4-1-3 荆江分洪区示意图

多年来，荆江分洪区充分发挥了蓄洪、泄洪作用，分洪区人民无条件奉献，保障了长江中下游的安全。荆江分洪工程，这个备份的国之水利重器，已成为承载艰苦创业、拼搏奋进、“舍小家为大家”精神的一处高地，更成为中华人民共和国水利成就的历史见证。

3. 工程建设成就

荆江分洪第一期工程从 1952 年 4 月 5 日破土动工，至 6 月 20 日全部竣工，工期共 75 天，比原定计划缩短 15 天。工程建设取得如下成就。

其一，在长江中游湖北沙市南北段的荆江东岸，培修加固长达 133 km 的荆江大堤；其二，在荆江西岸及虎渡河以东、藕池口安乡河西北，方圆 920 多 km^2 的地方，建成一个可容纳 60 亿 m^3 洪水的大水库;其三,在水库北面的江陵县太平口,建成一座长达 1 054 m、54 孔的进洪闸;其四,在水库南面的石首县(现石首市)黄山头,建成一座长 336 m、32 孔的节制闸,把危害人民的荆江洪水控制起来。其中,分洪区进洪闸的施工难度最大,共用混凝土 8.4 万多 m^3,54 扇闸门上的铆钉达 32 万多颗。该闸建成后成为当时中国第一大闸,能以 8 000 m^3/s 的流量吞吸荆江 1/5 的洪水。

图 4-1-4 荆江分洪闸(北闸进水,南闸出水)

这一空前规模的水利工程,共完成土、石、沙、混凝土近 1 000 万 m^3,其中包括土方 890 万 m^3、混凝土 11.7 万 m^3,开采石料 25.34 万 m^3,抛砌块石 16.1 万 m^3,钢筋 3 480 多 t,运输器材、工具、粮秣等 1 亿多 t · km。与此同时还修筑了 130 多 km 轻便铁道、90 多 km 公路等附属工程设施。加固后的荆江大堤即使再遇到与 1949 年一样的洪水,堤顶仍然高出水面 1 m。

荆江分洪第二期工程从 1952 年 11 月 14 日正式开工到 1953 年 4 月 25 日全面竣工,共动员荆州、宜昌两地的民工 18.48 万人,实用经费 527.55 亿元。在 5 个多月内完成荆江右堤的加培,虎渡河东堤、西堤的培修,分洪区内 13 个安全区围堤的加培,又新建了 7 个安全区、8 个安全台,整理分洪区渠道,刨毁进洪闸、节制闸上下游的滩地,完成虎渡河东堤抛石护岸等工程,共完成土方、石方 1 100 多万 m^3。在施工计划以外,还完成 13 座安全区涵管工程,在分洪区围堤上植树 39.7 万多株,并在分洪区和安全区内开挖和修筑中心排水沟 57 条、生产大道 87 条、中小桥梁 195 座。至此,荆江分洪工程宣告全面结束。第二期工程的完工进一步巩固了第一期工程建设的成果。

二、工程规划建设历程

中华人民共和国成立之初，中央人民政府就十分重视江河防洪救灾工作。1949年11月，水利部召开全国各解放区水利联席会议，水利部副部长李葆华指出，中华人民共和国水利建设的基本方针是“防止水患，兴修水利，以达到大量发展生产的目的”。防洪也是中南区水利建设的首要任务，中南区1950年的防洪经费占水利事业费的比重高达90.2%(灌溉占4.3%，其余占5.5%)。国家在对长江的治理规划中，又把荆江河段的治理作为当务之急。为了统筹兼顾湖北、湖南两地人民的利益，中央明确提出“确保荆江大堤，江湖两利，蓄泄兼筹，以泄为主，上下荆江统筹考虑”的荆江综合治理方针。此后，荆江流域实施了一系列综合治理工程，其中就包括对荆江大堤进行除险加固和兴建荆江分洪工程等。

1950年冬，毛泽东同志亲自审阅并批准了长江水利委员会向中央报送的《荆江分洪工程计划》(以下简称《计划》)。

《计划》本着“蓄泄兼筹，以泄为主”“江湖两利”的原则，以1931年8月5日至25日宜昌—枝江洪峰水位、流量为标准，配合荆江北岸加固荆江大堤，在荆江南岸藕池口安乡河以北，太平口虎渡河以东地区，开辟921.34 km^2 的分洪区，以分、蓄荆江上游洪水的超量洪峰流量，减轻洪水对荆江北岸大堤的威胁。

1950年8月，长江水利委员会经过勘察研究提出《荆江分洪初步意见》，认为“在长江上游尚未兴建大型水库和水土保持工程，洪水、泥沙无从控制的条件下，在枝江以下分洪旁泄”是较为妥善的方案，在荆江沿岸兴建分洪工程应以南岸分泄为宜，并划定“长江右堤以西，虎渡河以东，安乡河以北的范围为分洪区”。紧接着，中南军政委员会召开荆江防洪安全会议，赞同长江水利委员会关于荆江分洪的意见。长江水利委员会将《荆江分洪初步意见》呈报水利部，很快得到水利部的支持并呈报中共中央和政务院。同年10月，毛泽东等党和国家领导人听取了中南军政委员会副主席邓子恢等人的汇报，同意修建荆江分洪工程的方案。11月，长江水利委员会就派出水利专家和技术人员，对分洪工程所在区域进行了勘察、钻探和测量。

1951年1月，周恩来主持召开政务院第67次政务会议，水利部部长傅作义在谈到长江治理的方针和任务时指出：“长江最近几年的治理，侧重于整理并操纵沿江湖泊，以控制江水水位及流量，荆江的防洪工事尤应作为重点。”会上，周恩来强调长江的荆江分洪工程，要用大力修治，否则，就会成为第二个淮河。这次会议决定长江往后几年的治理要以荆江防洪工程为重点，进一步推进了荆江分洪工程的准备工作。2月，长江水利委员会提出《荆江临时分洪计划》，初步拟定了分洪工程的设计标准、工程规模和工程运用等。8月，经过与湖北、湖南两省深入讨论研究之后，长江水利委员会对《荆江临时分洪计划》做出局部调整，提出《荆江分洪工程计划》，按照抗御1931年特大洪水的标准拟定了进洪闸工程、泄洪闸工程、堤防培修和护坡工程、涵闸及沟渠工程等项目。9月，水利部审核同意《荆江分洪工程计划》，并提出该计划还需要进一步研究和补充。

1952年1月，长江水利委员会在《荆江分洪工程计划》的基础上编制了《荆江分洪工程技术设计(1952年度)》。1952年3月4日中南军政委员会召集湖南、湖北两省和中南水利部、农林部、交通部等有关部门和单位的负责人，审议《计划》的实施方案。3月15日中南军政委员会第74次行政会议通过《计划》的实施办法，并作出《关于荆江分洪工程的决定》，同时成立了以李先念为主任委员的荆江分洪委员会及其所属机构。分洪工程包括：荆江大堤加固，太平口进洪闸，黄山头虎渡河节制闸及拦河坝，分洪区围堤培修，南线大堤等。工程实施分为两期，1952年4月5日全面动工兴建，至6月20日以75天时间建成荆江分洪第一期主体工程。

荆江分洪工程进洪闸(当地人称北闸)，有54个进洪孔，长1 054.375 m；设计进洪流量为8 000 m^3/s，可有效吞蓄洪水总量达54亿 m^3，其主要作用是分泄荆江上游巨大的超额洪水峰量，降低沙市水位，以确保180余km的荆江大堤安全，同时，减少荆江四口注入洞庭湖的水沙量。

位于湘、鄂边陲黄山头东麓的泄洪闸(又称节制闸，当地人称南闸)，有32个泄洪孔，闸身长336.825 m，设计泄洪流量为3 800 m^3/s。其作用是控制虎渡河向洞庭湖分流量不超过3 800 m^3/s，以确保洞庭湖地区数百万人口与广大农田的安全。荆江分洪工程费用经中央水利部核定为旧人民币7 150亿元(每万元折合现值1元)。

李先念任荆江分洪委员会主任委员，唐天际、刘斐任副主任委员。荆江分洪委员会下设秘书处、政治处、闸工处、器材处、供给处、堤工处和移民处，共配备干部1 076人(不包括移民处干部)。

唐天际任荆江分洪工程总指挥部总指挥，李先念任总政治委员。总指挥部下设南线工程指挥部，许子威任第一指挥长，田维扬任第二指挥长，李毅之、徐党非、任士舜任副指挥长；北闸工程指挥部以张广才为指挥，阎钧为副指挥。指挥部设在沙市，又同时成立进洪闸、泄洪闸和荆江大堤加固等三个指挥工程部，具体负责工程的实施。进洪闸指挥长任士舜，泄洪闸指挥长田维扬；谢威任荆江大堤加固指挥长。

1952年4月5日荆江分洪工程全面动工，参战的军工、民工共30万人。5月19日晚，中央水利部傅作义部长在中南水利部部长刘斐、农林部部长陈铭枢和苏联水利专家布可夫的陪同下来到沙市，视察了荆江分洪工程施工现场。24日在沙市召开赠授党和国家领导人为荆江分洪工程亲笔题写锦旗的大会。毛泽东主席题词是：“为广大人民利益，争取荆江分洪工程的胜利。”周来恩总理题词是：“要使江湖都对人民有利。”工地上一片欢腾，军民工作的热情更加高涨，对提前完成工程建设起到了巨大鼓舞作用。

1952 年 6 月 16 日，在北京参加亚洲及太平洋区域和平会议的各国代表 26 人，来到荆江分洪工地参观访问，盛赞荆江分洪工程是：“为世界和平事业所作出的卓越贡献！”朝鲜人民军访华代表团也相继来到工地慰问并赠送了锦旗。

荆江分洪工程于 6 月 20 日比预定计划提前 15 天胜利建成，仅用了 75 天的工期。速度之快令中外水利界赞叹不已。参加荆江分洪工程的 10 万军工、16 万民工以及 4 万技术工人和工程技术人员，他们为工程的提前建成作出了巨大的贡献。特等劳动模范松滋县(现松滋市)女民工辛志英，在工作中带领她的妇女队创造每天碎石 1.38 m^3 的最高纪录。劳动模范长江水利委员会工程师王咸成经何之泰总工程师的同意修正了南闸闸底板设计钢筋布置，为国家节约了大量钢材，并确保了工程的安全。劳动模范宜昌女民工谭银翠，为工程建设推迟婚期，在一次推斗车抢运南闸急需钢材中，由于她三天三夜没有休息，劳动过度，在藕池口工地下坡时斗车翻转晕倒在斗车路轨上，被后面的斗车轧断了左臂，但她还坚强地对人们说：“我虽然失去了左臂，但我还有右臂，还是可以为工程建设出一份力量。”劳动模范长江航运管理局海员鲍海清，采用了苏联的先进运输经验一列拖带法，使工地所需的材料、物资运输提前一个月运完，确保了工程施工的进展。

图 4-1-5　1952 年广大军民奋战在荆江分洪工程上

军工英雄和模范功臣更是层出不穷，数不胜数。他们战斗在最艰苦的地方，九天八夜在黄天湖排除淤泥 5.9 万 m^3，提前四天完成了排淤任务，为黄山头泄洪闸提前完工作出了巨大贡献。

苏联水利专家布可夫，于 1952 年 3 月、5 月先后两次到工地勘察，并对工程设计与施工提出了许多宝贵的建议和意见。

各级领导经常召开各种类型的会议，研究和布置工程的施工进展和技术方案的实施工作。荆江分洪工程技术委员会为确保工程质量，经常研究和讨论施工中的重大技术问题，解决工程施工的疑难。

1952 年 6 月 25 日荆江分洪工程总指挥部在沙市荆江大楼(现长委会荆江水文总站驻地)发布《公告》宣布："荆江分洪工程胜利完成!"荆江分洪第二期工程于同年 9 月由长委会拟订计划并于 11 月 14 日实施。时任长江水利委员会副主任任士舜为总指挥，时任湖北省荆州地区行政公署专员阎钧任政治委员。工程先后动员荆州、宜昌两地区的民工 184 777 人，完成土方 862.5 万 m^3(其中包括荆江右岸刨堤培修工程，虎渡河东、西堤，安全区围堤等堤防的培修工程，以及进洪闸上游滩地开挖与东引堤延伸工程等)，于 1953 年 4 月 25 日工程完工，实用经费 572.55 亿元(旧币)。至此，荆江分洪工程全面完成，国家总投资(旧币)为 5 576.46 亿元(包括防洪、排水等工程费以及勘测实验及设计费，水利工程管理费、事业经费与水利粮储运输费等)。

荆江分洪区位于湖北沙市对岸 15 km 处的公安县境内虎渡河口，东濒长江，西临虎渡河，北起太平口与荆州、沙市隔江相望，南达黄山头与湖南省安乡县为邻；东西平均宽 13.55 km，南北平均长 68 km，总面积为 921.34 km^2。地势西北高东南低。区内除南闸口附近有 4.5 km^2 的岗地外，一般为平原，地面高程在 32.8～41.5 m 之间。设计蓄洪量为 54 亿 m^3，区内辖 4 镇 4 场 5 区，共 23 个乡，有居民 41 万人(1990 年统计为 50 万人)。区内原有两条内河：一是东内河，清代名顺河；二是西内河，清时称长河。分洪区建成后，这二条河按"统一排水"的要求逐步改建成为自北而南纵贯全区的排水主渠道，总长度约 70 km。区内 28 个湖泊星罗棋布，总面积约为分洪区的 1/10。

分洪区内修建完善了电力排灌系统配套工程，使农业旱涝保收；原来薄弱的工业逐步发展成为完备的电力、机械、纺织等工业体系；区内道路纵横，四通八达，已建成三大公路干线，担负着活跃省内外经贸交流的重要作用。207 国道由内蒙古锡林浩特经沙市过长江进入分洪区到湖南长沙直抵广州，区内公路总长度 300 余 km。

三、工程效益

(1) 经济效益

荆江分洪工程有利于增加两岸农业产出、改善农民生活。1952 年和 1953 年，长江洪水都超过警戒线，得益于荆江分洪工程的作用，荆江两岸都获得大丰收。1952 年，荆江两岸农作物普获丰收，一般比 1951 年增产 10%～30%，仅荆州专区所属 13 个县，就增产稻谷约 5 亿斤、棉花约 10 万担。其中，紧邻荆江大堤的江陵县，从往年倒口流进去的积水中救出 30 余万亩良田，使全县耕田面积比新中国成立前增加 25%，产量增加 50%。荆江流域的水稻、棉花、小麦、杂粮、水产等都有不同程度的增产。江汉平原上的江陵、监利、洪湖、潜江、沔阳、汉川、汉阳各县(市、区)，中稻和麦子都增产 20%左右，增产的原粮超过 10 亿斤。新中国成立前年年遭水淹的潜江县(现潜江市)，小麦产量比 1952 年增加将近 1 倍。荆江右岸洞庭湖滨湖地区的早稻、中稻都获得丰收，500 万亩中稻每亩收成均在 500 斤以上，比 1952 年增产一成多。

图 4-1-6 荆江两岸农村的面貌焕然一新

(2) 防洪效益

荆江分洪工程在战胜 1954 年长江特大洪水灾害的过程中发挥了巨大作用。工程全面竣工不久，长江流域就遭遇百年罕见的特大洪水。该年汛期气候反常，长江沿岸和洞庭湖区一带，梅雨季节长达三四个月，湖南的湘水、资水、沅水、澧水相继暴涨。这“四水”汇入长江的洞庭湖口，城陵矶出现历史上的最高水位，长江上游也同时不断涨水。“川水”与“南水”的碰头，致使荆江从 7 月初至 8 月中旬先后出现 7 次洪峰。洪水总量也相应增大，有 130 亿 m^3 的超额洪水在荆江不能安全通过。得益于荆江分洪工程前后 3 次开闸分洪，很快将荆江河槽水位降低 0.96 m，极大地削弱了洪峰流量，分泄洪水总量达 122.6 亿 m^3，帮助荆江大堤和两岸堤防安全地度过一次又一次洪峰。荆江大堤经受住了特大洪水的考验，保卫了江汉平原、洞庭湖平原和武汉市工业基地的安全，极大地减轻了特大洪水对广袤的长江下游地区的严重威胁。

图 4-1-7　鸟瞰荆江分洪工程北闸

(3) 社会效益

荆江分洪工程充分彰显了中国政治制度的显著优越性。1952 年 5 月 15 日，毛泽东亲笔题词“为广大人民的利益，争取荆江分洪工程的胜利”，慰问广大的工程建设者，极大地鼓舞了建设者的斗志，工作效率得到很大提高，许多工程创造了党和国家历史上的新纪录。荆江分洪工程非常巨大和复杂，如果按照国外的设计、施工方法，工程从规划设计到施工结束最少需要三年时间。但我国充分发挥“集中力量办大事”的制度优越性，迅速建立健全各级工程领导机构，加强了党的集中统一领导，很快动员数十万名各方面的建设者参与工程建设，通过组织开展爱国劳动竞赛运动发扬了高度的爱国主义精神、革命英雄主义精神，依靠全国人民的积极参与和全面支援，克服了各种困难，仅两个半月就高效率地完成一期工程建设任务。

荆江分洪工程的竣工进一步加深了人民群众对中国共产党和人民政府的认同

感。荆江分洪工程在1954年抗洪救灾过程中发挥了极其重要的作用，以事实证明中国共产党具有较高的组织动员能力和领导艺术水平，有能力领导中国建设具有国际水平的大型水利工程。这使得广大人民群众相信，只要紧跟中国共产党的前进方向，就能建设好美好家园、创造出幸福生活。此外，新中国在“一穷二白”、百废待兴的历史条件下，面临着复杂的国际国内形势和繁重的国民经济恢复发展任务，仍能全心全意为了人民的根本利益、为了人民的生命财产安全而兴建新中国第一个大型水利工程，从而赢得了长江两岸千百万人民的高度信任和认同，极大地鼓舞了人民群众参与祖国建设事业的热情，极大地增强了国家凝聚力和民族创造力。

四、关键工程技术问题及创新

(1) 进洪闸混凝土防碳化处理

①闸墩混凝土碳化情况

北闸混凝土框架式闸墩53座，边墩2座，工作桥中墩54座，闸门支臂墩378座，总表面面积10 465.17 m^2，混凝土设计等级为乙级，相当于C13。闸墩部位最大碳化深度3 mm，最小碳化深度0.5 mm，各闸孔闸墩平均碳化深度1.0～2.0 mm，左岸边墙碳化深度4 mm，比右岸相同混凝土结构碳化程度高。

北闸虽然框架式闸墩和工作桥框架式中墩碳化程度并不十分严重，但框架式闸墩和工作桥框架式中墩属轻型结构，是闸室主要受力构件，建成后长期暴露在外，无任何保护措施。为防止框架式闸墩和工作桥框架式中墩结构混凝土进一步碳化，延长北闸使用寿命，结合北闸风景区发展美化外观等，对闸墩混凝土实施防碳化处理十分必要。

②混凝土防碳化处理方案

氟碳涂料又称“氟碳漆”，是一种高效、多用途、化学固化的以氟碳共聚体为原料的双组分常温固化涂料，氟碳漆具有超常的耐候、抗污染、防腐、防锈、高装饰性能。

具体操作如下。

a. 满批专用抗裂腻子。采用氟碳漆专用抗裂腻子，按专用添加剂、水20∶1.8的比例进行腻子调配。腻子必须充分搅拌至均匀，配置的抗裂腻子最长放置时间不超过4 h，否则不得使用。

b. 批刮细腻子面层。腻子采用P.O42.5白水泥调聚乙烯醇胶水和外墙专用弹性腻子HNO_2按1∶3∶1比例掺配刮涂2遍，外墙水性抛光腻子刮涂1遍。掺配后的腻子以易挂墙、不流淌、便于施工为佳。批刮腻子前必须待墙体基本干燥。待腻子干燥 4 h 后,用细砂纸打磨平整,用湿布擦净散落粉尘,适当用水养护。

c. 涂装封底漆。底漆主要作用是隔离封闭基层,防止墙体泛碱和雨水渗入,引起漆膜鼓泡、脱皮或变色。底漆采用 3010 系列万能氟碳底漆,按主剂、固化剂、稀释剂 10∶1∶4 的比例稀释,搅拌均匀,采用无气喷涂机喷涂一遍。喷涂按 8～10 m 每千克用漆量喷涂均匀,要求喷涂均匀无漏喷。

d. 喷涂面漆施工。底漆干燥后(约 24 h),喷涂 3010 系列超耐候单组氟碳金属面漆 2 遍,按主剂、稀释剂 10∶2～4 调配,调配后的氟碳漆必须采用 100 目以上筛网进行过滤,稀释剂在放置过程中应不断搅拌,以免沉淀,混合搅拌均匀后须在 5 h 内用完。重涂时间 4～48 h。

(2) 节制闸排渗管管涌

①排渗管管涌的发生

闸基土壤局部会发生破坏性的渗透变形——管涌、流土现象,渗透变形的产生除与土壤性质、结构布置有关外,主要是在特殊情况下混凝土板下渗流坡降太大和滤渗层在排渗管下口周围被淤积土堵塞而形成承压水所致。在某种条件影响下,承压水由一管或少数几管突破超速外流,因量大而集中,就发生管涌、流土破坏现象,在向源侵蚀的共同作用下,年积月累,就在混凝土板下形成贯通道,使情况日渐恶化。若不及时采取防治措施将危及闸身安全。

②排渗管管涌处理措施

a. 在第 28 孔第 3 排排渗管处围堰以动水灌入虎渡河天然细砂,让其填塞贯通道。

b. 第 27、28 孔的第 4 排排渗管长为 117 cm,采取在管中增设反滤层,即先灌入约 55 cm 厚粗砂,再灌入约 55 cm 厚绿豆石。

c. 将 1～32 孔的第 4 排管口全部增设尼龙纱防护罩,即在长约 7～8 cm 的空竹管口裹以尼龙纱布,倒插入排渗管内,让竹管与混凝土板面平齐。

第二节
临淮岗洪水控制工程

一、工程概况

1. 临淮岗洪水控制工程概述

临淮岗洪水控制工程，也称临淮岗水利枢纽工程，是中国治淮 19 项骨干工程之一，也是国家“十五”计划的重点项目。该工程位于淮河中游正阳关以上 28 km 处，集水面积 42 160 km^2。该工程为大洪水控制工程，它与上游的山区水库、中游的行蓄洪区、淮北大堤以及茨淮新河、怀洪新河共同构成淮河中游多层次综合防洪体系，使淮河中游防洪标准提高到 100 年一遇。工程的主要任务是当淮河上、中游发生大洪水时，且正阳关上、下淮河行蓄洪区均已充分运用，正阳关以下流量仍将超过河道设计泄洪能力，即正阳关设计水位为 26.4 m(85 国家高程，下同)，流量 10 000 m^3/s 时，启用临淮岗工程控泄洪水，维持正阳关以下河道泄量不超过设计标准。该工程为Ⅰ等大(1) 型工程，正常运用洪水标准为 100 年一遇，非常运用洪水标准为 1 000 年一遇。100 年一遇坝前设计洪水位为 28.41 m，相应滞蓄库容为 85.6 亿 m^3，1 000 年一遇坝前校核洪水位为 29.49 m，相应滞洪库容 121.3 亿 m^3。

图 4-2-1 临淮岗洪水控制工程位置示意图

主体工程由主坝、南北副坝、引河、船闸、进泄洪闸等建筑物组成。工程全长 78 km,总投资 22.67 亿元。2001 年底动工兴建,2003 年 11 月提前 1 年成功实现淮河截流,2006 年 6 月,主体工程顺利通过竣工初步验收。

临淮岗洪水控制工程是将淮河干流防洪标准提高到 100 年一遇的关键工程,堪称淮河上的"三峡工程"和"小浪底工程",它的建成,在治淮历史上具有里程碑式的意义。

图 4-2-2 临淮岗水利枢纽鸟瞰图

2. 工程枢纽布置及主要建筑物

(1) 拦河坝

临淮岗大坝由主坝和南、北副坝组成，全长 77.51 km。主坝长 8.54 km，坝顶宽 10 m，坝顶高程 31.90 m～32.10 m。南副坝长 8.41 km，坝顶宽 6.0～8.5 m，坝顶高程 32.15 m。北副坝长 60.56 km，坝顶宽 6.0 m，坝顶高程 32.11～32.85 m。

南副坝建于 2002 年 10 月，2005 年 8 月完工。南副坝为均质土坝，1 级建筑物。

临淮岗北副坝，自安徽省颍上县陈巷子起，沿半岗保庄圩堤及古城保庄圩、润赵段保庄圩的沿岗堤，经润河集穿陶坝孜闸，沿南润段堤至南照集，黄冈转向北，经狗刺园杨庄转向西至张集闸。

图 4-2-3　临淮岗水利枢纽大堤

(2) 进泄洪闸

进泄洪闸包括：49 孔浅孔闸、14 孔姜唐湖进洪闸、12 孔深孔闸等工程。

①浅孔闸

49 孔浅孔闸，在安徽霍邱县北 20 km，位于七十二水汇正阳的淮河干中游正阳关以上 28 km 处。49 孔浅孔闸是临淮岗洪水控制工程的主要建筑物之一，坐落在引河左侧滩地，大洪水时控制淮河干流下泄流量；非汛期和中小洪水时，敞开泄水。为Ⅰ等 1 级工程，近 100 年一遇洪水标准设计，1 000 年一遇洪水标准校核。其闸设计洪水位 28.21 m，闸下设计洪水位 26.75 m，与其他泄水建筑物共同控制下泄洪水流量为 7 362 m^3/s。原闸兴建于 1958 年，因历史原因建成后功能不全，存在诸多安全隐患，2001 年开始加固改建工程，于 2006 年验收通过。

图 4-2-4 临淮岗水利枢纽进洪闸

②深孔闸

深孔闸位于主坝上，在原深孔闸与 49 孔浅孔闸之间，为Ⅰ等 1 级建筑物，100 年一遇洪水时坝上设计洪水位 18.41 m(85 国家高程基准，下同)，坝下设计洪水位 26.75 m，深孔闸与 49 孔浅孔闸、姜唐湖进洪闸共同控制下泄流量 7 362 m^3/s，相应滞蓄库容 85.6 亿 m^3。深孔闸 12 孔，单孔净宽 8 m，中墩厚 1.2 m，缝墩厚 1.0 m，闸室总宽 115.8 m。闸底坎高程 14.9 m，底板厚 1.5 m。闸室下游设公路桥，桥面高程 31.6 m，桥宽 72 m×1.5 m(长×宽)。闸室箱型构造，中部设撑梁。闸室两侧空箱岸墙，上部设桥头堡。桥头堡为三层，框架结构。深孔闸上游设 15 m 长钢筋混凝土铺盖，铺盖上游接砌石护底。深孔闸下游设 25 m 长钢筋混凝土消力池，池深 1.0 m；消力池后接 45 m 长砌石海漫，海漫后设抛石防冲槽。深孔闸两岸对称布置上下游翼墙，翼墙一般为钢筋混凝土空箱结构，最大挡土高度 13.3 m，墙后填土内设土工格栅形成的加筋土挡墙。两岸护坡分砌石护坡与混凝土护坡两种，20 m 高程以下护坡一般采用砌石结构，20 m 以上采用混凝土结构。闸基砂层出露较高，在闸室四周建多头小直径深层搅拌桩形成的垂直防渗墙。深孔闸每孔一扇平面钢闸门，门高 8.5 m。上下游各设一套检修门。电气设计包括闸用主变、一次电及集中控制等。

图4-2-5 临淮岗水利枢纽深孔闸

③姜唐湖进洪闸

该闸位于老淮河主槽与49孔浅孔闸间的主坝上，共14孔。每孔净宽12.0 m，闸孔总宽196.82 m，设计进洪流量2 400 m^3/s。为1级建筑物，是临淮岗洪水控制工程主要建筑物之一，在设计洪水情况下，姜唐湖进洪闸与49孔浅孔闸、12孔深孔闸共同控制下泄流量，相应滞蓄库容85.6亿。于2003年4月24日正式开工，2005年5月24日完工，2005年8月8日通过验收。

图4-2-6 临淮岗水利枢纽姜唐湖进洪闸

(3) 船闸

船闸,包括临淮岗船闸、城西湖船闸等。

临淮岗船闸为沟通淮河上下游航运的通航建筑物,建于 2002 年 10 月,2005 年 6 月完工。航道等级为Ⅳ级,50 t 级,闸室尺寸为 130 m×12 m。

城西湖船闸,1958 年作为临淮岗船闸(500 t 级)开工修建,1962 年临淮岗工程停建后,1967 年将其改建为城西湖船闸,作为沟通淮河与城西湖的航运通道。2002 年 10 月进行加固改造,2005 年 6 月完工。城西湖船闸航道等级为Ⅵ级,100 t 级,闸室尺寸为 108.65 m×8 m。

图 4-2-7 临淮岗水利枢纽船闸

二、工程规划建设历程

1951 年,治淮委员会提出在正阳关以上再造一个"洪泽湖",控制和调节淮河中游干流水量,根治淮河水系水旱频繁的问题,这是国家确立"蓄泄兼筹"的治淮方针后水利工作者朦胧的设想,临淮岗工程的雏形在酝酿。

1954 年,淮河发生了中华人民共和国成立以来最大的洪水,正阳关水位高达 26.55 m,淮南河堤在正阳关附近溃决,淮北大堤在凤台禹山坝和五河毛滩两处决口,全流域洪涝面积近 6 500 万亩。从这次洪水来看,淮河中游需要建设防洪控制性工程。大洪水后,治淮委员会开始拟定《淮河流域规划》,在淮河中上游再造一个"洪泽湖"的方案被正式提了出来。经过地质勘测后,1958 年,淮河水利委员会选定了在淮河中游正阳关以西建临淮岗水库工程的方案,并于当年8月动工。

1961年起国家实施调整方针,投资大幅减少,加之淮河上游的兄弟省对修建临淮岗水库有顾虑,综合多种因素,在中央的指示下,安徽省委决定于1962年4月停工缓建。停工时,临淮岗水库已完成49孔泄水闸等工程,投资累计6 300万元。

1969年10月,国务院召开了治淮规划小组第一次会议,明确要求在"四五"期间完成淮河中游蓄洪控制工程。1971年国务院治淮规划小组把临淮岗水库工程改为特大洪水控制工程。1981年、1985年,国务院的两次治淮会议都肯定了临淮岗工程建设的必要性,但由于种种原因,一直未能付诸实施。

1991年夏,淮河流域发生了百年不遇的洪灾。大水过后,国务院及时召开了治淮治太会议,作出了《关于进一步治理淮河和太湖的决定》,确定了"九五"期间研究建设临淮岗洪水控制工程。

2000年7月10日,国务院批准了《淮河中游临淮岗洪水控制工程可行性研究报告》。

2000年9月6日,临淮岗洪水控制工程的项目法人淮委临淮岗洪水控制工程建设管理局成立,淮河水利委员会副主任汪安南兼任局长,宁勇为副局长兼总工程师。

2000年11月20日,水利部、安徽省人民政府、河南省人民政府联合发文成立临淮岗工程建设领导小组。

2001年3月30日,临淮岗洪水控制工程建设领导小组第一次会议在北京召开。

2001年6月10日,水利部批复《临淮岗洪水控制工程初步设计报告》。

2001年12月2日,临淮岗洪水控制工程开工奠基仪式在霍邱县49孔闸工地现场举行。

2002年1月12日,临淮岗洪水控制工程建管局召开临淮岗工程安全生产工作会。

2002年2月8日,49孔浅孔闸加固改造工程正式开仓浇筑混凝土,标志着该工程施工已取得阶段性成果。

2002年5月30日,49孔浅孔闸加固改造工程实现工程阶段性目标,胜利完成所有闸墩外包混凝土和桥面铺装任务,满足通车条件。

2002年6月27日,淮河干流第一次洪峰通过临淮岗工程,完成阶段性目标的49孔浅孔闸畅泄洪水。

2003年,在淮委2003年工作会议上,临淮岗建设管理局被淮委授予"文明单位"

荣誉称号。49孔浅孔闸加固改造工程被授予“2002年度水利系统文明建设工地”荣誉称号。

2003年2月28日,临淮岗建设管理局在南京主持召开“临淮岗洪水控制工程主、副坝护坡抗风浪试验报告”成果评审验收会。

2003年5月28日,12孔深孔闸、49孔浅孔闸水下工程验收会在临淮岗建设管理局召开。

2003年5月30日,国务院副总理回良玉到临淮岗洪水控制工程工地视察。回副总理希望临淮岗工程的所有建设者再接再厉,坚持高质量、高标准,把临淮岗工程建设成为造福淮河两岸人民的精品工程。

2003年7月1日,在防汛形势十分紧张的情况下,临淮岗建设管理局召开防汛紧急会议,部署当前工程防汛工作。7月2日,临淮岗12孔深孔闸全部开启,正式参与淮河干流泄洪。这是深孔闸建成后第一次通水,工程行洪畅通。

2003年7月26日,临淮岗工程混凝土砌块生产线合同签字仪式在临淮岗建设管理局举行。中标单位为德国OMAG公司。这是临淮岗建设管理局首次通过国际招标选择设备供应商。

2003年11月23日,临淮岗洪水控制工程胜利截流。

2004年4月浅孔闸加固工程完工。

图4-2-8 临淮岗工程12孔深孔闸

图4-2-9　临淮岗工程49孔浅孔闸

2005年5月姜唐湖进洪闸完工，2005年6月临淮岗船闸工程完工，2006年5月主坝工程完工。

2006年6月工程通过了竣工初步验收。

三、工程效益

工程主要任务是防御大洪水，使淮河中游正阳关以下主要防洪保护区的防洪标准由不足50年一遇提高到100年一遇，为京沪铁路、京九铁路、多条高速公路、煤矿、电厂、城市提供了安全保障。工程建成后，如遇100年一遇洪水，可减少淹没面积1 290 km^2，一次性防洪减灾效益为306亿元，多年平均减灾效益为2.8亿元。2003年及2007年淮河流域发生特大洪水，工程均运行正常，经受了大洪水的考验，发挥了巨大的防洪减灾效益。其次也为流域内社会经济发展提供了良好的环境。

临淮岗工程的防洪保护范围是正阳关以下的淮北地区和蚌埠、淮南等沿淮城市。淮北地区是淮河中游的防洪重点地区，区内面积13 152 km^2，耕地1 086万亩，1997年人口682万人，粮食产量524万t，工农业总产值547亿元；保护区内淮南煤矿及坑口电站是华东经济区的重要能源基地，潘集、谢桥和新集等特大型煤矿，设计年生产能力为2 860万t，平圩电厂总装机240万kW；保护区内交通十分发达，交通大动脉京沪铁路、阜合铁路、京沪高速铁路和合徐高速公路纵贯其间；蚌埠、淮南两座城市是流域内的中心城市，淮南市是中国大型能源工业基地，蚌埠市是皖北地区重要的交通枢纽，均是沿淮和安徽省重要工业城市，并列入国家重点防洪城市。淮北大堤和淮南、蚌埠圈堤保护区作为中国重要的粮棉油生产基地、能源基地和流域的中心城市，在地区国民经济和社会发展中的地位相当重要。

工程建成后，当淮河上、中游发生 50 年一遇以上洪水时，配合水库、河道堤防和行蓄洪区等，削减洪峰，控泄洪水，使淮河中游正阳关以下淮北大堤、淮南、蚌埠等主要防洪保护区防洪标准由不足 50 年一遇提高到 100 年一遇。对完善淮河流域防洪体系，促进流域水资源合理利用、调度，保障流域经济社会发展和稳定具有极其重要的作用，是淮河流域全面建成小康社会及促进人口资源环境与社会经济协调发展的重要保证。此外，工程还具有蓄水灌溉、改善航运条件等潜在的综合利用功能。它的建成将对实现人水和谐、构建和谐社会、建设社会主义新农村、促进地区经济和社会发展具有十分重要的战略意义。防洪、除涝、水资源优化配置等综合效益的发挥，为淮河两岸新一轮的蓬勃崛起注入无穷的活力。

图 4-2-10 治淮丰碑——临淮岗洪水控制工程

(1) 直接减灾效益

①有效保护了铁路、公路等重要交通干线的安全

临淮岗工程防洪保护区有京沪铁路(蚌埠—宿县)90 km、合阜铁路(淮南—阜阳)108 km，规划年运输能力分别为 10 000 万 t/a 和 5 000 万 t/a。临淮岗工程避免淮河洪水向淮北分洪 1 次，即可减少铁路固定资产损失 3.68 亿元，每天减少铁路停运损失 0.57 亿元。合徐高速公路蚌埠—宿州段在涡东保护区内，全长 90 km，受淹 1 次固定资产损失 3.24 亿元，停产损失为 0.40 亿元/天。

②为煤矿、电厂提供了防洪安全保障

淮南煤矿潘谢矿区位于茨淮新河以南地区，规划 8 对矿井，设计年生产能力 2 860 万 t，有固定资产 336 亿元。淮河洪水向淮北分洪，将淹没矿区，造成巨大的损失。煤矿受淹1次损失达84.33亿元,煤矿停产1天损失达到700万元。

保护区内规划有平圩电厂等两座坑口电厂,规划总装机为8×60万kW。两电厂受淹一次固定资产损失为50.40亿元,停产1天造成损失0.40亿元。

③为淮河中下游的国家集体财产、工农业生产和人民生活提供了安全保障

淮河中下游临淮岗工程防洪保护区涉及安徽省阜阳、淮南和蚌埠3市,颍上、凤台、怀远、五河等6个县,是中国重要的商品粮产区。据1997年统计,区内有国家、集体和群众财产1 000多亿元,工农业总产值547亿元,淮河洪水向该区分洪,将给区内的工农业生产和人民生命财产带来难以估量的损失。临淮岗工程避免淮河洪水向淮北分洪1次,每亩即可减免直接损失6 000元。

(2) 社会经济效益

①有利于发展灌溉

临淮岗以下淮河两岸土地肥沃,多种植水稻,产量高,耗水量大,足够的水源是稳产、高产的保证。该地区基本无塘坝蓄水工程,利用临淮岗的水源灌溉对农业高产稳产的贡献将是非常大的。

图4-2-11 生意盎然的南副坝

②有利于水上运输

历史上淮河的水上运输对两岸的经济发展起到强大推动作用,但在枯水季节淮河断流现象时有发生,机帆船都无法航行,百吨以上驳轮的断航时间更长。临淮岗工程蓄水后,抬高了上游水位,有利于较大吨位船只航行;枯水期又可以泄放补充下游

水量的不足，既发展了灌溉又有利于航运。

③有利于发展养殖

临淮岗工程拦蓄汛后洪水，水质较好，适合养殖。

④有利于巩固清障成果

临淮岗蓄水，滩地平均水深 1 m 以上，可防止耕种和构筑违章建筑，以保证行洪通畅。

(3) 环境效益

临淮岗枢纽蓄水，在淮河中上游 70 km 多河段形成了 100 km^2 以上的永久水域，对生态环境有重大影响，随着养殖业的发展，引诱鸟类和其他生物栖息繁殖，从而带来改善生态环境的效益。为了解决临淮岗蓄水后可能造成沿岸低洼农田受到涝渍影响的问题，应兴建排涝防渍工程。

临淮岗洪水控制工程因水而建，因水更美。临淮岗的春，不仅有“草木皆吐绿，万物正荣发”的绿色，更有“淮水悠悠入我心，千里碧波使人明”的碧绿。工程建成后，通过调度运用，适度蓄水保水，工程上游水域面积扩大，形成了广袤的湿地，水生态环境得到了修复和改善。

图 4-2-12 绿色环绕中的姜唐湖退水闸

图 4-2-13　与天一色的上游湿地

四、关键工程技术问题及创新

(1) 工程总体设计充分利用了原建工程，根据各建筑物不同功能要求，通过水工模型试验，创新了工程建设方案，优化了总体布置。不仅大大改善了工程运行条件，保证了工程运行安全，而且满足了淮河和城西湖通航需求，同时节约了大量土地和建筑材料，降低了工程造价。工程深孔闸结构采用整体式加设水平中隔板闸室结构，改隔板为隔梁，并将隔梁布置升高，完全消除了泄流时出现在中隔板下的气泡及可能引起的闸室振动，降低了闸孔阻力，提高过流能力约 5%。

(2) 为节约材料、保护环境，工程建设中优化设计，利用原建 49 孔浅孔闸，按现行规范校核检测，确定对老闸底板、闸墩采用外包薄壁混凝土进行加固；充分利用工程运用特点，选用双扉闸门，优化结构设计，节约了能耗。

(3) 研发了“开孔垂直连锁式预制混凝土砌块”。砌块间三维空间相互咬合，替代传统的砌石护坡，减少了风浪产生的负压，提高了抗风浪作用。既解决了长吹程、高风浪条件下的主坝坡面防护问题，又节约了石料用量和工程投资，同时又保护了环境。

(4) 主坝淮北段坝基下 3 m 左右有一层厚达 2～4 m 的中粉质壤土夹淤质软土，施工中采用电解质式位移监测技术，取得了精度高达 0.01 mm 的连续坝基垂直位移变化曲线，创新了大坝内部位移监测技术，提高了大坝内部变形的监测精度。可以随时监测内部变形,科学合理地控制填筑速度,保证了坝体填筑安全和施工进度。

(5) 对工程老坝体膨胀土和软基处理、基坑降水、施工截流、引河开挖、船闸浮筒式检修门等都进行优化设计,取得了显著成效。

参考文献

[1] 冯兵兵. 新中国成立初期长江治理的起步——以荆江分洪工程为中心[J]. 当代中国史研究,2021(5):[页码不详].

[2] 走进封面. 荆江分洪工程——蓄泄兼筹江湖两利[J]. 中国防汛抗旱, 2020, 30(6):1.

[3] 夏学华,胡开玲. 浅谈荆江分洪工程进洪闸混凝土防碳化处理方案优选[J]. 低碳世界,2018(9):58-59.

[4] 夏孟林,尚本立. 荆江分洪工程节制闸排渗管管涌的发生和防治[J]. 水利管理技术, 1994(2):49-51.

第5章
大型常规水电站

第一节
锦屏一级水电站

一、工程概况

锦屏一级水电站位于四川省凉山彝族自治州木里县和盐源县交界处的雅砻江大河湾干流河段上，是雅砻江下游从卡拉至河口河段水电规划梯级开发的龙头水库，距河口 358 km，距西昌市直线距离约 75 km。

图 5-1-1 锦屏一级水电站

锦屏一级水电站主要任务是发电。水库正常蓄水位 1 880 m，死水位 1 800 m，正常蓄水位以下库容 77.65 亿 m^3，调节库容 49.1 亿 m^3，属年调节水库。电站装机 6 台，单机容量 600 MW。

工程枢纽建筑物主要由混凝土双曲拱坝(包括水垫塘和二道坝)、右岸泄洪洞、右岸引水发电系统及开关站等组成，左岸现有建筑物为导流洞及其施工支洞。双曲拱坝最大坝高 305 m。工程等级为Ⅰ等工程，主要水工建筑物为 1 级。

锦屏一级水电站坝址位于普斯罗沟与手爬沟之间约 1.5 km 的雅砻江河段上，河流流向 N25°E，河道顺直而狭窄，水流相对平缓。枯期江水位 1 635.7 m 时水面宽 80～100 m，水深 6～8 m，正常蓄水位 1 880 m 处谷宽约 410 m。两岸山体雄厚，基岩裸露，坡陡谷窄。岩层走向与河流流向基本一致，左岸为反向坡、右岸为顺向坡。左岸无大的深切冲沟，1 820 m 高程以下大理岩出露段，地形完整，坡度 55°～70°，以上砂岩出露段坡度 40°～50°，地形完整性较差，呈山梁与浅沟相间的微地貌特征；右岸呈陡缓相间的台阶状，1 810 m 高程以下坡度 70°～90°，以上约 40°，坝轴线上游为深切的普斯罗沟，沟内有常年水流，1 900 m 高程以上谷底较开阔，以下为一线天式峡谷，沟壁近直立，坡高 160～300 m，坝轴线下游有手爬沟深切，沟内常年有水，沟型相对较缓、开阔；河床谷底基岩面平缓，总体缓倾下游，基岩顶面高程从坝轴线附近的 1 600 m 向下游至泄洪冲刷区附近逐渐降为 1 595 m。从河面至两岸谷肩有近千米高差，正常蓄水位 1 880 m 处，河谷宽高比 1.63，呈典型的深切 V 形河谷，但上部岸坡相对较缓。

雅砻江流域地处青藏高原东侧边缘地带，属川西高原气候区，主要受高空西风环流和西南季风影响，坝址区干湿季分明。每年 11 月至次年 4 月为旱季，降雨很少，日照多、湿度小，日温差大。每年 5 月至 10 月为雨季，降雨集中，气温湿润，日照少，湿度较大，日温差小，降雨量约占全年雨量的 90%～95%。根据洼里(三滩)水文气象站资料，多年平均气温 17.2℃，历年极端最高气温 39.7℃，极端最低气温 −3℃。多年年平均降雨量 792.8 mm，降雨日数 116.1 天，多年平均相对湿度 67%，多年平均水温 12.2℃，最大风速 13 m/s。

二、工程规划建设历程

锦屏一级水电站前期勘测设计工作始于 20 世纪 50 年代，1956 年开始资源普查，1979 年完成《雅砻江锦屏水电站开发方案研究报告》，1992 年成都勘测设计研究院编制完成了《雅砻江干流(卡拉至江口河段)水电规划报告》。

中国水电水利及新能源发电工程顾问有限公司受国家经济贸易委员会的委托和

四川省计划委员会于1999年4月27日至29日在西昌市主持召开了《四川省雅砻江锦屏一级水电站预可行性研究报告》(以下简称《预可研报告》)审查会议。参加会议的有国家开发银行,国家开发投资公司,四川省建委、经贸委、环保局、国土局、移民办、电力公司,凉山州人民政府,西昌市、盐源县、木里县人民政府,四川省投资集团公司,二滩水电开发有限责任公司,国家电力公司成都勘测设计研究院(现中国电建集团成都勘测设计研究院有限公司)及有关单位的专家、代表100余人。部分专家和代表在会前查勘了现场。会议期间与会专家、代表听取了成勘院关于《预可研报告》的

图5-1-2 锦屏一级水电站大坝开始浇筑

图5-1-3 锦屏一级水电站厂房

全面介绍，并分专业组进行了认真讨论。会议认为成勘院经过十年的艰难勘测设计工作编制完成的《预可研报告》达到了预可研阶段的工作深度，且某些方面已超过了预可研阶段深度。会议基本同意该报告。

2003 年 9 月可行性研究报告完成，2003 年 11 月可行性研究报告通过审查，2004 年 7 月由中国国际工程咨询公司完成的《锦屏一级水电站可行性研究报告》通过评估审查。国家发展改革委员会于 2005 年 9 月 8 日正式核准锦屏一级水电站开工建设。

锦屏一级水电站于 2005 年 9 月获国家核准并于 11 月 12 日正式开工，2006 年 12 月 4 日提前两年成功实现大江截流，2012 年 11 月 30 日大坝下闸蓄水，首台机组于 2013 年 8 月 30 日投产发电，2014 年 7 月 12 日机组全部投产。

三、工程效益

1. 发电效益

锦屏一级水电站装机容量 360 万 kW，单独运行多年平均发电量 166.2 亿 kW·h，上游的两河口电站建成投产后，多年平均发电量将增加至 176.3 亿 kW·h。锦屏一级水库对下游梯级具有很好的补偿调节效益，主要体现在增加下游梯级电站的枯期平均出力(枯期电量)及年发电量。同时锦屏一级水电站建成发电将提供大量的清洁能源，能够显著增加非化石能源供应量，具有减少煤炭消耗，节约不可再生的化石能源资源，以及减少温室气体排放并改善大气环境质量等多方面的环境效益，对于应对气候变化具有积极作用。

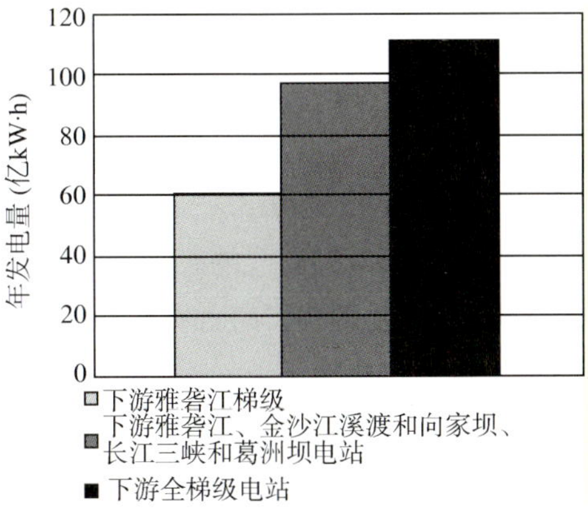

图 5-1-4　锦屏一级增加下游梯级电站年发电量

2. 防洪作用

长江流域是我国经济发展水平较高的地区之一，特别是中下游平原地区是我国工农业发达的精华地区。长江流域属亚热带季风区，暴雨频繁，洪灾在流域内分布很广，尤其以堤防保护的中下游平原区最为严重。历史上多次发生大洪灾，给人民生命财产造成了极大的损失。

锦屏一级水电站100年一遇、50年一遇和30年一遇设计洪水的15日洪量分别为107亿m^3、98.1亿m^3、91.2亿m^3，其16亿m^3的防洪库容分别占比为15.0%、16.3%、17.5%。锦屏一级水电站通过预留的防洪库容减少雅砻江洪量，从而减轻下游地区防洪压力，同时配合下游其他水库联合防洪调度，为长江中下游流域的防洪发挥应有的作用。

3. 拦沙及航运效益

雅砻江洼里至小得石区间是雅砻江流域的主要产沙区，锦屏一级水电站坝址即位于此区间。据统计，坝址多年平均悬移质年输沙量为2 120万t，推移质年输沙量74.7万t。锦屏一级水电站正常蓄水位以下库容77.65亿m^3，死库容28.5亿m^3。水库运行20年，可拦截全部的推移质和81.2%的悬移质，有利于减少长江三峡水库的泥沙淤积。

四、关键工程技术问题与创新

1. 高山峡谷地区特高拱坝施工布置

锦屏一级水电站工程规模巨大，枢纽建筑物布置集中，土石方挖填、混凝土浇筑等工程量巨大。工程位于高山峡谷地区，两岸基岩裸露，岸坡陡峻，坝区附近基本无可供利用的平缓山坡与滩地，还要兼顾锦屏二级水电站同期施工对施工场地的需求，工程施工的场内交通布置以及施工场地布置极为困难。为解决上述难题，采取了以下创新性解决方案。

(1) 构建了以地下隧道为主的施工交通运输网络，场内交通道路总长57.191 km，其中公路隧道46条，总长30.80 km，占场内公路里程的53.9%；而枢纽区36.30 km场内公路中，隧道总长25.86 km，占71.24%。施工中成功解决了高山峡谷区的施工交通运输布置难的问题，提高了地质灾害频发区交通的安全性。

(2) 创建了将部分或全部施工设施布置于地下洞室的地下与地上布置相结合的施工布置技术体系，将施工交通运输系统、水厂、变电站、骨料加工与运输系统、混凝土拌和系统等施工设施部分或全部布置于地下。

(3) 建立了施工场地需求与形成时序优化运用的时空拓建与利用模式，利用缓坡地带、坝肩平台、进水口平台、左右岸缆机平台等作为施工场地。

(4) 系统构建了施工渣场沟水处理、泥石流治理及工程区高位危岩体防治等综合应用的场地地质灾害安全防治体系。

2. 坝肩复杂高陡岩质边坡的稳定处治

锦屏一级枢纽区河谷为深切 V 形峡谷，边坡陡峻，谷坡高差 1 500 余米，左岸边坡坡度 45°～70°，右岸边坡坡度 43°～90°，局部倒悬，呈梁沟相见的微地貌特征，坝址工程地质剖面见图 5-1-5。右岸坝肩边坡为顺层岩质边坡，稳定条件好。左岸坝肩边坡为反倾岩质边坡，开挖后安全系数 0.95～1.05，稳定条件不满足要求，需要专门研究稳定与处治措施。左岸坝肩边坡的主要处治措施如下。

(1) 左岸坝肩大块体稳定问题处理。为提高“大块体”底滑面的抗剪阻滑作用，分别在高程 1 883 m、1 860 m、1 834 m 布置 3 层抗剪传力洞；并在坡面设置深层锚索穿过部分 $f_{42\text{-}9}$ 断层，提高潜在滑体的整体稳定性；在 1 915 m 高程坡体设置 U 形排水洞，形成由坡面喷锚支护、深层锚索与抗剪洞及系统排水组成的潜在滑动大块体，以综合加固。

(2) 左岸边坡浅表层稳定问题处理。采用网喷混凝土、系统锚杆、锚筋束、200～300 t 大吨位长 40～80 m 的锚索和 4 m×4 m 框格梁进行系统支护。

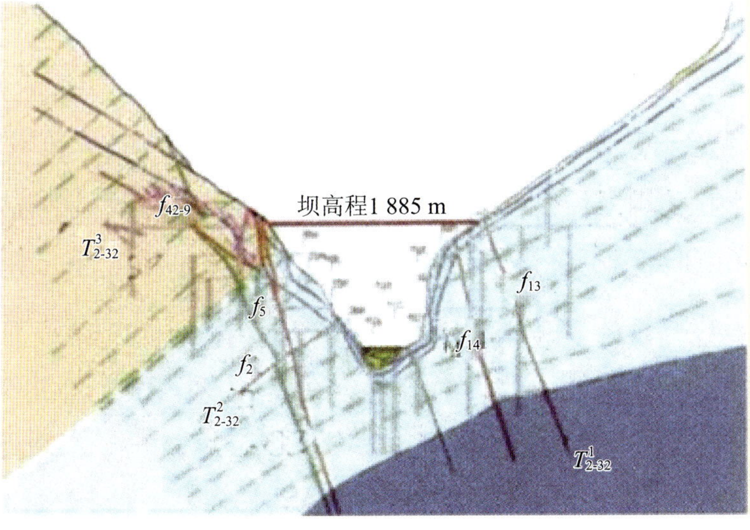

图 5-1-5　坝址工程地质剖面图

图 5-1-6 左岸锚索及框格梁加固体系

(3) 创立并实施了“科研跟踪、快速反应、动态设计、信息化动态治理”的理念和机制，跟踪开展地质条件研究、实时安全监测预警预报、安全监测反馈分析、爆破振动监测与反馈、微震监测与预警等科研工作，有针对性地优化设计和施工方案，保证设计快速反应，施工安全可控，工程质量优良。

3. 复杂地基条件坝基及抗力体处理技术

锦屏一级坝址两岸自左至右发育有 f_5、f_8、f_2、f_{18}、f_{14}、f_{13} 等主要断层，存在层间挤压错动带、煌斑岩脉、绿片岩等卸荷软弱构造带，大理岩发育有溶蚀性裂隙及溶腔，左岸坝基中高部位发育有大量Ⅳ级和Ⅴ级岩体，左岸抗力体发育有深部裂隙，这些断层及软弱构造带均斜穿河谷，为顺河向构造，对拱坝坝基防渗、特高拱坝坝基及抗力体承载力均会产生重大影响。为提高锦屏一级超 300 m 高拱坝坝基及抗力体的承载能力与抗渗能力，实施世界上最大规模的水电工程坝基及抗力体处理工程。

(1) 进行大规模高压固结灌浆处理，提高坝基及抗力体的整体性，固结灌浆 120.62 万 m，其中左岸抗力体 68.8 万 m，右岸抗力体 14.9 万 m，坝基 36.92 万 m。

(2) 采用超深帷幕灌浆进行坝基防渗处理，帷幕灌浆垂直深度最深达 171.5 m，水平深度左岸 437～696 m，右岸 288～398 m，帷幕灌浆共计 126 万 m。

(3) 大范围采用水泥-化学灌浆进行防渗及岩体加固处理，在 f_2 断层及层间挤压错动带、f_{18} 及煌斑岩脉、f_{13}^{lc} 等坝基部位以及 f_5、f_2、f_{18}、f_{14}、f_{13} 等断层帷幕部位大范围采取化学灌浆，水泥-化学复合灌浆工程量钻孔 7.0 万 m，灌浆 4.8 万 m。

(4) 大规模混凝土置换软弱岩体提高坝基及抗力体的承载能力。

(5) 开展高压冲洗置换处理，对坝基出露的 f_2 及上下各两层间挤压错动带采用高压风水联合冲洗后回填混凝土置换处理，对抗力体置换斜井间的 f_5 断层采用高对穿冲洗后进行回填混凝土置换处理。

(6) 大量布置坝基及抗力体排水洞，除坝基帷幕灌浆平洞后布置排水洞外，在左右岸抗力体分 5 个高程沿上下游设 4 列排水平洞，各排水平洞均布置有排水孔，用以减小坝基及抗力体渗压，坝基坝肩排水孔共计 65 万 m。

4. 特高拱坝高性能混凝土骨料和碱活性抑制

(1) 料源选择

锦屏一级工程没有天然骨料，可作大坝混凝土人工骨料的母岩只有大理岩和变质砂岩。高拱坝对混凝土性能要求高，锦屏一级水电站拱坝混凝土设计最高抗压强度为 40 MPa，极限拉伸值不小于 1.1×10^{-4}，自身体积变形 $-10\times10^{-6}\sim40\times10^{-6}$，但大理岩强度只有 50～70 MPa，强度偏低，设计阶段试验加上人工骨料的石粉含量高达 40%，运输跌落过程中二次破碎较严重；变质砂岩强度满足要求，但存在碱硅酸盐活性。为此，经过大量的混凝土性能和碱活性抑制试验研究，决定采用组合骨料制作锦屏一级拱坝混凝土，即采用大奔流沟砂岩粗骨料和三滩大理岩细骨料。

(2) 砂岩特大石整形

大奔流沟料场砂岩系变质砂岩，其晶体结构定向排列而呈各向异性，致使砂石系统前期加工过程中出现特大石成品骨料针片状指标超标，最大长边尺寸超过 300 mm，含量最大达 47%，粒型差。为此，经场内外试验研究后，增加了整形车间，选择在一筛后安装反击式破碎机进行二次破碎及整形；经整形后，特大石指标满足要求。

(3) 细骨料石粉含量风选控制与细度模数

三滩右岸砂石加工系统主要生产大理岩细骨料，三滩右岸料场大理岩原岩强度偏低，各区原岩强度存在差异，中间夹中粗晶大理岩，加工后石粉含量高，最高达 60%。经试验发现，水洗工艺去除石粉能力弱，细骨料中间级配缺失明显，后经试验，改用风选机去除石粉工艺，全干法生产。

(4) 劣质骨料含量控制

2010 年 4 月后，随着大奔流料场开采面的下降，第 2、4、6 小层薄层细砂岩或细砂岩夹粉砂质板岩出露，并发育有大理岩夹层，成品骨料的风化石、锈染石含量明显增多，特别是料场开挖至高程1 895～1 940m，在Ⅱ区的第6小层内发育有小断层和层间错动带，分化现象更严重。为有针对性地剔除劣质骨料，参建各方组成料场质量鉴定工作组，对骨料从开采到供应进行全过程甄别，并开展锈面石、锈染石、大理岩石等杂质骨料对混凝土性能的影响研究。

(5) 碱活性抑制原材料控制标准

针对砂岩骨料碱硅酸盐活性，开展了大量混凝土碱活性抑制试验研究工作。试验研究表明，掺粉煤灰可有效抑制砂岩骨料混凝土的碱活性反应，其有效最低安全掺量为20%。最终确定的锦屏一级拱坝混凝土原材料控制标准为水泥的碱含量控制在0.5%以下，减水剂碱含量在4%以下，粉煤灰掺量为35%，拱坝四级配混凝土总碱含量控制在1.5 kg/m^{3}以内。

5. 特高水头窄河谷大泄流消能与减雾技术

(1) 泄洪消能建筑物布置

锦屏一级水电站工程泄洪消能建筑物包括拱坝坝身4个表孔、5个深孔、2个放空底孔和坝后水垫塘，以及右岸1条泄洪洞。泄洪时水头高达230～240 m，挑流入水流速大，河谷狭窄，泄洪雾化特别严重，对于狭窄河谷卸荷裂隙发育的两岸边坡，雾化强降雨将加大渗压荷载而容易引起边坡失稳。

表5-1-1 锦屏一级水电站泄洪建筑物泄量分配

工况	起调水位(m)	入库流量($m^3\cdot s^{-1}$)	枢纽总汇量($m^3\cdot s^{-1}$)	上游最高水位(m)	坝身泄洪($m^3\cdot s^{-1}$)			泄洪洞($m^3\cdot s^{-1}$)
					表孔	身孔	坝身总泄量	
P=0.02%(校核)	1 880	15 400	13 916	1 382.60	5 201	5 406	10 607	3 309
P=0.1%(设计)	1 880	13 600	12 695	1 880.54	4 121	5 333	9 453	3 242

(2) 表孔与深孔挑流无碰撞消能减雾技术

锦屏一级工程可研及招标阶段泄洪消能水力学与雾化模型试验成果表明，采用坝身表深孔空中碰撞消能时，下游雾雨强度特别大，下游岸坡最大降雨强度在设计与校核工况12 h内分别达972.58 mm和1 653.39 mm。施工阶段，对拱坝坝身孔口挑流消能方案和泄洪洞挑流消能方案进行了多方案优化试验研究，首创提出了坝身“表、深孔窄缝挑流穿插入水，水舌空中无碰撞，水垫塘消能”的消能方式，极大地降低了特高拱坝、特高水头、大流量、窄河谷泄洪消能雾雨强度。表孔、深孔联合泄流流态见图5-1-7。

图 5-1-7　表孔与深孔联合泄流流态试验效果

(3) 泄洪洞超高速水流抗冲磨与消能减冲

锦屏一级水电站泄洪洞出口水头高达 199.13 m,最高流速达 51.55 m/s,是国内最高流速的泄洪洞,其面临的空化、空蚀问题异常严峻;同时水库上下游水头差最大达 240 m,泄洪洞水流对下游狭窄河床及岸坡的冲刷严重。经大量试验研究,主要采取了如下措施:①采用有压隧洞转弯后接无压隧洞、洞内“龙落尾”的布置形式,将75%左右的总水头差集中在占全洞长度 25%的尾部,减少了高流速的范围和掺气减蚀的难度;②调整奥奇曲线的曲线方程,将紧随其后的斜坡连接段与水平线夹角调整为 24.36°,反弧半径调整为 $R=300$ m,减缓了“龙落尾”段及反弧段上水流压力梯度变化,利于该段空蚀空化数的改善及掺气减蚀设施效用的发挥;③在龙落尾段设 4 道掺气坎,均采用挑跌坎形式,同时在第 4 道掺气坎处增加了侧向掺气;④为了防止洞顶余幅补气不足而影响水流流态和掺气效果,设了 3 个补气洞;⑤泄洪洞出口消能工首创采用了“燕尾坎”新型挑流消能工形式,水舌纵向拉伸明显,呈“一”字形,冲坑最深点位于河道中心偏右侧,解决了直冲狭窄河谷对岸掏蚀的问题,并大幅减轻了对下游河床的冲刷坑深度。泄洪洞泄洪水力学原型观测成果符合设计预期。泄洪洞“燕尾”挑坎泄洪流态见图 5-1-8。

图 5-1-8 泄洪洞“燕尾”挑坎泄洪流态

6. 特高拱坝优质快速施工关键技术

（1）全坝全过程施工质量和进度实时监控

特高拱坝对混凝土施工质量的要求高，施工中应打破传统的事后发现问题的管理模式。为此，研制了锦屏一级水电站高拱坝混凝土施工质量与进度实时控制系统，实现了混凝土施工仓面信息、混凝土原材料检验信息、混凝土试验检测信息、混凝土生产信息、缆机运行信息、坝体混凝土温度信息、灌浆信息、施工进度信息等与质量和进度紧密相关的信息实时采集、传输、储存、共享与反馈分析，开展了全坝全过程的实时质量监控和施工进度仿真与反馈分析，及时发现和解决问题，确保了拱坝施工质量与进度。系统总体结构见图 5-1-9。

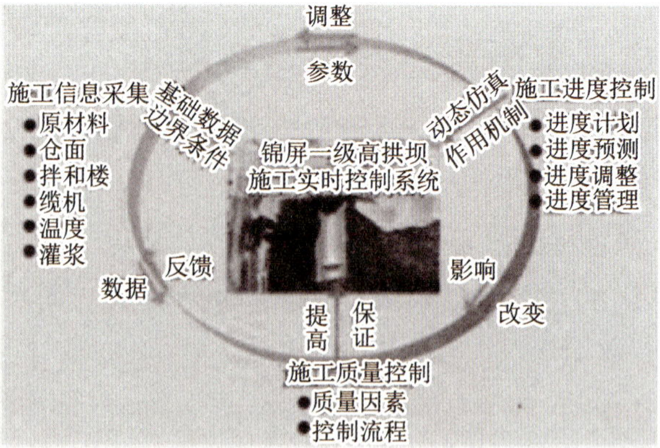

图 5-1-9 施工质量与进度实时控制系统总体结构

(2) 施工期全坝全仓块温度监测及自动监控

为准确监控锦屏一级特高拱坝各浇筑仓块混凝土温度变化过程，锦屏一级特高拱坝施工首次改变传统的由冷却水管闷温判断仓块混凝土温度的做法，在全坝全部浇筑仓块均埋温度计监测混凝土温度，并据此调控坝块混凝土冷却通水过程，使坝体全部仓块混凝土温度变化过程处于监控之中。

(3) 拱坝混凝土冷却通水智能化

为高效精细实时冷却通水，研发实施了锦屏一级拱坝混凝土冷却通水智能测控系统。通过“流量法”和“通断法”等智能冷却通水方法研究和现场试验，决定选用“通断法”。“通断法”的智能控制原理是根据混凝土实测温度与历程、温控设计标准、温控设计过程线、冷却通水效率的间断式冷却通水，使混凝土温度按照设定的不同时段目标温度、降温速率、降温幅度进行控制，确保混凝土温度始终沿着设计过程线在允许的范围内变化。

(4) 通仓连续浇筑 4.5 m 仓层厚度的突破

锦屏一级工程建设要经历 4 个汛期，为保障大坝度汛安全，汛前施工要满足相应的进度要求，而拱坝只有 26 个坝段，大坝跳仓跳块施工，进度受到极大制约，常规施工技术难以满足进度要求。为实现拱坝优质快速施工，在大量科研和现场试验的基础上，锦屏一级拱坝混凝土浇筑突破了传统的 1.5 m 和 3.0 m 仓层厚度浇筑技术，大胆提出和采用了 4.5 m 仓层厚度浇筑关键技术，包括 4.5 m 仓层模板设计制作、入仓温度控制、冷却水管布置、缆机配置、坯层覆盖时间限制、机械和人员配置要求，编制了 4.5 m 仓层浇筑温控技术导则，首次全面突破和应用了 4.5 m 仓层浇筑技术。

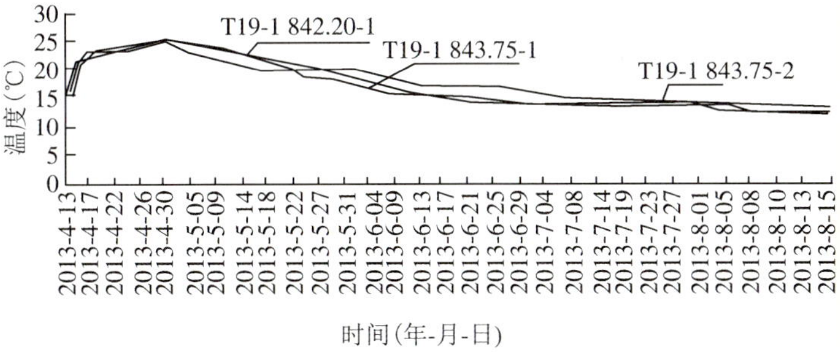

图 5-1-10　大坝典型仓(4.5 m 层厚)温度过程线

7. 高地应力地下厂房洞室群围岩大变形控制

锦屏一级水电站工程区构造应力场以 NW—NWW 向为主压应力场，构造应力与高自重应力叠加造成天然状态下地应力值高，且分布不均一。地下厂区实测最大主应力达 35.7 MPa,方向与雅砻江岸坡走向大角度相交,与厂房轴线在水平面上小角度相交,略偏下游,与区域应力场方向基本一致。

针对锦屏一级水电站大型地下厂房洞室群围岩变形稳定问题,工程建设过程中采用多源信息的动态反馈分析方法以及贯穿工程建设不同阶段的动态设计方法;提出并实践了喷层-锚杆-预应力锚索分层耦合支护技术、锚索分序分区分级实施与初始锁定吨位控制技术及松弛区围岩精细控制灌浆补强技术等地下厂房洞室群围岩大变形综合控制技术;厂房洞室群围岩变形得以收敛,锚索锚固力变化得到有效控制。

第二节
锦屏二级水电站

一、工程概况

锦屏二级水电站位于四川省凉山彝族自治州境内的雅砻江干流上，系雅砻江下游梯级开发的骨干水电站之一。二滩水电站是它下游的第二个梯级水电站，闸址上游7.5 km处是锦屏一级水电站，为具有年调节能力的雅砻江干流下游梯级龙头电站。

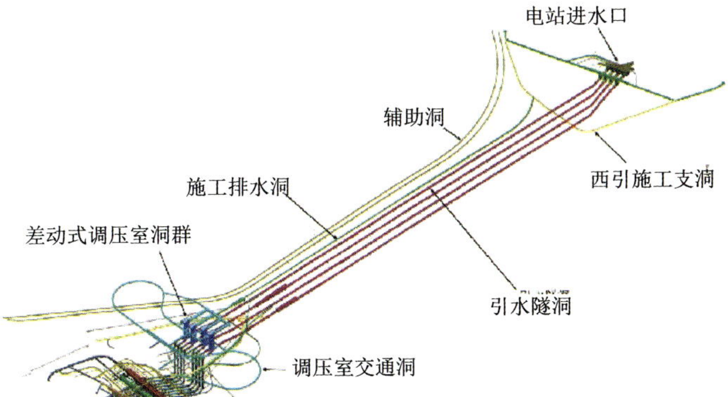

图5-2-1　锦屏二级水电站引水发电系统三维效果图

锦屏二级水电站利用150 km锦屏大河湾的天然落差，截弯取直开挖隧洞引水发电，共安装8台600 MW的水轮发电机组，总装机容量4 800 MW，额定水头288 m，保证出力2 051 MW，多年平均发电量249.9亿kW·h，装机年利用小时数为5 680 h。水库正常蓄水位为1 646 m，其相应库容为1 428万m^3，调节库容为402万m^3。闸址以上流域面积10.3万km^2，多年平均流量1 220 m^3/s。锦屏二级水库具有日调节性能，与锦屏一级同步运行，同样具有年调节特性。

锦屏二级水电站工程属大型工程，工程等别为Ⅰ等，永久性主要建筑物为1级建筑级。工程枢纽主要由首部拦河闸、引水发电系统、尾部地下厂房三大部分组成，为一低闸、长隧洞、高水头、大容量引水式电站。首部闸址位于西雅砻江的猫猫滩，最大闸高37 m；电站进水口位于西雅砻江的景峰桥，地下厂房位于东雅砻江的大水沟，引水隧洞自景峰桥至大水沟厂址，共四条，开挖洞径12 m，衬砌后洞径11 m，隧洞洞线平均长度为16.60 km，隧洞一般埋深为1 500～2 000 m，最大埋深达2 525 m。

工程枢纽主要由首部低闸、“四洞八机”的引水系统及尾部地下厂房三大部分组成，其中四条引水隧洞单洞长16.7 km，洞径12.4～14.6 m，73.1%洞段埋深超过1 500 m，最大埋深2 525 m。工程建设面临2 500 m级超深埋隧洞开挖、强岩爆破坏与千米级水头超高压突涌水危害处理等世界级技术难题，通过技术创新，创造了隧洞群开挖月进尺3 300 m、58个月全部贯通的世界纪录。

图5-2-2 锦屏二级水电站首部低闸枢纽

图 5-2-3　锦屏二级水电站地下洞室群三维透视图

工程于 2007 年 1 月 30 日正式开工，2012 年 12 月投产发电，2016 年 1 月枢纽工程通过竣工验收，总投资 380.56 亿元。

二、工程规划建设历程

自 20 世纪 60 年代开始，华东勘测设计研究院就开始进行锦屏二级水电站的勘测设计工作，当时为锦屏电站施工用电需要建设了磨房沟水电站。1991 年 5 月，水利水电规划设计总院在成都主持召开了《雅砻江锦屏河段开发方式及锦屏二级电站闸址、引水洞线、厂址初选审查会》。1992 年 12 月，由华东院和成勘院共同完成了《四川省雅砻江锦屏二级（一级）水电站可行性研究报告》。为解决东西雅砻江之间的交通问题，华东院于 2001 年 11 月完成《锦屏辅助洞初步设计报告》（下称《初步设计报告》），拟在引水隧洞的南侧先行修建两条辅助洞，该洞同时兼作锦屏二级引水隧洞的勘探、试验和施工辅助洞，满足锦屏一级水电站对外交通要求和锦屏二级水电站引水隧洞施工要求。《初步设计报告》已于 2002 年 4 月通过水电总院的审查，计划于 2003 年 9 月开工修建辅助洞，2007 年全线贯通，2008 年上半年竣工投入使用。

根据锦屏一、二级的开发顺序调整为“一级先行、二级继上”接续开发的总体原则，2002 年 2 月，华东院完成了《锦屏二级水电站预可行性研究勘测设计工作大纲》，同年 8 月，中国水电水利建设工程咨询公司组织专家对该大纲进行了咨询。在已有成果的基础上全面开展预可行性研究勘测设计工作，预可行性研究报告已于 2003 年

6 月份完成并于 9 月份通过审查。

2005 年 12 月 17—20 日，水电水利规划设计总院会同四川省发改委在成都市主持召开了《雅砻江锦屏二级水电站可行性研究报告》审查会。四川省副省长王怀臣同志出席会议并讲话，会议特邀中国科学院和中国工程院院士潘家铮同志到会指导，有关单位参加了会议。会议听取了华东院关于《雅砻江锦屏二级水电站可行性研究报告》的介绍，并分专业组进行了认真的讨论和审议。审议认为该报告满足本阶段设计深度和内容的要求。该报告通过审查。

根据大河湾“一级高坝、二级长洞”开发方式和“一级先行、二级继上”接续开发原则，锦屏二级水电站利用锦屏 150 km 大河湾的天然落差，截弯取直引水发电，闸址以上流域面积 10.3 万 km^2，多年平均流量 1 220 m^3/s。按一级与二级发电流量基本协调、同步运行并考虑闸址下游减水河段环保等需要，初步拟定锦屏二级水电站装机容量 4 400 MW，保证出力 2 051 MW，多年平均发电量 249.9 亿 kW · h，装机年利用小时数为 5 680 h。

考虑锦屏一、二级电站水位的衔接和二级水库自身调节需要，为提高二级电站运行的灵活性及一、二级电站总体发电效益，根据地形条件，初步拟定二级水库正常蓄水位 1 646 m，死水位 1 640 m，正常蓄水位以下库容 1 428 万 m^3，调节库容 502 万 m^3。二级水库处于高山峡谷地区，库区无耕地淹没和移民搬迁。

主体工程于 2007 年 1 月开工建设，原计划 2013 年第一台机组发电。2014 年 11 月 29 日上午，雅砻江锦屏二级水电站最后一台机组宣布正式投产运行。至此，我国西电东送标志性工程，拥有世界最高拱坝、世界最大规模水工隧洞群的锦屏水电站 14 台 60 万 kW 机组全部投产。

三、工程效益

锦屏二级水电站是雅砻江各梯级中利用水头最高、发电量最大、效益最好的水电站之一。它的开发任务是发电，其发电量除了满足川渝的电力需求外，还将源源不断地外送华中和华东地区，锦屏二级水电站的开发是西电东送、川电外送的重要组成部分，符合中国能源发展战略。

锦屏二级水电站的开发实施，还可以使上游的锦屏一级和两河口水电站的梯级补偿效益得到充分体现，真正实现雅砻江水电基地流域、梯级滚动、综合开发的目的。

四、关键工程技术问题与创新

1. 关键技术问题

(1) 高地应力及岩爆

工程区处于我国西南高地应力区，实测地应力成果显示，地应力值随埋深增加而增加，且自洞深 600 m 至 3 000 m 最大主应力由平行岸坡转变成近垂直向，即地应力从水平应力状态转变为以垂直应力为主状态，实测最大应力值达 42.11 MPa。经地应力回归分析，在隧洞线高程处最大主应力值将达 70 MPa。

据探洞施工开挖和理论分析表明，岩爆的发生将受到岩性、构造、地下水、围岩类别、岩体结构等条件的控制，主要发生在岩体完整性好、岩质坚硬致密的Ⅱ类围岩中，次为Ⅲ类围岩中，而在Ⅳ类围岩中则较少出现；岩爆以弱—中等为主，局部地段将出现强岩爆；岩爆形态以连续、零星分布的松脱、片状剥落为主。

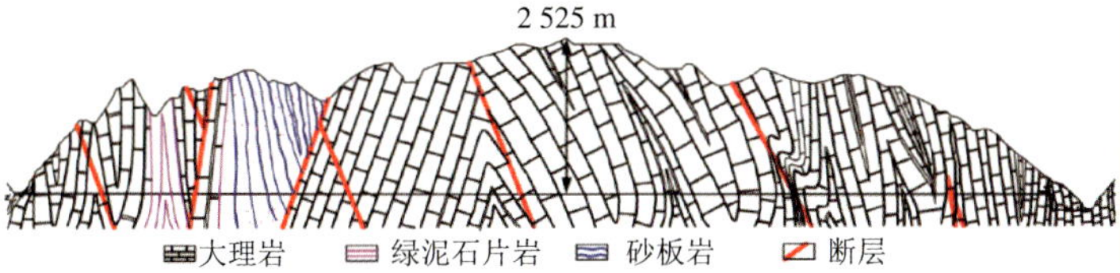

图 5-2-4　锦屏二级深埋隧洞沿线地质概况

(2) 岩溶与涌水

长探洞揭示的情况和岩溶水文地质综合研究表明，工程区岩溶发育微弱，岩溶形态主要表现为沿裂隙面溶蚀，不存在厅堂型、暗河型的地下岩溶系统，具有特殊的高山峡谷岩溶发育特征。隧洞涌水问题是锦屏二级水电站引水隧洞所面临的突出问题，根据已基本查明的工程区岩溶水文地质条件，预测拟建引水隧洞的涌水特征与探洞的涌水情况相似，即涌水具有高水头、大流量的特点。其稳定涌水量和单点瞬时涌水量均可能比探洞中大，在引水隧洞施工不设防渗措施时，根据不同的涌水预测方法预测单洞稳定涌水量级为 8.44 m^3/s 左右，可能发生的最大突水预测量为 5～6 m^3/s。引水隧洞施工过程中超前预报及地下水处理措施是本工程最主要的关键技术问题。

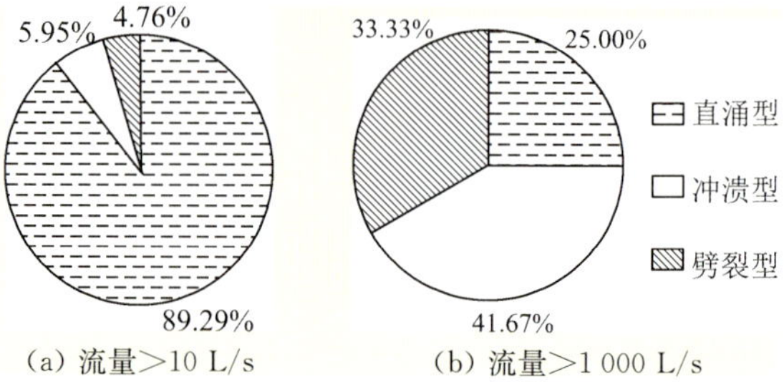

图 5-2-5 涌水类型所占比重

(3) 高地温

按照一般概念，锦屏这样的深埋隧洞在施工过程中将会遇到超过施工允许范围的高地温。但长探洞的开挖表明，锦屏工程区的地温场有别于一般地区，在探洞开挖过程中，最高地温为 17.68℃(洞深 639 m 处)，最低地温 10.80℃(洞深 2 949.5 m)，一般在 11～12℃。随着洞深(埋深)增加，地温逐渐降低，呈反常的负增加现象，主要是地温场受控于低温地下水渗流场。从锦屏特殊的地质环境综合分析，地温已不会成为影响隧洞施工的制约因素。

(4) 有害气体

隧洞围岩中产生的有害气体主要储存在 T_{2b}、T_{2y}^5 臭大理岩中，用锤击能逸出 H_2S 气体，其次属钻爆法施工中产生的 CO、粉尘等，通过对有害气体的监测、岩石化学成分分析、通风试验分析，围岩中的 S 含量很小，在施工中产生的 H_2S 气体含量一般在 6ppm 以下，不构成对人员伤害。施工过程产生的有害气体或有害物质，在施工过程中特别是在独头段含量会超过允许浓度，但只要加强通风，做好独头段的施工设计，即能控制有害气体和粉尘含量，满足安全生产要求。

2. 解决措施及创新

(1) 地下水的预报预测

针对引水隧洞可能发生的涌突水风险，地质预报采用综合预报方法进行。以工程地质法与仪器法、超前钻孔相结合，利用宏观及长距离预报的成果，提前分析重点地段，对于岩性变化、断层、褶皱带等易发生涌水部位，重点加强预测预报。通过宏观预报、中长距离预报(掌子面前方 30～150 m)、短距离预报(掌子面前方 15～30 m)等地质(地下水)灾害临近预警的预报流程，为引水隧洞施工建立地质预报体系。

(2) 地下水处理

锦屏二级水工隧洞施工中的关键技术问题是地下涌(突)水的处理。由于受运行条件的限制，水工隧洞无法布置成人字形排水底坡，西端进口段只能反坡施工，可能出现的地下涌(突)水带来的施工安全问题比较突出。借鉴国内外深埋长隧洞施工经验，采取“前期地勘工作—5 km 长探洞施工—人字坡超前辅助导洞(锦屏辅助洞)施工—水工隧洞施工”的总体设计思路，将地下水问题分步、分阶段处理解决，简化水工隧洞地下水的处理难度，改善水工隧洞施工条件，规避水工隧洞施工风险，从而降低整个工程的建设难度。

(3) 岩爆的处理

辅助洞施工表明，对岩爆发育程度的预测是比较准确的。目前产生的岩爆以中等—中等偏弱为主，局部有强岩爆发生。采用应力解除孔、快速锚杆、挂网喷混凝土、辅以格栅拱架等治理、防护综合措施，可以有效降低岩爆对施工的影响。

(4) 水工隧洞围岩稳定性及衬砌结构设计

针对工程区地应力水平高、地下水压力大的特点，对高地应力条件下的隧洞围岩稳定性和高外水压力下的隧洞衬砌结构设计进行了大量分析研究。研究结果和辅助洞施工实践表明，隧洞开挖后围岩具有足够的自稳能力，从围岩稳定的角度分析满足成洞要求；对于断层等局部较差地段，只要采用适当的及时支护措施也同样具备成洞条件。

(5) 快速施工开挖方法

锦屏电站总装机容量 4 800 MW，多年平均发电量 242.3 亿 kW · h，按照 0.26 元/kW · h 的电价测算，每年的发电收益 60 多亿元，因此施工工期直接关系到项目的经济效益。4 条长 16.67 km 的引水隧洞是整个工程的关键线路，为了早日建成，经过多次论证，其中的 2 条隧洞采用直径 12.4 m 的 TBM 施工，另 2 条采用钻爆法施工。

第三节
白鹤滩水电站

一、工程概况

白鹤滩水电站位于金沙江下游四川省宁南县和云南省巧家县境内，距巧家县城45 km，是金沙江下游梯级中的第二级。电站上接乌东德梯级，下邻溪洛渡梯级，距离溪洛渡水电站195 km，控制流域面积43.03万 km^2，占金沙江流域面积的91.0%。坝址多年平均流量4 110 m^3/s，多年平均年径流量1 296亿 m^3。

白鹤滩水电站开发任务以发电为主，兼顾防洪，并有拦沙、发展库区通航和改善下游航运条件等综合利用效益，是西电东送骨干电源点之一。水库正常蓄水位825 m，总库容206亿 m^3，调节库容104亿 m^3，防洪库容75亿 m^3。电站装机容量1 600万kW，多年平均发电量624.43亿kW·h。电站对下游电站梯级补偿效益显著，电站建成后可使下游溪洛渡、向家坝、三峡、葛洲坝梯级电站保证出力增加。

白鹤滩坝址自上游三滩村至下游白鹤滩沟，全长约5 km，金沙江自南向北渐转至北西向流经坝址，枯水期水面宽60～100 m，水深6～15 m不等，水流湍急，常年浑水。两岸为单斜山，三滩村至大寨沟一带，高程700～900 m以上山坡较缓，沿江一带为陡壁地形；大寨沟下游沿江两岸坡陡崖区由一系列北西向陡崖、缓坡平台构成，呈台阶状。

坝区主要为二叠系上统峨眉山组玄武岩，下伏二叠系下统灰岩，上覆三叠系下统飞仙关组砂页岩。河床覆盖层由全新统含砂的漂石层组成，呈强一中透水性。白鹤滩坝区为单斜构造，岩层产状 N30°～50°E、SE∠15°～25°。层间错动带是发育在坝区 11 个岩流层界面或靠近界面的构造错动带，在坝区分布广泛，总体来说是连续的，构成了坝区岩体结构的总体构架。层内错动带多呈流面分布，走向均为北东向，缓倾角面扭曲，一般宽 10～20 cm，带内多充填岩片、岩块、角砾、岩屑夹泥。

坝区断层发育规模较小，未见区域性断层，断层性质以平移断层为主，少量为逆断层。两岸坡以宽度小于 1.0 m 的断层、破碎带及节理为主，走向主要为北西向，少量北东向，高倾角。破碎带宽 5～20 cm，延伸长度 20～260 m，分布在两岸边。两岸坡裸露岩体多以弱风化为主，下部微风化岩体呈较完整状，地下水位及相对隔水层埋藏较深。

根据白鹤滩坝段地形地质条件可划分为上、中、下三个坝址，初拟了上坝址混凝土重力坝方案，上坝址黏土心墙堆石坝方案，中坝址混凝土双曲拱坝方案，下坝址混凝土双曲拱坝方案，进行了坝址、坝型比较，通过初步的技术、经济分析比较，选择中坝址混凝土双曲拱坝方案为白鹤滩水电站预可行性研究阶段的代表性方案。

工程枢纽由拦河坝、泄洪消能建筑物、引水发电系统等主要建筑物组成。

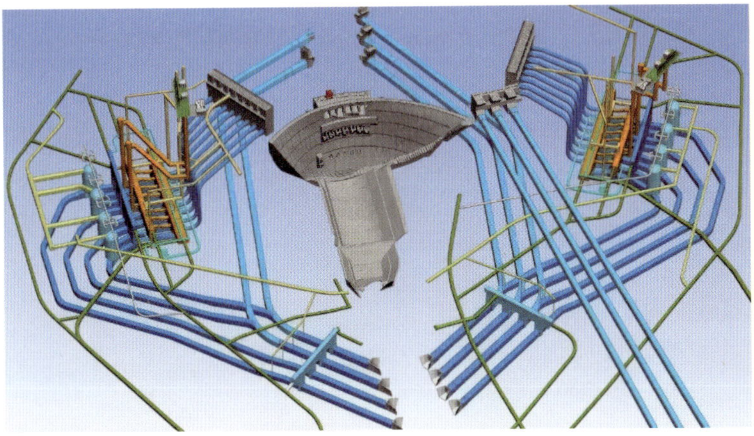

图 5-3-1　白鹤滩枢纽布置示意图

拦河坝采用抛物线型混凝土双曲变厚拱坝，坝顶高程 834.0 m，最大坝高 289.0 m；拱冠梁断面顶宽 14.0 m，最大拱端厚度 83.91 m，含基础最大厚度 95 m。

枢纽采用分散泄洪，分区消能。坝身泄洪消能设施由六个表孔(12.5 m×18.0 m)、七个深孔(5.0 m×8.0 m)及坝体下游水垫塘(长约 400 m)组成；坝外泄洪消能设施由四条泄洪隧洞(14.0 m×11.3 m)组成，河道在水垫塘下游转弯，为了有利于泄流归槽，左岸布置一条泄洪洞，右岸布置三条泄洪洞。

电站总装机容量 1 600 万 kW，布置 16 台单机容量 100 kW 的水轮发电机组，采用全地下式厂房布置，引水发电系统采用首部开发方式，两岸基本对称布置。厂区三大洞室主副厂房洞、主变洞、尾水调压室采用平行布置，引水隧洞采用单机单管供水，尾水系统 3 台机或 2 台机组合用一尾水洞。电力电量经换流站主送华东、华中电网，在电网中系统中承担腰荷和部分基荷，并参与系统调峰运行。

水库淹没影响涉及四川省凉山彝族自治州的宁南县和会东县及云南省昭通市的巧家县、曲靖市的会泽县、昆明市的东川区和禄劝县，共 6 个县(区)39 个乡镇 110 个行政村。规划水平年的移民总人数为 10 万多人，影响农用地面积 10 万多亩。

二、工程规划建设历程

1958 年，国家计划在白鹤滩兴建特大型水电站，由捷克斯洛伐克专家提供技术援助。

1959 年 6 月，捷克斯洛伐克专家组和国内专家组到巧家做现场勘查，为白鹤滩电站选址。同年 11 月，昆明水电设计院勘测队进驻白鹤滩做地质勘测，开展前期工作。云南省副省长的张冲同志不辞辛劳，攀崖涉险，亲临现场视察。

1961 年，白鹤滩电站前期工作停止，勘测队撤离。

1965 年，白鹤滩水电站工程列入中华人民共和国国民经济和社会发展第三个五年计划。

1966 年 5 月上旬，国务院交通部部长孙大光、水电部副部长谭真、云南省张冲副省长、四川省副省长及两省水电厅厅长、交通厅厅长、技术专家 40 余人会集巧家，对拟建中的白鹤滩电站有关事宜做现场踏勘评估。初步方案确定待上报中央，后因“文革”，白鹤滩电站建设再次被搁置。

1977年，张冲同志已病卧床榻，可他的心仍在金沙江，仍在白鹤滩，仍在金刚峡。他在病床上约见中央新闻电影制片厂和云南电视台的领导，诚恳地请求他们派出一个摄制组，到白鹤滩、金刚峡摄制资料片，由他呈送党中央、国务院领导同志审看。资料片完成后，张冲抱病赴京，四处奔走，为白鹤滩电站早日开工建设付出艰辛与汗水。

2002年，国家计委正式批准了金沙江下游水电开发建设规划，同意溪洛渡、向家坝电站在2005年开工建设，白鹤滩电站也已开始预可研设计，并争取在“十一五”期间开工。按照规划，白鹤滩电站大坝推荐高程820 m，装机容量1 200万kW，除发电外，还具有拦沙、调蓄洪水、改善通航条件等综合效益。而电站建设高达数千亿元的动态投资，将为县域经济的发展注入新的活力，加快巧家经济、社会发展，从根本上改变巧家远离交通干线、远离中心城市，边远、封闭、社会经济滞后发展的状况，确保巧家与全国同步迈进小康。

2004年，白鹤滩水电站因环境污染等一系列综合因素停止项目。

2008年，因四川遭受8级强烈地震，白鹤滩水电站建设仍然没有启动。

2010年10月27日，国家发改委办公厅下发《关于同意金沙江乌东德和白鹤滩水电站开展前期工作的复函》(发改办能源〔2010〕2621号)，白鹤滩水电站正式启动前期筹建工作。

2018年10月27日，由哈电集团哈尔滨电机厂有限责任公司设计、制造的白鹤滩电站100万kW水轮发电机组首台导水机构，在哈尔滨通过验收。验收结果表明，导水机构各项关键尺寸及技术参数均符合设计图纸及技术规范要求，达到精品标准。

2019年1月12日，全球在建最大水电站白鹤滩电站使用的首个百万千瓦级水轮机组转轮，在东方电机白鹤滩转轮加工厂完工。这个高3.92 m、直径8.62 m、重达350 t的世界水电“巨无霸”的诞生，标志着我国发电设备企业率先掌握了百万千瓦等级巨型水轮机组的核心技术。

2021年2月5日，白鹤滩水力发电厂正式揭牌。4月6日，白鹤滩水电站正式开始蓄水。2022年1月3日，白鹤滩水电站右岸16号百万千瓦机组顺利完成72小时试运行，正式投入商用。

图 5-3-2 白鹤滩水电站工程建设鸟瞰图

三、工程效益

1. 发电效益

水能资源是重要的能源资源，开发利用水能资源是满足人类能源需要的重要途径；同时水能资源是一种清洁可再生能源，可大量替代或减少高碳能源的生产，减少温室气体的排放。目前，白鹤滩水电站装机规模仅次于三峡工程，为世界第二大水电站，将促进国家能源结构的优化和非化石能源减排承诺的实现。电站多年平均年发电量 624.43 亿 kW·h，保证出力 5 500 MW，其中枯水期(12 月—次年 5 月)发电量 293.86 亿 kW·h。由于白鹤滩水库具有巨大的调节作用，电站建成后可明显改善下游溪洛渡、向家坝、三峡、葛洲坝等梯级电站的供电质量，使下游各梯级电站保证出力增加 853 MW，平均年发电量增加 24.3 亿 kW·h，枯水期电量增加 92.1 亿 kW·h。金沙江下游梯级电站发电特性见表 5-3-1。

表 5-3-1 金沙江下游梯级电站发电特性

电站	最大装机容量(MW)	单机容量(MW)	保证出力(枯水期平均出力)(MW)	多年平均年发电量(亿 kW·h)	年利用小时数(h)
乌东德	10 200	850	3 150(考虑龙盘)	389.11(考虑龙盘)	3 815(考虑龙盘)
白鹤滩	16 000	1 000	5 500	624.43(考虑龙盘)	3 903

续表

电站	最大装机容量(MW)	单机容量(MW)	保证出力(枯水期平均出力)(MW)	多年平均年发电量(亿 kW·h)	年利用小时数(h)
溪洛渡	13 860	770	3 795～5 627 (近期—远期)	574.0～619.9 (近期—远期)	4 141～4 473 (近期—远期)
向家坝	6 400	800	2 009	308.8	4 825
合计	46 460	—	14 454～16 286 (近期—远期)	1 896.34～1 942.24 (近期—远期)	16 684～17 016 (近期—远期)

2. 防洪效益

长江是一条大河，从多年平均径流量来看，金沙江下游约 1 450 亿 m^3，三峡约为 4 500 亿 m^3，上海入海口约为 9 600 亿 m^3；全年径流分配上，夏季超过 70%，水多但存水少，不能存储调节使用。缺少调节性水库，使长江容易出现水多易洪灾，水少易干旱的局面。

金沙江是长江中下游洪水的主要来源之一，其洪量约占宜昌水文站的 30%。长江中下游的洪水灾害仍然是中华民族的心腹之患。三峡工程是长江防洪体系中的关键性骨干工程。三峡工程建成后，极大地改善了长江中下游防洪条件，长江中下游防洪能力有了较大提高，特别是荆江河段防洪形势有了根本性改善，但长江中下游特别是城陵矶以下河段洪水来量与河道泄洪量不平衡的矛盾依然存在，防洪问题仍然突出。金沙江下游河段从攀枝花到宜宾，紧邻川江河段，梯级水库具有控制洪水比重大、距离防洪对象较近的特点。结合水电开发控制金沙江洪水，在金沙江下游梯级预留防洪库容是较好地解决川江和长江中下游防洪问题的主要工程措施之一，对减轻川渝沿江地区和长江中下游地区洪水灾害都有一定的作用，是长江防洪的总体战略方针。

白鹤滩电站水库在金沙江下游四个梯级中库容最大，具备有效拦蓄金沙江洪水的条件，削减洪峰效果显著，是长江流域开发治理的控制性工程之一。水库总库容目前位居我国高拱坝库容第一，防洪库容在我国仅次于三峡水库和丹江口水库，位列第三。白鹤滩水电站水库防洪库容巨大，通过长江流域中上游水库群的联合调度，可以在很大程度上提高长江流域中下游的防洪能力，避免长江中下游洪水灾害带来的生态灾难。主要防洪任务：一是提高本河段沿岸城镇的防洪标准，配合川江防洪，与溪洛渡水库联合调度，承担川江河段防洪任务，提高川江河段沿岸宜宾、泸州、重庆等城市防洪标准；二是分担长江中下游防洪任务，配合长江三峡水库联合调度，承担长江中下游的防洪任务，进一步提高长江中下游的防洪标准，减少长江中下游分洪损失，对长江中下游防洪将起到重要作用。金沙江下游乌东德、白鹤滩、溪洛渡、向家坝4座电站建成以后，4个梯级水库防洪库容共154.93亿 m^3。金沙江下游梯级电站水库特性见表5-3-2。

表5-3-2 金沙江下游梯级电站水库特性

电站	校核洪水位(m)	设计洪水位(m)	正常蓄水位(m)	防洪限制水位(m)	死水位(m)	总库容(亿 m^3)	调节库容(亿 m^3)	防洪库容(亿 m^3)
乌东德	986.17	979.38	975.00	952.00	945.00	74.08	30.2	24.4
白鹤滩	832.34	827.83	825.00	785.00	765.00	206.27	104.36	75.0
溪洛渡	609.67	604.23	600.00	560.00	540.00	126.7	64.6	46.5
向家坝	381.86	380.00	380.00	370.00	370.00	51.63	9.03	9.03
合计	—	—	—	—	—	458.68	208.19	154.93

3. 航运效益

金沙江是一条高山深谷的河流，河道弯曲、狭窄、滩多、坡陡，水流急、乱。金沙江下游攀枝花至宜宾河道长768 km，现状仅新市镇—宜宾108 km河道以及溪洛渡、向家坝库区部分河段通航。新市镇以上至攀枝花长达660 km河段中，除溪洛渡、向家坝库区部分河段外，由于通航条件差，目前不具备连续通航条件。新市镇—宜宾通航河段长约占金沙江下游河段长度的14.1%，其中水富—宜宾30 km河段为Ⅳ级航道，新市镇—水富78 km河段为Ⅴ级航道(大部分为向家坝库区航道)。金沙江下游河段不仅存在碍航滩险，还有碍航峡谷或洪水碍航河段，仅靠河道整治措施无法实现全面通航。

白鹤滩水电站库区处在目前还不具备连续通航条件的新市镇—攀枝花河段内，库区河段有62处主要滩险，其中包括著名的特大浅滩老君滩。白鹤滩水电站位于金沙江下游干流上，建成后水库常年回水区全长约145 km，淹没52处主要滩险，库区干流以及支流部分河道水深增加、流速减小，为发展地方航运创造了条件。水库形成后，库区内地方航运营运区段主要是常年回水区，库区内客货运输以短途为主，可满足水电站库周边地区人民的生产、生活需要，促进库区社会经济发展。

4. 环境效益

水电站库群建设有利有弊，要总体权衡，实现经济、社会和生态的和谐共赢。按照习近平总书记指示，当前和今后相当长一个时期，要把修复长江生态环境摆在压倒性位置，共抓大保护，不搞大开发。白鹤滩水电站工程区域不涉及自然保护区、风景名胜区、水源保护区、珍稀动植物集中分布区等环境敏感区域，没有制约工程兴建的环境敏感因素。工程占地、水库淹没所造成陆生和水生生物量的损失可以通过采取措施得到一定程度的补偿，其他不利环境影响大多可以通过采取相应的环保措施予以减免。白鹤滩库区属于干热河谷，水库建成后局地气候会湿润一些，对植被保护是有利的。电站对水生生物有一定影响，通过建设人工增殖放流站，建设黑水河支流水生生态修复保护系统，能最大限度保护生态，抵消不利影响。

面对高坝与梯级水库洄游性鱼类双向过坝，洄游性鱼类产卵水温水文条件，枯水季节鱼类生态基流，梯级水库蓄放水过程与极端特殊气候环境下解决长江干流和洞庭湖、鄱阳湖"两湖"关系调整，泄洪水体气体过饱和，建设期弃土、弃渣、鱼类卫生健康等问题，只要在工程的建设和运行过程中加强管理，确保实施环境影响评价报告书中提出的环保措施，从环境保护角度看，本工程建设是可行的。

5. 社会效益

电站建设将促进地方经济社会发展和移民群众脱贫致富，是中国经济新常态下实现稳增长、调结构、惠民生的重要举措。白鹤滩水电站位于我国西部四川、云南界河金沙江干流上，工程所在地区经济社会发展水平不高。白鹤滩库区涉及四川、云南两省7县(区)(四川的宁南县、会东县，云南的巧家县、会泽县、东川区、倘甸产业园区、禄劝县)，库区经济较为落后，人均GDP约为全国平均水平的2/3，人民生活水平较低，贫困面大，其中云南部分涉及的5个县(区)均属国家级贫困县，与全国的经济发展水平形成较大的反差。该地区经济仍以传统的农业经济为主，各县较丰富的矿产资源、水能资源、动植物资源、旅游资源等当地优势资源未得到充分开发利用，资源优势未能良好地转化为产业优势和经济优势。

按照2016年2季度价格水平，白鹤滩水电站工程静态投资为1 430.50亿元，电站单位投资8 941元/kW，单位电能投资2.29元/(kW·h)；动态投资约为1 786亿元，单位投资11 118元/kW，经济指标优越。国民经济评价结果表明，白鹤滩水电站经济内部收益率为9.69%，大于社会折现率8%；敏感性分析表明，电站具有较好的抗风险能力，从国民经济角度分析本工程在经济上是合理的。财务评价结果表明，按资本金财务内部收益率8%测算，白鹤滩水电站上网电价为0.348 0元/(kW·h)(含增值税)，贷款偿还期33年，全部投资财务内部收益率6.29%。暂按0.10元/(kW·h)计入过网费后，到华中、华中东四省、广东电网的落地电价高于当地新增燃煤火电标杆上网电价。但从长远发展的角度考虑，我国电力需求逐年增长、节能减排压力逐年加大，控制煤电、开发利用清洁水能资源是大势所趋。白鹤滩水电站利用的是清洁可再生水能资源，从经济社会可持续发展对电力的需求角度来看，白鹤滩水电站上网电价仍具有较强的市场竞争能力。

实施长江经济带发展和西部大开发战略，加快中西部地区发展，合理调整地区经济布局，促进地区经济协调发展，是我国政府作出的重大战略决策。水电资源是当地最具优先开发条件的富集资源，利用水电工程建设可带动相关产业的发展、经济稳定增长、增加就业，有利于产业结构调整，促进地方经济发展。

6. 移民安置

金沙江下游水电开发过程中认真贯彻移民安置政策法规，积极探索移民安置新思路，把促进移民脱贫致富和库区经济社会发展作为水电开发的目标，不仅要妥善安置水库移民，而且要促进地方社会经济发展，建设金沙江下游清洁能源开发与地方经济社会发展、生态环境保护、移民安稳致富等协调发展的示范区。

四、关键工程技术问题与创新

1. 百万千瓦级发电机组实现自主创新

从三峡工程单机 70 万 kW 到向家坝水电站单机 80 万 kW，再跨越到白鹤滩水电站单机 100 万 kW 并非易事。百万千瓦级机组的技术难度和复杂性更是史无前例。据介绍，百万千瓦级机组的设计制造已超出了现有的技术水平和规范，世界范围内无现成经验可借鉴，是我国水电向世界水电“无人区”的一次探索。

图 5-3-3 16 号水轮发电机转轮成功吊装就位

三峡集团组织国内设计院及机组厂家开展了百万千瓦级水轮发电机组的全面研究工作，对关键技术进行重点攻关。经过近 8 年努力，国内有关企业相继完成了百万千瓦级大型混流式水轮发电机组结构、水力开发，发电机通风模拟试验，局部通风及温升模拟试验，推力轴承、绝缘技术及机组总体设计等科研攻关。在重大装备科研、设计和制造、安装和运行链条中分层次有步骤地稳步推进国产化，已在机组设备、高压电气设备、辅助设备乃至基础材料上取得了重要成果，特别是白鹤滩水电站已成功研制 800 MPa 级高强蜗壳钢板、750 MPa 级磁轭钢板，为水电行业的全面技术跨越打下了坚实的基础。

2. 边坡开挖堪比“虎口拔牙”

白鹤滩水电站大坝边坡开挖好比“虎口拔牙”。高深的峡谷、陡峭的山崖、奔腾的江水，钻爆、出渣、支护等工作全部在临江山坡上进行，边坡高陡、深卸荷，开挖支护处理工程量大、施工强度高，难度可想而知。

面对右岸坝肩开挖和边坡治理工程开挖量大、垂直高度大、坡度大、出渣条件差等难题，技术骨干们经过反复计算，不断优化技术方案。为解决道路的开挖和支护两大突出矛盾，建设者提出“分区开挖、渣料分流、确保强度，实现边坡快速下降；分区排架、快速周转、跟进开挖，实现边坡快速支护”的施工组织方案，实现了右岸高陡边坡安全快速开挖，平均每月下降 26.2 m，最大月开挖量 68 万 m^3，创造了国内外开挖速度最快的纪录。

图 5-3-4　治理后的左岸边坡

3. 首次将柱状节理玄武岩作为大坝坝基

“白鹤滩大坝工程首次将柱状节理玄武岩作为大坝坝基，这就需要解决坝基开挖后柱状节理玄武岩卸荷松弛问题，还得处理坝基边坡层间层内错动带变形和河床薄层角砾熔岩保护问题。由此带来的大坝建基面开挖保护处理难度以及所面临的挑战超出现有工程经验和规范要求，综合技术难度巨大，大坝结构复杂程度为世界拱坝之最。”中国工程院院士、三峡集团原总工程师张超然在接受记者采访时说。

面对世界级难题，三峡集团在工程建设前期就联合国内外科研院所开展了相关研究，邀请院士、专家进行咨询，结合工程建设实际，研发了双保护层分区分级开挖、复合散能爆破、深层快速锚固等创新技术，制定成套建基面开挖保护处理工法。提出了柱状节理玄武岩卸荷松弛变形控制技术、层内错动带卸荷回弹剪切变形控制技术、坝基薄层角砾熔岩开挖保护技术，首次成功地解决了利用柱状节理玄武岩作为特高拱坝建基面的世界难题。形成的“白鹤滩特高拱坝复杂坝基开挖保护与处理关键技术”创新成果，获中国岩石力学与工程学会“科技进步一等奖”。

图 5-3-5 玄武岩柱状节理岩体

4. 开挖规模世界第一的水电工程地下洞室群

白鹤滩水电站各类洞室总长度达 217 km，洞室开挖量达 2 500 万 m^3，其中地下厂房长 438 m，岩梁以上宽 34 m，岩梁以下宽 31 m，高 88.7 m，是国内外水电工程中规模最大的地下洞室群。

白鹤滩水电站处于深 V 形峡谷，两岸空间有限，所以需要开挖地下洞室布置相关设备。而这些洞室和通道就像一个巨大的地下迷宫，其建造并非易事。由于地下洞室所处地层为层间层内错动带发育的玄武岩地层，建造“地下迷宫”就像在一个奶油夹层大蛋糕里掏一个个洞，要保证外部不变形。

针对厂房开挖断面尺寸大、埋深大、地应力高、围岩地质条件复杂、岩性多变等难题，白鹤滩工程建设部组织科研单位和参建各方一起，通过研究揭示了高地应力下硬脆玄武岩破裂力学特性、错动带不连续变形特性、围岩深层分区破裂特性，构建了玄武岩洞室群围岩时空变形全过程调控的成套技术与方法，提出了“认识围岩、利用围岩、保护围岩、监测反馈”的思路，施工时采用“先洞后墙、浅层分块、薄层开挖”的施工方式，按照“短进尺、弱爆破、勤支护”的原则开展工作，有效解决了爆破振动对围岩稳定性影响大、超挖严重的问题。形成了适应高地应力玄武岩开挖卸荷导致时空松弛特点的快速施工工艺及配套设备。

图 5-3-6　白鹤滩水电站左岸地下厂房

5. 泄洪洞工程混凝土浇筑面像面“镜子”

白鹤滩水电站泄洪建筑物由大坝坝身 6 个表孔、7 个深孔和左岸 3 条无压泄洪洞组成，无压泄洪洞群规模居世界第一。泄洪洞工程由进水口、平洞段、龙落尾段、出口挑坎组成。其中，龙落尾段最大流速达到 47 m/s，最大坡度 23°，对过流面混凝土抗冲耐磨、温控防裂和平整光滑提出了很高的要求。针对泄洪洞高流速过流面混凝土抗冲耐磨防裂难题，全面采用低热水泥混凝土，采取先边墙、后顶拱、再底板的衬砌方案。

为提高混凝土的抗冲耐磨和温控防裂性能，还采用了低坍落度常态混凝土浇筑方案。如何适应龙落尾段大坡度和衬砌坡比、断面的变化？白鹤滩建设者研制了大坡度变断面液压自行走混凝土衬砌台车，以解决传统泵送混凝土浇筑方案无法适应龙落尾段大坡度及其施工通道有限的难题；在没有经验可借鉴、没有成熟工具可利用的情况下，研制了大坡度重载快速自动供料系统，攻克了大坡度环境下常态混凝土运输难题；研制了大跨度重型三辊轴底板混凝土整平设备，提高了泄洪洞底板高流速过流面收面效率和平整度；研发智能保湿养护设备，提高了混凝土养护效率，降低施工成本。通过一系列混凝土浇筑技术创新，泄洪洞混凝土实现了体型精准、平整光滑、耐磨防裂，达到“镜面”效果。

6. “智能建造”把控大坝建设全过程

在工程建设中，三峡集团提出“智能建造”的理念，即借助先进的智能分析和控制技术，确保整个建造活动处于持续稳定可靠状态，并实时分析现场情况、预测变化趋势，进而采取相应措施进行调控，实现对整个工程建造过程的全方位把控，保证工程安全、优质、高效顺利建成。白鹤滩工作人员的手机上有一个名叫“白鹤滩智能通水2.0温控平台”的APP，据介绍这个由三峡集团和清华大学共同研制的智能通水成套装备和移动实时软件平台，通过在新浇筑混凝土坝块和水管中安装数字温度传感器，实时测量混凝土温度和进出水温。点开手机页面，各种温度控制参数尽在掌握。在冷却水管中还安装温度、流量、开度为一体的集成控制装置，实现动态智能控制。

大坝埋设了成千上万的传感器，利用数字技术对大坝全生命周期工作性态进行监控。生产施工中的数据都会被采集和分析，从而实现施工质量全过程的在线实时监控和预报、预警及智能控制，可以根据实际情况调整施工方案，做到全面感知、真实分析、实时控制。

第四节 溪洛渡水电站

一、工程概况

1. 溪洛渡水电站建设的必要性

(1) 溪洛渡水电站是实施国家西电东送战略的骨干发电工程

党的十五届五中全会提出的《中共中央关于制定国民经济和社会发展第十个五年计划的建议》，把落实西部大开发战略、西电东送作为重要内容。时任国务院总理朱镕基在给华南地区西电东送一期工程的批示中明确指出：西电东送工程的开工标志着西部地区大开发拉开了序幕。国家计委在全国西电东送工作会议上，进一步明确西电东送要以水电为主，优先发展水电。

金沙江是我国亟待开发的最大水电基地，也是世界上少有的水能资源富集的河流。溪洛渡水电站是金沙江水电基地的第一期工程，工程规模大，调节性能良好，发电质量高，综合效益显著。根据预可行性研究报告审查意见，溪洛渡水电站主要供电华中、华东地区，并兼顾川、滇的用电需要。溪洛渡水电站成为实施西电东送战略的骨干电源，使西电东送有了一个较高的起点。

华东地区是我国重要的工业基地，工业门类齐全，基础好，经济增长的速度始终高于全国平均水平，"十五"及以后仍然保持 10%以上的增长速度。华中地区地处我国的腹地，是联系南北、承东启西的重要地区，是我国重要的农业和原材料工业基地，从“八五”初至今，国民经济一直保持高速增长的势头。华东、华中地区电网负荷总容量基数大，且今后10年至20年仍将保持较高的负荷增长，网内水电比重小，结构不合理，需补充水电，改善电源结构。溪洛渡水电站6月至9月出力较大，正值华东、华中地区负荷高峰期，输送的电力电量容易被电网吸收，容量替代率在90%以上。按照2010年至2025年的电力发展规划，溪洛渡和向家坝水电站的电力全部输送给华中和华东地区，其容量仅占当年两地新增装机容量的40%～60%左右，其缺口部分仍须由火电或其他电源补给。

华东三省一市所在的大部分地区均处于国家划定的酸雨和二氧化碳污染双控制区，巨大的环保压力和能源资源不足制约了华东地方电力的可持续发展。溪洛渡水电站西电东送，不仅满足了电力负荷增长的要求，而且带来了巨大的环境效益，每年可替代火电发电量约556亿kW·h，相当于每年减少燃煤2 200万t，减少CO_2排放量约4 000万t，减少SO_2排放量约40万t，减轻了大气环境的污染。

建设溪洛渡水电站，实施西电东送，对实现我国能源合理配置，改善电源结构，改善生态环境有重要作用。

(2) 溪洛渡工程是长江防洪体系的重要组成部分

长江流域是我国经济发展水平较高的地区之一，特别是中下游平原地区是我国工农业发达的精华地区。长江流域属亚热带季风区，暴雨活动频繁，洪灾在流域内分布很广，特别是主要由堤防保护的中下游平原区最为严重，历史上多次发生大洪灾。1931年、1935年、1954年、1998年发生了灾情严重的大洪水，给人民生命财产造成了极大的损失。防洪标准与社会经济的重要地位远不相适应。

三峡水库是长江中下游防洪的主体工程，有防洪库容221.5亿m^3，对中下游防洪作用巨大。三峡水库完建后，根本改变了荆江河段的防洪紧张局面，但长江中下游特别是城陵矶以下河段洪水来量与河道泄量不平衡的矛盾依然存在，遭遇大洪水仍需动用分蓄洪区分蓄大量洪量。因此，必须采取综合措施进一步提高抗洪能力，其中的重要措施就是继续结合兴利建设上中游干支流水库，拦蓄洪水，以减免中下游地区的分洪量。

金沙江流域面积47.32万km^2，占长江流域面积的26%，为长江宜昌以上流域面积的47%，金沙江多年平均年径流量1 550亿m^3，约占宜昌年径流量的1/3，其洪水过程平缓，年际变化较小，是形成宜昌洪水的基础来源。

溪洛渡水库控制了金沙江流域面积的96%，水库总库容126.7亿m^3，其中防洪库容46.5亿m^3，可以在长江防洪体系中发挥较大的作用。

①溪洛渡水库下游紧临川江，具有控制洪水比重大，距防洪对象近的特点，因此兴建溪洛渡水库是解决川江防洪问题的主要工程措施之一。溪洛渡水库配合其他措施，可使下游川江沿岸的宜宾、泸州、重庆等城市的防洪标准逐步达到城市防洪规划拟定的目标。

②溪洛渡水库汛期拦蓄金沙江洪水，直接减少了进入三峡水库的洪量，配合三峡水库运用，尽可能减少中、下游的分洪量，将使长江中下游防洪标准进一步提高。

(3) 带动金沙江两岸川、滇贫困地区的经济发展

溪洛渡水库区处于攀西、六盘水地区的核心地带。库区的 9 个县(区)经济均较不发达，1995 年人均国民生产总值仅为云南、四川省产值的二分之一，全国人均产值的三分之一，差距较大。

建设溪洛渡水电站，开发金沙江水能资源，必将给库区经济发展带来良好的契机。随着电站的建设，库区对外、对内交通条件将大大改善。移民资金和工程建设大量资金的投入，对库区各县的经济发展必将起到积极的推动作用。

综上所述，兴建溪洛渡水电站，实施西电东送，对实现我国能源合理配置，改善电源结构，改善生态环境，促进西部地区特别是川、滇金沙江两岸少数民族地区的经济发展，促进长江流域经济可持续发展具有深远的历史意义和作用。

2. 枢纽布置与主要水工建筑物

溪洛渡水电站枢纽由拦河坝、泄洪、引水、发电等建筑物组成。拦河坝为混凝土双曲拱坝，坝顶高程 610 m，最大坝高 285.5 m，坝顶弧长 698.07 m，拱坝坝身设置 7 个 12.5 m×13.5 m 的表孔，8 个 6 m×6.7 m 的深孔，左右两岸坡内设置 4 条泄洪洞，坝下游设置 2 道低坝，形成 400 m 长的水垫塘，左右岸建设地下厂房，各安装 9 台单机容量为 70 万 kW 的水轮发电机组。采用首部方式布置，引水发电建筑物由进水口、引水隧洞、主厂房、副厂房、主变室、尾水调压室、尾水隧洞、电缆竖井以及地面开、关站等组成。

(1) 枢纽布置

鉴于工程规模大，地下洞室多，结合地形地质条件与施工，开展了多方案的比较研究。枢纽布置遵循以下原则。

①坝址河谷为窄 U 形，基本对称，地质条件较好，适宜修建混凝土拱坝。坝型比较表明，双曲拱坝较重力拱坝为优。

②洪水标准按 1 000 年一遇洪水设计，10 000 年一遇洪水校核，相应的洪峰流量分别为 43 700 m^3/s 和 52 300 m^3/s。

图 5-4-1 溪洛渡水电站库区

a. 由于工程泄洪流量大、水头高，坝址区河谷狭窄，岸坡陡峻，泄洪消能设施采取“分散泄洪、分区消能”的布置原则，由坝身孔口和两岸泄洪隧洞共同担负泄洪。

b. 各泄洪建筑物的泄量分配，首先研究坝身孔口合理可行的布置方式及泄量规模，然后确定泄洪隧洞的布置形式与条数。考虑机组不参加泄洪和 50% 的机组参与泄洪两种工况，通过调洪演算，合理分配泄量。

c. 适当增设表孔，增强枢纽超泄能力。

d. 利用水库调蓄作用，减少枢纽下泄流量，降低消能防冲难度。

③因河谷狭窄，电站规模大，发电厂房采用地下式，并分左、右岸布置，各安装 9 台机组。

④施工导流建筑物。

a. 施工导流采用断流围堰、隧洞导流、基坑全年施工方案。

b. 导流洞的布置直接影响工期和枢纽建筑物的布置，为使导流工程工期最短，在满足大坝和水垫塘施工的前提下，优先考虑围堰和导流洞的布置。

c. 利用导流洞改建为永久水工建筑物，减少投资。

⑤研究工程分期蓄水提前发电的可行性与措施。

⑥结合坝址地形地质条件，合理选择进、出口建筑物位置与形式，尽可能减小高边坡。

⑦合理布置各枢纽建筑物位置，避免施工及运行期的相互干扰。

(2) 坝址选择

溪洛渡水电站位于四川省雷波县和云南省永善县交界的金沙江上，电站坝址距离永善县城约 5 km，距离雷波县城约为 20 km。

电站坝址位于溪洛渡峡谷中段，峡谷长 4 km，河道顺直，岸坡陡峻，山体浑厚，基岩裸露，地形完整，无沟谷切割，河谷呈对称的窄 U 形，临江坡高 400～500 m。枯期水位 370 m 时江面宽 70～110 m，正常蓄水位 600 m 时相应谷宽 530 m，河谷宽高比小于 2。两岸地形向下游微收缩，利于拱坝布置。坝线上游长约 400 m 的左右两岸 550～650 m 高程之间为坡度相对较缓的坡地，利于厂房和泄洪洞进水口布置。谷肩高程 750～850 m，左右岸谷肩以上均为宽缓台地。坝基岩体为峨眉山玄武岩，共 14 个岩流层，总厚度 490～520 m，岩层致密、坚硬、完整性较好。两岸弱卸荷水平深度 20～40 m，弱风化水平深度 40～60 m。弱卸荷带以内岩体完整，总体成块状、整体结构，弱、微透水，属Ⅰ—Ⅱ级岩类，有较强的承载能力和抗变形能力。岩流层以 4°～5°缓倾下游微偏左岸，受构造影响较弱，无大断层分布。主要构造形迹为一套发育于岩流层层间和层内的构造错动带和节理裂隙系统，虽分布较连续，但挤压紧密，工程性状较好。坝址区地震基本烈度Ⅷ度。地应力为 15～20 MPa，第一主应力方向与河流方向相近。坝址具备修建高混凝土拱坝和大型地下洞室群的地形地质条件。

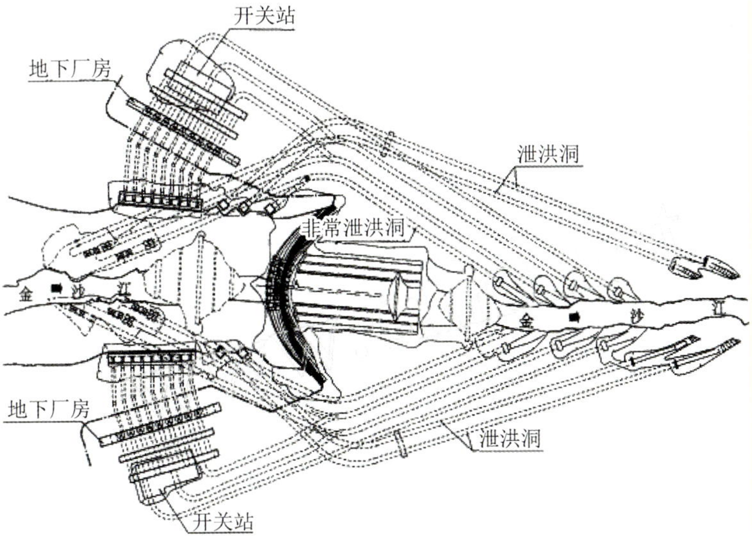

图 5-4-2 溪洛渡水电站枢纽平面布置图

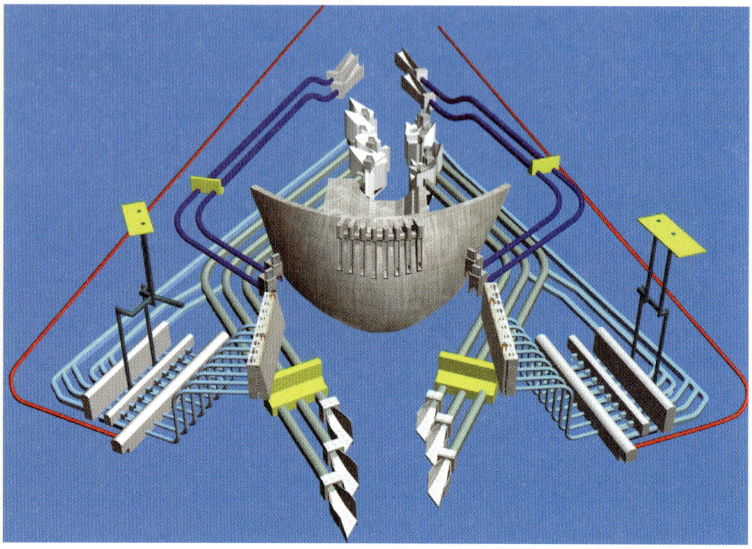

图 5-4-3 溪洛渡水电站枢纽布置效果图

(3) 大坝工程

大坝建基面高程 324.5 m，拱冠顶厚 14 m，拱冠底厚 64.04 m，最大中心角 95.58°，顶拱中心线弧长 681.51 m，分设 31 个坝段。

拱坝体型设计考虑了如下因素：

①由于坝址区地震烈度高，坝基岩体为多期喷溢的玄武岩，地层产状平缓，并发育有层间层内错动带，岩体变形模量呈各向异性，且坝身布置有泄洪孔口等，拱坝不宜太薄，应有足够的刚度，以维持大坝整体稳定；

②适当扁平化，使拱推力尽量指向山里；

③不设纵缝，仅设横向施工缝，拱坝倒悬度不超过 0.3。

工程采用抛物线型双曲拱坝，参见图 5-4-4、图 5-4-5。

(4) 水电站建筑物

引水发电建筑物由两岸电站进水口、压力管道、主厂房、主变室、尾水建筑物、通排风系统、出线洞、地面出线场及地下厂区防渗系统等建筑物组成。

采用全地下式厂房，分左、右岸布置，主厂房位于拱端上游山体内，采用单机单管供水，设尾水调压室，尾水洞与导流洞可结合利用。

左岸电站进水口采用露天竖井式结构，右岸采用岸塔式结构，均布置在拱坝上游左、右岸 550～650 m 高程之间的缓坡阶地，距离坝轴线 250～550 m 范围内，底板高程 518 m，呈一字形排列，进水口前缘长度为 275.5 m，设有一道斜坡式拦污栅，坡度为

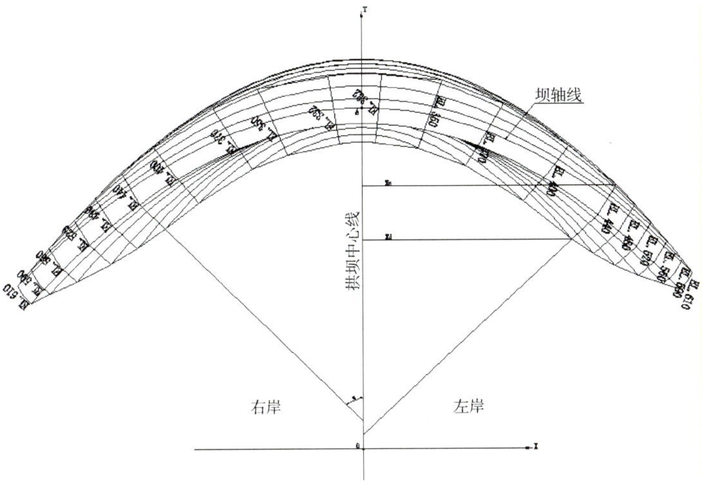

图 5-4-4　溪洛渡水电站拱坝体形图

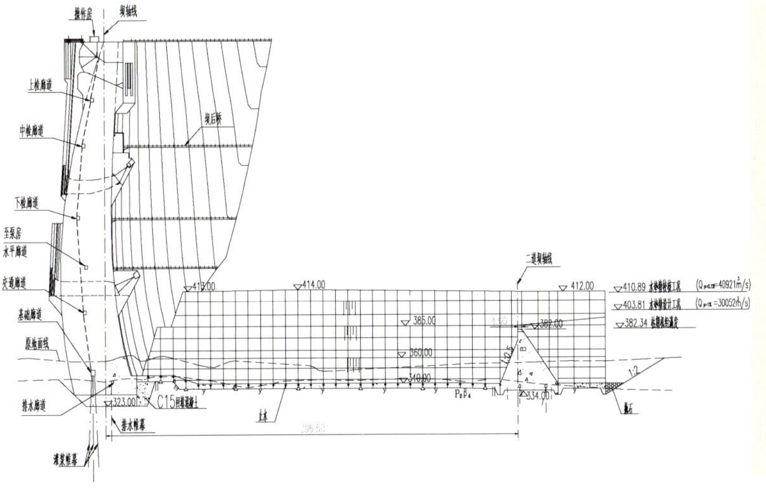

图 5-4-5　拱坝典型断面图

1∶0.3，栅顶操作平台高程 610.0 m，竖井距离进口拦污栅的水平距离为 29.63 m，竖井内设置有检修闸门、工作闸门以及通气孔；压力管道下平段采用钢衬；主厂房由主机间、副厂房、主安装间、副安装间四部分组成，总长 384.03 m，采用钻爆法施工，分 9 层进行开挖支护；主变室与主厂房平行布置，顶拱中心线距厂房机组中心线 76 m，断面尺寸为 349.3 m×19.8 m×33.3 m(长×宽×高)，分 5 层进行开挖支护；尾水建筑物由尾水调压室、尾水洞及尾水洞出口等建筑物组成，采用“三机一室一洞”的布置格局。

(5) 泄洪消能建筑物

枢纽泄洪由坝身孔口和泄洪隧洞共同承担。在通常情况下，坝身孔口泄洪较隧洞泄洪经济安全。泄洪建筑物按 1 000 年一遇洪水设计，10 000 年一遇洪水校核，总泄量达到 49 923 m^3/s，泄洪功率近 1 亿 kW。

①坝身孔口布置

坝身泄洪能力取决于下游河床的承受能力和孔口对大坝结构的影响。结合下游河床地形地质条件及拱坝坝肩抗力体的稳定，拟定水垫塘断面为复式梯形或反拱形，边坡开挖不触及 420 m 高程以上的陡崖，并以枯水期江面宽度上限值 110 m 作为坝身泄洪入水宽度。由于拱坝孔口泄流具有向心作用，在水垫塘允许的入水宽度内，允许坝身孔口溢流前缘宽度可达 160～180 m。拱坝坝身设置 7 个 12.5 m×13.5 m 的表孔，8 个 6 m×6.7 m 的深孔。

②泄洪洞

根据枢纽泄量要求，扣除坝身泄量，尚需泄洪洞宣泄流量 14 000～16 000 m^3/s。参照国内外已有泄洪洞的泄量规模及闸门结构设计水平，结合溪洛渡泄洪水头约 190 m、下游河床汛期水深达 60～80 m 的特点(约为二滩水电站的 1.5 倍)，拟定单洞泄量与二滩水平(Q=3 860 m^3/s)一致。对应坝身孔口布置，需 4 条泄洪洞。左、右岸各布置 2 条，有利泄洪分散和出口对冲消能。

(6) 施工导流建筑物

施工导流建筑物由上下游围堰及导流洞组成。上游围堰为碎石土斜心墙土石围堰，顶高程为 436.0 m，最大堰高 78.0 m，堰顶宽度 10.5 m；下游围堰为土工膜心墙土石围堰，顶高程为 407.00 m，最大堰高 52.0 m，堰顶宽度 12.0 m；导流洞单洞长度为 1 259～1 938 m 不等，单洞过流量为 5 333～6 400 m^3/s。

二、工程规划建设历程

1. 施工规划及工期

(1) 枢纽工程量与工期

溪洛渡主体工程及导流洞开挖量约 3 981 万 m^3，其中土石方明挖量约 2 561 万 m^3，土石方洞挖量约 1 420 万 m^3，混凝土浇筑总量约 1 315 万 m^3。工程静态投资约 503 亿元。

工程 2003 年开始筹建，2007 年大坝主体工程开工，2015 年竣工投产，总工期约

13 年。

(2) 施工导流

①导流规划

根据导流建筑物布置及施工总进度计划安排,施工导流程序如下。

2007 年 10 月导流洞完建,同年 11 月上旬河道截流,2007 年 12 月—2008 年 6 月进行围堰基础防渗墙和围堰堆筑施工。2008 年 7 月—2011 年 6 月,导流设计流量 32 000 m^3/s 由 6 条导流洞共同宣泄,上游水位 434.10 m。

2011 年 6 月下旬,坝体混凝土最低浇筑高程 478.00 m,接灌浆高程 439.00 m,均超过围堰顶高程,此时大坝已具备挡水条件。2011 年 7—10 月,大坝临时度汛标准为 100 年一遇,流量 34 800 m^3/s 由 6 条导流洞宣泄(此时 1#—6# 导流底孔闸门关闭),上游水位 440.93 m。根据导流洞下闸、封堵施工进度分析,为确保按期完成施工规划所要求的封堵、改建任务,拟将 6 条导流洞分两个枯水期进行下闸、封堵。为了充分利用导流洞过流,减小 2012 年汛期的度汛难度,故选择 2011 年枯期下闸、封堵两条导流洞。2001 年 11 月中旬,1#、6# 导流洞下闸,下闸设计流量 4 090 m^3/s,2011 年 11 月—2012 年 5 月进行 1#、6# 导流洞封堵,封堵期设计流量 7 350 m^3/s 由 2#～5# 导流洞宣泄,上游水位 384.63 m。

2012 年 6 月下旬,坝体混凝土最低浇筑高程 535.00 m,接缝灌浆高程 499.00 m。2012 年 7—10 月,100 年一遇洪水流量 34 800 m^3/s 由坝体上 1#—6# 导流底孔和 2#—5# 导流洞共同宣泄,上游水位 452.91 m。2012 年 11 月中旬,2#—5# 导流洞下闸,下闸设计流量 4 090 m^3/s,2012 年 11 月—2013 年 4 月进行导流洞封堵,封堵期设计流量 7 350 m^3/s 由 1#—10# 导流底孔宣泄,上游水位 457.21 m。2012 年 12 月上旬,1#、2#、5#、6# 导流底孔下闸,下闸设计流量 2 910 m^3/s,2012 年 12 月—2013 年 4 月进行导流底孔封堵,封堵期设计流量 3 520 m^3/s 由 3#、4#、7#—10# 导流底孔宣泄,上游水位 461.89 m。

2013 年 5 月初,3#、4# 导流底孔下闸,水库开始蓄水,按 85%蓄水保证率,6 月底库水位可蓄至发电水位 540.00 m,此时坝体浇筑至坝顶高程 601.00 m,接缝灌浆高程 586.00 m,第一批机组已具备发电条件。2013 年 7—10 月,根据大坝防洪度汛标准,200 年一遇洪水流量 37 600 m^3/s 由 4 条泄洪洞(14.0 m×12.0 m)、8 个泄洪深孔(6.0 m×6.7 m)和 7#—10# 导流底孔共同宣泄,上游水位 587.47 m。2013 年 11 月中旬,7#—10# 导流底孔下闸,下闸设计流量 4 090 m^3/s,2013 年 11 月—2014 年 4 月进行 3#、4#、7#—10# 导流底孔封堵,封堵期设计流量 7 350 m^3/s 由 8 个泄洪深孔宣泄,根据发电要求控制上游水位在 540.00 m 以上。

2013 年 10 月坝体接缝灌浆全部完成，2014 年 2 月底大坝泄洪表孔金属结构安装完成，2014 年 6 月底大坝工程全部完建。

②截流标准及方式

溪洛渡水电站截流标准为 10 年一遇，相应设计流量为 5 160 m^3/s。根据施工分期洪水资料、围堰施工进度分析并结合截流水力条件，选择河道截流时间为 2007 年 11 月上旬。

根据溪洛渡水电站坝址的地形、施工条件、截流条件及截流难度分析，与平堵截流相比较，立堵截流不需修建栈桥或浮桥，具有施工方法简单、施工准备工程量小和费用较低等优点，并且采用立堵截流难度不大，经综合分析比较，并参照国内三峡、葛洲坝工程的截流实践，溪洛渡水电站截流采用单戗、立堵双向进占的截流方式。

③截流程序

10 月底自右岸适时开始预进占，11 月上旬截流，设计截流流量 5 160 m^3/s。龙口进占共分三区双向进占，Ⅰ区：龙口宽度 80.0～50.0 m；Ⅱ区：龙口宽度 50.0～20.0 m；Ⅲ区：龙口宽度 20.0～0 m。合龙时以左岸进占为主。分区图如 5-4-6 所示。

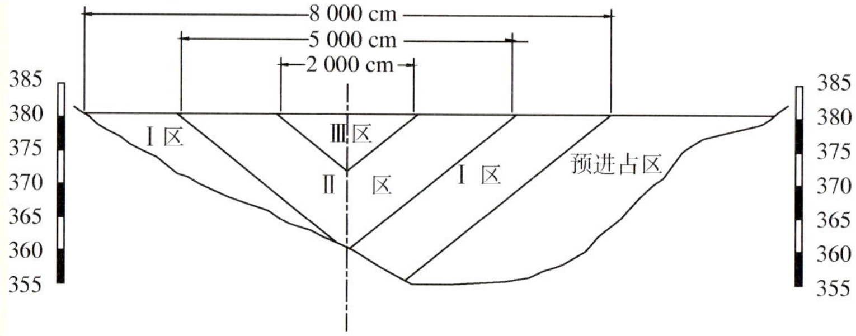

图 5-4-6 合龙施工分区图

(3) 工程安排

溪洛渡水电站建设管理实行以项目法人为中心的招投标制、合同管理制和工程建设监理制度。

中国三峡总公司(现三峡集团)是溪洛渡水电站建设的项目法人(业主)。

2003 年 2 月，三峡总公司成立金沙江开发有限责任公司筹建处，具体负责金沙江下游水电开发征地移民、水文气象、技术支持、公共关系、综合协调、后勤保障等工作。

2004 年 6 月，三峡总公司成立溪洛渡工程建设部，负责溪洛渡工程建设管理工作。

溪洛渡工程主设计单位是成都勘测设计研究院，对外交通专用公路设计单位是铁道部第一勘察设计研究院，长江水利委员会、西北勘测设计研究院负责场内生产供水、营地建设项目的设计工作。

建设监理单位主要有长江三峡技术经济发展有限公司、铁道部第二勘察设计研究院咨询监理公司、二滩国际监理公司和中南勘测设计院。

通过招标竞争选择的施工队伍，主要有：葛洲坝集团公司、水电四局、水电六局、水电八局、水电十四局、水电武警、交通武警、解放军 7321 部队、中铁大桥局、中铁隧道局、中铁十一局、中铁十六局、中铁十八局等单位。

溪洛渡水电站建设期间实行“业主为主、地方配合、依法管理、分区负责”的施工区封闭管理。2003 年 8 月 4 日，中国三峡总公司和云南省、四川省政府共同组成溪洛渡工程施工区管理委员会，负责施工区重大问题的决策和协调。

当时制定的主要控制性目标如下：

2003 年 8 月筹建工程启动建设；

2005 年 12 月主体工程正式开工；

2007 年 11 月工程截流；

2008 年 10 月开始大坝混凝土浇筑；

2012 年 6 月第一台机组安装完成；

2013 年 6 月水库蓄水 540 m 高程，首批机组发电；

2015 年工程竣工。

2. 溪洛渡工程建设历程

从 20 世纪 50 年代到正式立项，溪洛渡工程经历了多年的构想，从规划、勘测到论证、立项审批、可研审查、技术评估、项目核准，国内外专家、各有关部门、高等院校和科研院所进行了大量的科学研究、模型试验，溪洛渡水电站严格执行了国家基本建设程序，是建立在翔实的科学研究和工程实践的基础上的科学论证的结果。

(1) 早期的查勘规划

1949 年前，基本上没有进行金沙江流域的规划工作。

1952 年，长江水利委员会上游局对金沙江的局部河段进行了查勘，随后长办和有关单位陆续对石鼓以下河段进行了查勘和开发研究工作，提出了《金沙江复勘报告》、《金沙江补充查勘报告》和《金沙江水象调查报告》等报告。

1960 年，长办在过去工作基础上提出了《金沙江流域规划意见书》，推荐向家坝(385 m)、溪洛渡(600 m)、白鹤滩(800 m)、鲁拉嘎(995 m)等四级开发为下游河段的梯级开发方案，并指出白鹤滩或溪洛渡为近期开发对象。

1958—1961 年，水利电力部昆明勘测设计院对金沙江龙街至白鹤滩河段进行了初步规划研究，提出了《金沙江龙街—白鹤滩河段水能规划初步意见》，推荐白鹤滩(800 m)，并建议对鲁拉嘎(995 m)梯级和乌东德(995 m)梯级进行比较。

1959—1965 年，中国科学院综合考察队对金沙江上游段和石鼓至宜宾段进行了考察，提出了《川滇接壤地区水利资源的综合利用与金沙江(石鼓以下河段)的梯级开发》(内部讨论稿)，并提出了五种梯级组合开发方案，其中龙街至宜宾河段开发方案与长办编制的《金沙江流域规划意见书》一致，并提出溪洛渡梯级为首期开发对象。

1975 年，云南省革命委员会向国家计委、交通部、水电部提出《关于金沙江开发问题的报告》，建议石鼓至宜宾河段分八级进行开发，即虎跳峡、洪门口、皮厂、半边街、乌东德、白鹤滩、溪洛渡和向家坝。报告建议先行开发渡口至宜宾河段，并认为白鹤滩和溪洛渡两梯级更为优越。

1976—1977 年，水利电力部四川勘测设计处，对渡口以下河段进行了现场查勘，并提出了《金沙江(渡口至宜宾段)四个梯级坝址复勘报告》，认为长办和云南省革命委员会等单位提出的本河段梯级开发方案是合适的，并指出，乌东德(鲁拉嘎)梯级因受成昆铁路高程的限制，正常蓄水位拟由 995 m 降为 950 m。

1978 年，成都勘测设计研究院与四川勘测设计处合并后，进一步开展了各项勘测规划设计工作，并于 1981 年编制完成了《金沙江渡口至宜宾段规划报告》。报告推荐了向家坝(380 m)、溪洛渡(600 m)、白鹤滩(820 m)、乌东德(950 m)作为下游河段的梯级开发方案。

(2) 前期的勘测设计

1985 年 12 月，在水利电力部水电总局安排下，成都勘测设计研究院(以下简称成勘院)正式启动溪洛渡水电站前期勘测设计工作。

1987 年，成勘院正式开展溪洛渡水电站地质勘探。

1983—1990 年，长江流域规划办公室综合全国各有关部门、单位的工作，编制完成了《长江流域综合利用规划简要报告》，报告对石鼓至宜宾河段水利枢纽开发规划提出九级开发方案，其中下游河段即为《金沙江渡口至宜宾段规划报告》的意见。

1990 年国务院正式行文批准了《长江流域综合利用规划简要报告》。

1992 年成勘院举行了溪洛渡水电站可行性研究阶段(相当于预可行性研究阶段)地质技术讨论会。

1993 年成勘院联合中南院、华东院完成了《金沙江溪洛渡、向家坝水电站“西电东送”研究专题报告》；同年编制完成了《溪洛渡水电站坝址选择报告》。

1994 年 4 月，水电水利规划设计总院(以下简称水规总院)主持召开了溪洛渡水电站坝址选择审查会，审查同意选用玄武岩坝段的中坝址。

1995 年 10 月，成勘院完成了《溪洛渡水电站预可行性研究报告》。

1995 年 11 月，国务院三峡工程建设委员会五次会议明确中国三峡总公司为溪洛渡水电站的业主。

1996 年 5 月，金沙江溪洛渡和向家坝水电站预可行性研究报告通过国家主管部门审查批准。中国三峡总公司从 1996 年起组织勘察设计和科研单位开展溪洛渡和向家坝水电站的前期工作。

1996—1998 年，在三峡总公司和水规总院组织下，开展综合比选工作，编制完成了《金沙江溪洛渡水电站可行性研究中间报告》。

1997—1998 年，根据国家计委有关要求，三峡总公司委托水规总院组织完成了金沙江溪洛渡和向家坝水电站综合比选工作。

1999 年 5 月，国家计委以计办基础〔1999〕330 号文批复三峡总公司按照“溪洛渡在先，向家坝在后”的排序意见开展下步可研工作。

1999 年 6 月和 11 月，三峡总公司先后与成都勘测设计研究院、中南勘测设计研究院签订委托合同，开展金沙江溪洛渡、向家坝水电站可行性研究勘测设计科研工作。与此同时，为配合两电站可行性研究工作，三峡总公司先后委托国家电力公司、长江水利委员会、水电水利规划设计总院等单位开展了《金沙江一期工程溪洛渡、向家坝水电站输电系统规划设计》《金沙江溪洛渡和向家坝水电站防洪专题研究》《金沙江一期工程对长江合江至雷波段珍稀鱼类国家级自然保护区的影响及替代方案研究》等专题研究工作。

2000 年 8 月，三峡总公司向国家计委申请将金沙江溪洛渡水电站列入国家“十五”计划。

2001 年 3 月，九届全国人大第四次会议通过的国家“十五”发展纲要中明确提出，“要抓紧长江上游溪洛渡或向家坝水电站开发的前期论证工作”。

2001 年 11 月，成勘院完成《金沙江溪洛渡水电站项目建议书》编制上报工作。

2001 年 12 月，成勘院完成《金沙江溪洛渡水电站项目建议书补充报告》编制上报工作。

2001 年底成勘院向国家提交了由 14 个篇章、38 个专题报告组成的《溪洛渡水电站可行性研究报告》。

2002 年 3 月，国家计委副主任张国宝带队考察了金沙江溪洛渡和向家坝水电站。

2002 年 6 月，国家计委主持召开了溪洛渡和向家坝水电站立项建设论证会。在这次会议上，溪洛渡工程通过了项目评审。

2002 年 9 月 18 日，国务院批准溪洛渡和向家坝同时立项建设，溪洛渡水电站进入建设程序。

2002 年 11 月，国家计委在宜昌主持召开金沙江溪洛渡和向家坝水电站建设第一次协调会议。会议要求，认真做好溪洛渡和向家坝水电站工程建设前期工作，抓紧开展溪洛渡水电站的对外交通和现场“三通一平”工作；抓紧溪洛渡水电站可行性研究报告的审批工作，加快向家坝水电站的勘测设计工作。会议同时提出，金沙江下游另外两个梯级乌东德与白鹤滩水电站的前期工作，以三峡总公司为主安排资金开展。

(3) 前期工程筹建

2003 年 2 月，中国三峡总公司成立了金沙江开发有限责任公司筹建处，进驻溪洛渡工地开展前期工程筹建工作。

2003 年 2 月 9 日，三峡总公司金沙江开发有限责任公司筹建处启动了溪洛渡、向家坝两座水电站建设的前期工作。

2003 年 2 月 26 日，溪洛渡水电站工程第一个招标项目——对外交通专用公路勘察设计招标在成都开标。

2003 年 3 月 9—10 日，三峡总公司分别与云南省、四川省政府签订了溪洛渡水电站施工区“三通一平”征地移民协议书。

2003 年 7 月 20 日，溪洛渡水电站工程左岸还建公路(汶白路)开工。

2003 年 7 月，国土资源部批复了溪洛渡水电站建设用地预审意见。

2003 年 8 月，国家发展和改革委员会委托水电水利规划设计总院组织对溪洛渡水电站可行性研究设计报告进行了审查，主持召开了《金沙江溪洛渡水电站可行性研究报告》审查会议。会议认为该报告满足可行性研究阶段设计深度要求。至此，历时近 20 年的溪洛渡工程的前期设计工作基本告一段落。

2003 年 8 月 4 日，三峡总公司与云南、四川两省政府联合发文，成立溪洛渡水电站施工区管理委员会。

2003 年 8 月 5 日，溪洛渡水电站工程施工区首个项目——左右岸低线路公路开工。

2003 年 9 月 28 日，溪洛渡水电站工程首批 36 户 129 名移民外迁。

2004 年 4 月 29 日，溪洛渡施工区移民搬迁任务圆满完成。

2004 年 6 月，水利部审查批复《金沙江溪洛渡水电站水土保持方案报告书》。

2004 年 6 月 11 日，三峡总公司分别与水电六局和葛洲坝集团公司签订溪洛渡水电站第一个主体工程项目——溪洛渡水电站导流洞及电站进水口开挖工程的施工合同。

2004年10月15日，由潘家铮等多位院士、专家组成的专家组审查通过了拱坝坝体优化设计。专家们认为，坝体经成勘院的优化设计，通过合理利用弱风化岩体作为拱坝基础、建基面外移和体型优化后，基础开挖和大坝混凝土浇筑较可研推荐方案分别减少约160万 m^3 和110万 m^3，可节省工程直接投资约6亿元。

2005年2月，国家环保总局审查批复溪洛渡水电站“三通一平”等工程环境影响报告书。

2005年4月，国务院正式批复《长江合江—雷波段珍稀鱼类国家级自然保护区调整方案》。

2005年4月，国家环保总局的环审〔2005〕315号文件批复了溪洛渡水电站环境影响报告书。

2005年4月27日至29日，溪洛渡水电站泄洪建筑物布置设计优化审查会在溪洛渡工地召开。

2005年3月、5月和7月，中国国际工程咨询公司分别对溪洛渡电站水库淹没及移民安置规划、工程技术经济、生态环境保护专题进行了评估。金沙江水生生物保护项目的立项工作已经启动，同时，中国三峡总公司委托中科院水生所开始了长江鱼类保育中心的初步设计工作。

2005年11月10日，国家发改委在北京召开金沙江溪洛渡水电站工作会议，三峡总公司与四川云南两省签订溪洛渡水电站移民包干协议。国家发改委副主任的张国宝指出:溪洛渡水电站工程基本具备开工建设条件。

2005年11月，中国国际咨询公司受国家发改委的委托，完成了《溪洛渡水电站工程建设项目评估报告》。

2005年11月6日，水电水利规划设计总院受国家发改委的委托审查通过了《溪洛渡水电站水库淹没区征地和移民安置规划专题报告》。

2005年11月下旬，地下厂房招标工作结束，葛洲坝集团公司、水电十四局中标。地下厂房土建施工及金结安装工程总投资约50亿元人民币。

2005年12月14日，溪洛渡水电站施工区管理委员会第六次全体会议在溪洛渡工地召开。

2005年12月26日，溪洛渡水电站获得国家核准正式开工。

(4) 建设运行阶段

2007年4月，大坝主体工程开工。

2007年11月7日，溪洛渡水电站启动截流工程。

2013年5月4日上午，溪洛渡水电站开始第一阶段的下闸蓄水。

2013年5月28日，溪洛渡水电站右岸地下电站5号尾水系统充水成功，标志着该电站首批机组即将进行有水调试。

2013年7月15日零时，溪洛渡水电站首台机组右岸13号机组顺利结束72小时试运行，成功并入南方电网，交由长江电力溪洛渡电厂运行管理，机组进入正式运行。此举标志着溪洛渡电站首台机组顺利完成建设向运行管理无缝交接，溪洛渡电站正式发电。

2014年3月6日，随着最后一仓混凝土浇筑入仓，溪洛渡电站大坝全线浇筑到顶，达到设计高程610 m。溪洛渡坝体浇筑的最后一仓位于厂房十二坝段，高程为608～609.7 m，浇筑层厚度为1.7 m，仓面最大面积达163 m^2，混凝土方量约为288.560 m^3，浇筑温度为12℃。

2014年4月1日，溪洛渡左岸电站3号机组结束了72小时试运行并完成停机检修，正式投产发电。至此，溪洛渡电站已有14台机组投产发电。

2014年6月30日晚，溪洛渡左岸1号机组结束72小时试运行，进入投产运行状态。至此，溪洛渡水电站所有机组全部投产。

2014年9月28日，当时世界第三、中国第二大水电站溪洛渡水电站已顺利蓄水至600 m水位。蓄水过程中，水电站大坝的变形、应力、渗流、渗压等情况均在正常范围内，枢纽建筑物以及库岸的各项监测指标均无异常，水电站平稳运行。

三、工程效益

溪洛渡水电站位于四川省雷波县和云南省永善县境内金沙江干流上的峡谷地段，距离下游宜宾市河道里程184 km，距离三峡、武汉、上海的直线距离分别是770 km、1 065 km、1 780 km，是一座以发电为主，兼有拦沙、防洪和改善下游航运条件等巨大综合效益的巨型水电站工程。

(1) 发电效益

溪洛渡水电站总装机容量为1 260万kW，在上游仅有二滩水电站的情况下，保证出力3 395 MW，年发电量571.2亿kW·h；当上游再建成锦屏一级、两河口、白鹤滩、虎跳峡等电站后，保证出力可以达到6 657 MW，年发电量640亿kW·h。

溪洛渡电站现为不完全年调节，通过水库的调节作用，可增加下游三峡、葛洲坝电站的保证出力37.92万kW，增加枯水期电量18.8亿kW·h，大量的优质电能送到华东、华中地区，对于改善能源结构，缓解我国东部电力供需矛盾意义重大，系西电东送的启动工程。

(2) 拦沙效益

金沙江中游是长江主要产沙区之一，溪洛渡坝址年平均含沙量 1.72 kg/m^3，悬移质年输沙量 2.5 亿 t，推移质年输沙量 182 t，约占三峡入库沙量的 47%。溪洛渡水电站控制了长江的主要产沙区，水库库容大，淤积年限长，对下游水电站减沙效益明显，经计算分析，溪洛渡水库如单独运行 60 年，三峡库区入库沙量将比天然状态减少 34.1%以上，中数粒径细化约 40%，三峡入库挟沙水流的这两个基本要素的改变对促进三峡工程效益发挥和减轻重庆港的淤积有不可替代的作用。

(3) 防洪效益

金沙江流域面积为 47.32 万 km^2，为长江宜宾以上流域面积的 55%，汛期洪水总量约占宜宾洪量的 1/3 以上，溪洛渡正常蓄水位 600 m，相应库容 115.7 亿 m^3，其中防洪库容 46.5 亿 m^3，利用水库调洪再配合其他措施，可使川江沿岸的宜宾、泸州、重庆等城市的防洪标准从 20 年一遇过渡到符合城市防洪规划标准。溪洛渡水库汛期拦蓄金沙江洪水，直接减少了进入三峡水库的洪量，配合三峡水库运行可使长江中下游防洪标准进一步提高。研究成果表明，长江中下游遭遇 100 年一遇洪水，溪洛渡水库与三峡水库联合调度，可减少长江中下游的分洪量约 27.4 亿 m^3，溪洛渡水电站是长江防洪体系的重要组成部分。

(4) 航运效益

溪洛渡水库建成后，由于水库的水量调节和拦沙作用，将增大枯水期流量，经计算，可使新市镇至宜宾河段枯水期流量较天然情况增加约 500 m^3/s，改善下游枯水期通航条件。

(5) 环境效益

水电是无限循环的清洁、可再生能源，溪洛渡水电站大量的优质电能代替火电后，每年可减少燃煤 2 200 万 t，减少二氧化碳排放量约 4 亿 t，减少二氧化氮排放量近 40 万 t，减少二氧化硫排放量近 85 万 t。库区生态环境和水土保持措施的落实，将有助于提高区域整体环境水平。

(6) 社会效益

溪洛渡水库淹没区是云南、四川两省的少数民族居住的贫困地区，经济以传统农业为主，工业所占比例很小，丰富的水能资源、矿产资源、生物资源和旅游资源均未得到充分的开发利用。随着溪洛渡水电站的建设，库区对外、对内水陆交通条件的改善，移民及工程开发建设资金的投入，对库区各县的基础设施建设、资源开发利用、产业结构优化、经济发展必将起到积极的推动作用，为库区各县的脱贫致富制造一个难得的机遇。

四、关键工程技术问题与创新

1. 关键技术问题

(1) 建基面选择

坝址区自然条件优越，山高谷深，两岸地形完整对称，河道顺直，河谷为窄 U 形，其宽高比小于 2，坝址区出露 490～520 m 厚的二叠系峨眉山玄武岩，河床坝基及两岸坝肩均置于玄武岩之上，是理想的修建混凝土双曲拱坝的坝址。

选择大坝建基面时，考虑承受总水推力约 1 400 万 t，对基础的要求较高，因此将拱坝基本上置于微、新和弱风化下段的玄武岩岩体上，拱坝坝肩、坝基岩体质地坚硬，以整体块状和次块状结构为主，完整性、均匀性好，能够满足拱坝承载能力及坝基变形的要求。规划大坝建基面高程为 332 m，最大坝高 278 m，初步拟定的拱端的平均嵌深左岸 48.0 m，右岸 55.7 m，在嵌深上适当留有余地。

(2) 拱坝的体型设计

①坝体应具有较大的整体刚度，以改善坝身开孔后对拱坝整体刚度削弱的不利影响；通过加强坝体刚度，提高坝体整体性，改善地震反映较强的坝体中上部位应力条件，提高大坝的抗震能力。

②在满足坝体强度要求的前提下，采用扁平拱布置，尽量使拱推力转向山体内部，改善坝肩稳定条件。

③大坝应具有较强的适应坝基变形、坝基变模浮动及变模各向异性的能力；在各种计算工况下，均有较好的应力、变形状况；大坝的应力、变形变化幅度合理，并能兼顾提前发电需要。

④在双曲拱坝布置中，考虑不设纵缝，简化温控措施，加快施工进度，提高拱坝整体性。控制上游倒悬度，改善施工期应力条件。尽量使体型简单，方便施工。

⑤要求建基面规则、纵坡平顺，避免产生应力集中。按此要求，经各种拱圈线型的优化设计及综合比较，推荐抛物线双曲拱坝。

(3) 应力分析

①应力控制标准

应力控制标准系根据《混凝土拱坝设计规范》和《水工建筑物抗震设计规范》的有关规定，以国内外高拱坝容许应力标准为基础，结合我国近期高拱坝的建设经验及溪洛渡拱坝工程特点，本着安全可靠、经济合理、施工方便等要求而确定。

溪洛渡拱坝应力分析以拱梁分载法为主，相配套的容许应力控制标准见表 5-4-1、

表 5-4-2。

表 5-4-1 坝应力控制标准

荷载组合	容许压应力（MPa）	容许拉应力（MPa）		混凝土抗压强度安全系数
		上游面	下游面	
基本组合	9.0	1.2	1.5	4.0
特殊组合（无地震）	10.0	1.5	1.5	3.0

表 5-4-2 特殊组合（有地震）工况应力控制标准

混凝土设计强度（MPa）	容许压应力（MPa）	容许拉应力（MPa）
25	12.9	2.4
30	15.4	2.9
36	17.9	3.3

②坝体应力分析

坝体应力分析以多拱梁法为主，有限元法及模型试验为辅。通过对各种工况包括施工期的坝体应力分析以及基础特性等参数的敏感性分析，拱坝应力分布良好，应力水平与二滩拱坝相当，不仅满足设计要求，而且对基础变模的浮动具有较好的适应能力。坝身设有表孔、中孔后，从拱坝整体稳定来说对大坝整体应力分布无影响，易导致孔口附近局部应力集中，通过配筋即可解决。

采用拱梁分载法（9 拱 17 梁），在荷载基本组合工况和特殊荷载组合工况下，坝体应力位移计算成果见表 5-4-3、表 5-4-4。

表 5-4-3 荷载基本组合工况下的坝体应力位移成果

荷载工况		基本组合Ⅰ	基本组合Ⅱ	基本组合Ⅲ
		数值（高程）（m）	数值（高程）（m）	数值（高程）（m）
最大主压应力（MPa）	上游坝面	6.64（480）	6.99（332）	6.12（480）
	下游坝面	8.81（520）	5.24（480）	9.06（520）
最大主拉应力（MPa）	上游坝面	−0.75（480）	−1.02（610）	−0.88（480）
	下游坝面	−0.32（332）	−1.17（610）	−0.31（3321）
最大径向位移（cm）	坝体	12.60（520）	6.43（440）	12.15（480）
	基础	3.80（332）	2.74（332）	3.77（332）

续表

荷载工况		基本组合Ⅰ	基本组合Ⅱ	基本组合Ⅲ
		数值(高程)(m)	数值(高程)(m)	数值(高程)(m)
最大切向位移(cm)	坝体	3.39(480)	1.81(440)	3.33(480)
	基础	2.77(440)	1.68(400)	2.78(440)

注:基本组合Ⅰ为上游正常蓄水位+相应下游水位+泥沙压力+自重+温升;
基本组合Ⅱ为上游死水位+下游最低尾水位+泥沙压力+自重+温升;
基本组合Ⅲ为上游正常蓄水位+相应下游水位+泥沙压力+自重+温升。

表 5-4-4 特殊荷载组合工况下的坝体应力位移成果

项目 出现位置高程(m)	最大主压应力(MPa)		最大主拉应力(MPa)		最大位移(mm)			
					坝体		基础	
	上游坝面	下游坝面	上游坝面	下游坝面	径向	切向	径向	切向
480	6.56							
520		9.84						
520			−1.07					
332				−0.29				
520					13.22			
480						3.56		
332							3.70	
440								2.94

从表中可以看出,在基本组合Ⅰ、Ⅱ、Ⅲ工况作用下,坝体最大径向位移 12.6 cm,坝基河床最大径向位移 3.8 cm,坝体位移平顺光滑;坝体应力状态良好,坝体大部分处于受压状态,只在中部高程坝踵部位局部出现拉应力,最大主拉、主压应力值满足应力控制标准。说明抛物线体型设计符合要求。

在特殊荷载组合工况下,坝体应力满足应力控制标准,应力分布规律及最大位移、最大应力出现部位与基本组合相似,主要差别在于上游坝踵拉应力增大,增幅约30%。线弹性有限元法计算结果表明:坝体位移对称、均匀,与拱梁分载法计算成果一致;坝体拉应力主要受上游面控制,从拉应力区分布及拉应力值综合判断,坝体拉应力满足设计要求;坝体压应力主要受下游面控制,从压力区分布及压应力值综合判断,坝体压应力满足设计要求。

(4) 坝肩稳定分析

坝址区的地形地质对拱坝坝肩稳定有利，主要表现为：河谷狭窄，地形完整对称，山体雄厚；坝肩出露的岩体为坚硬、完整的玄武岩，具有较高的强度。坝肩岩体内无特定的陡倾角结构面发育，只有稀疏、短小、挤压紧密的陡倾角裂隙发育（其连通率＜10%～20%）。对坝肩稳定不利的因素是玄武岩层间层内错动带较发育，错动带物质大多由坚硬的玄武岩角砾碎块组成，但大多挤压较紧密，是拱坝坝肩稳定控制性底滑面。

坝肩抗滑稳定分析以刚体极限平衡法为主，坝肩抗力体的侧滑面为一套极不发育的节理裂隙；底滑面为特定的层间层内错动带，倾角平缓，面有起伏，连续性较好。

按照地质勘探揭示的裂隙产状及层间层内错动带的产状、分布和位置，列出坝肩各种可能的滑移面组合，按规范要求，采用刚体极限平衡法进行坝肩稳定计算，结果见表 5-4-5。

计算结果表明，纯摩、剪摩安全系数均达到并超过规范要求，稳定性较好。

除此之外，采用目前国内的多种计算程序进行静、动荷载作用下的坝体应力分析、拱座稳定分析和大坝的地震反应分析，计算结果表明：在不同荷载组合工况下，拱座基本上无不良应力分布，拱坝应力分布较为理想；左右岸拱肩的稳定安全系数满足要求；坝体设计符合地震设防要求。

表 5-4-5　各典型滑动块体稳定安全系数

高程(m)	底滑面左岸	纯摩	剪摩	高程(m)	底滑面右岸	纯摩	剪摩
334.59	C3	1.46	3.66	380.66	C4	1.88	3.98
344.41	C4	1.53	3.83	498.16	C7	3.79	9.06
357.95	5 层内总体	1.46	3.76	537.65	C8	7.28	18.93
342.42	Lc5—34	1.67	4.04	387.78	5 层内总体	1.72	3.77
395.88	6 层内总体	1.43	3.94	419.56	Lc6—49	3.91	8.71
376.43	Lc6—14	1.75	4.53	424.29	6 层内总体	1.85	4.19
488.90	8 层内总体	1.69	5.47	499.94	8 层内总体	3.22	7.69
476.16	Lc8—40	1.72	5.49	—	—	—	—

(5) 拱坝抗震设计

溪洛渡水电站位于南北向的峨边—金阳断裂，北东向莲峰断裂及北西向马边—盐津隐伏断裂带所围限的雷波—永善三角形块体之中南部，块体面积约 1 600 km^2，断裂不发育,具有良好的稳定性。坝址区地震危险性主要来自块体东部马边地震带强震。1989—1990 年国家地震局对溪洛渡水电站进行了地震基本烈度复核和地震危险性分析,坝址区地震基本烈度为Ⅷ度,相应的基岩水平峰值加速度为 0.18g;100 年超越概率 0.02 时,基岩水平峰值加速度 0.32g。总库容 126.7 亿 m^3,最大坝高 278 m(设计值),溪洛渡混凝土双曲拱坝坝顶高程 610 m,坝高超过当时世界上最高的格鲁吉亚英古里坝,溪洛渡拱坝、英古里拱坝和小湾拱坝都是建在基本烈度Ⅷ度的高地震区的特高拱坝。根据《水工建筑物抗震设计规范》(DL 5073—2000)规定,拱坝抗震设计类别为甲类。由于坝高大于 250 m,其抗震安全性须进行专门研究。

按现行设计规范要求,进行如下计算分析:①采用动力拱梁分载法进行拱坝强度动力分析;②采用线弹性有限元反应谱法进行拱坝强度动力分析;③采用线弹性有限元时程法进行拱坝强度动力分析;④采用刚性极限平衡法和刚体弹簧元法进行拱坝坝肩动力稳定分析。

(6) 泄洪消能

金沙江径流丰沛,洪水峰高量大,洪水过程较长,洪水过程线多呈复峰型。溪洛渡坝址处多年平均流量 4 620 m^3/s,年径流量 1 460 亿 m^3,相当于黄河径流量的 3 倍,水库正常蓄水位以下库容虽有 115.7 亿 m^3,但与年径流量相比,水库库容系数较小,调蓄洪水能力有限,每年均要频繁泄洪。

电站 1 000 年一遇洪水洪峰流量 43 700 m^3/s,10 000 年一遇洪水洪峰流量 52 300 m^3/s 泄洪功率近 1×10^5 MW,约为已建的二滩电站泄洪功率的 3 倍。

图 5-4-7 溪洛渡大坝泄水

溪洛渡工程泄洪消能功率高，具有“高水头、大泄量、窄河谷”的特点。当时国外高拱坝工程的泄洪功率相对较小，已建薄拱坝中泄洪功率最大的是洪都拉斯的埃尔卡洪拱坝，泄洪功率 15 500 MW；国内已建工程中，泄洪功率最大的是二滩水电站，泄洪功率为 3.9×10^4 MW，均远远小于溪洛渡工程 1×10^5 MW 的泄洪功率。因此，溪洛渡工程泄洪消能问题十分突出，是世界水平的高难度问题。

为解决泄洪消能问题，结合坝址区地形地质条件，溪洛渡工程泄洪消能设计以“分散泄洪、分区消能、按需防护”为原则，采用坝身孔口、两岸泄洪洞和适当台数机组共同承担泄洪任务的布置方案。主要泄水建筑物由坝身 7 个表孔、8 个深孔和两岸 4 条泄洪洞组成。

在设计中解决了以下关键技术问题。

①增大坝身孔口泄量

溪洛渡河道顺直，基岩裸露，抗冲流速高，有条件增大坝身孔口泄洪流量，减轻坝外泄洪任务，从而缩小泄洪洞的规模，或者保持原有泄洪洞的规模，减少泄洪洞数量，降低工程造价，经济效益显著。

坝身采用表孔、深孔相结合，分层出流，上下差动，空中扩散，水舌空中碰撞。射流水舌在入水处纵向尽可能分散；在水舌不砸岸坡的条件下，充分利用下游水深大的特点，使水舌横向拉开与扩散，有效地削弱入水射流的集中程度；利用射流和淹没水跃的消能原理在水垫塘中集中消刹下泄洪水的能量，并减少水舌冲击压力，以减轻射流对水垫塘底板的冲刷破坏，并对水垫塘进行衬护，形成“分层出流、水舌碰撞、水垫塘消能”的消能方式。坝身孔口泄洪功率达到 5.7×10^4 MW，为二滩的 2 倍，是技术上的重大突破。

多个水力学模型试验的成果表明，针对坝身设 7 个 12.5 m×13.5 m 表孔和 8 个 6 m×6.7 m 的深孔的设计方案，通过表孔采用舌形坎或差动坎，缩短表孔闸墩、优化表孔和深孔体型等工程措施后，当坝身宣泄 30 000 m^3/s 流量时，表孔和深孔水舌能适当碰撞、剪切形成散落状水股，水舌扩散充分。碰撞后的水舌大量掺气，形成掺气水流，消能效果较好。多股水流入射坝下水垫塘后，在水垫塘内形成复杂的三元水流，在水垫塘内纵向、横向和垂向扩散，加之与水垫塘边壁的碰撞折冲，下泄水流剧烈紊动消能。利用水垫塘内水深达 80 m 左右的有利条件，大大地减少底板上的动水压力。水垫塘底板上的最大时均压强仅为 13 m×9.8 MPa，在设计的允许范围之内。

通过模型试验，验证溪洛渡拱坝坝身宣泄 30 000 m^3/s 流量，坝身孔口泄流能力、水流流态、消能效果、水垫塘底板上的最大时均冲击压力和底板稳定均能满足要求。再通过拱坝泄洪振动水弹性模型试验，坝身泄洪时诱发的坝体振动是有感振动，其数量级不会对坝体安全构成威胁，也不会对环境和人造成危害。通过多项指标的综合分析，下游河道具有承受由坝身孔口下泄 30 000 m^3/s 流量的能力。因此设计采用坝身孔口宣泄 30 000 m^3/s 流量是可行的。

②采用反拱型水垫塘

溪洛渡工程的泄洪消能设计采用坝身设两层孔口，坝后设水垫塘消能的布置方式。这样布置方式使枢纽布置紧凑，泄洪水流方向与原河道基本一致，顺应河势，避免下泄水流对两岸的直接顶冲，是一种既安全又经济的布置方式。在设计中首先注意水垫塘的开挖不能危及大坝的坝肩安全，水垫塘的边坡不宜太高；其次，要注意水垫塘底板的稳定性。因为大量的能量在水垫塘内消刹，一旦水垫塘底板失去稳定，河床基岩遭受冲刷，势必影响大坝及坝肩的稳定。

溪洛渡水电站坝址河谷形态为对称的窄 U 形，枯水期水面宽 70～110 m，河床 420 m 高程以下的坡度较缓，仅为 20°～25°，420 m 以上则为 55°～75°陡坡。从适应河谷形态，减少岸坡的开挖，增加底板稳定的安全度考虑，采用了反拱型底板水垫塘。

枢纽整体模型试验和单体水力模型试验表明，这种枢纽泄洪建筑物的设计方案，其泄洪能力、消能效果和布置格局是安全可行的，完全可以在遭遇特大洪水时投入使用。

(7) 超大型地下洞室群设计

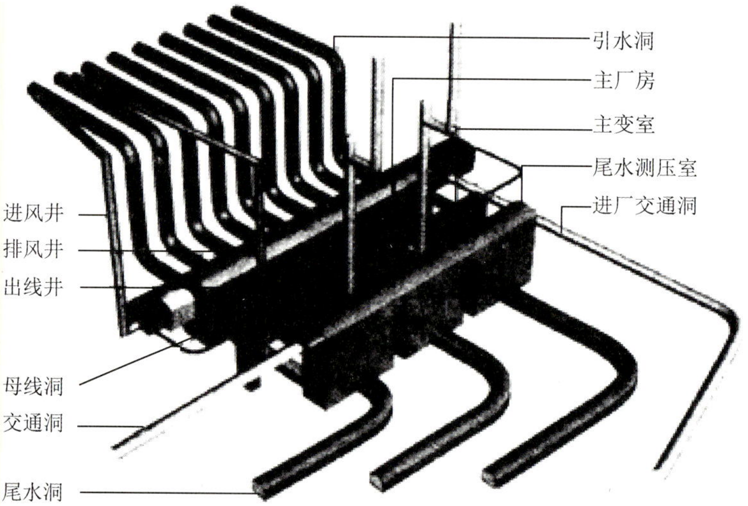

图 5-4-8 地下厂房三维图

溪洛渡水电站装机容量 12 600 MW，发电厂房分左、右两岸对称布置。每个厂房各装机9台，单机700 MW。左、右岸地下工程包括地下厂房、主变室、尾水调压室、引水隧洞、尾水隧洞、母线洞、电缆竖井以及交通洞、通风洞等辅助洞室，形成规模巨大的地下洞室群。主厂房尺寸430.3 m×28.4 m×75.1 m(长×宽×高)，地下洞室总开挖量近1 500万m^3，超过我国已建的二滩、国外的拉格朗德二级以及丘吉尔电站地下厂房。厂区洞室多、尺寸大、布置密集、立体交叉，在世界上是没有先例的。

在地下工程的设计中，工程布置、围岩稳定评价以及加固处理措施等都属关键技术问题，对工程建设的安全性和经济性影响甚大。溪洛渡工程两岸地下厂房洞室群的水平和垂直埋深均大于300 m。围岩新鲜坚硬、完整性好，呈块状结构，断层不发育，以Ⅰ、Ⅱ类围岩为主，成洞条件好。初始地应力场以构造应力为主，最大主应力为15.0～20.0 MPa，属中等地应力水平。岩层近水平展布、垂直裂隙不发育，主要构造形迹为近水平的岩流层层间层内构造错动带。岩体内地下水活动弱，透水性低，水文地质条件相对较简单。两岸均具备修建大型地下洞室群的良好工程地质条件。缓倾角层间层内错动带对大跨度顶拱、高边墙及洞室交叉部位围岩的稳定不利。影响围岩稳定的因素很多，结构面的组合、地下水的运移规律、施工程序、开挖方法、围岩力学参数等都有一定的不确定性，这些不确定因素给超大型地下洞室群的设计、施工及围岩临时与永久支护带来极大的困难。在溪洛渡工程的研究设计中，结合“九五”国家科技攻关和特殊专题研究，开展了前所未有的分析、试验研究工作，重点研究了地下厂房洞室群围岩稳定与支护、合理的施工顺序、无支护时围岩静力稳定特性、有支护时围岩静力稳定特性(包括弹塑性损伤有限元分析、FLAC3D拉格朗日元分析及三维地质力学模型试验)和洞室群的抗震稳定。建立了地下洞室群的动力分析系统和施工动态仿真分析模拟系统。利用这些先进方法和手段能充分考虑优化开挖顺序，确定加锚支护参数、施工爆破参数，对地下厂房洞室群的围岩稳定作出了合理的评价，使地下厂房的设计有了较大的提升和突破。

第五节
糯扎渡水电站

一、工程概况

1. 枢纽概况

糯扎渡水电站为云南省澜沧江中下游河段两库八级水电规划的第五级，以发电为主，兼有防洪和航运等综合效益，也是国内最高的心墙堆石坝。糯扎渡坝址以上流域面积 144 700 km^2，河道长 1 886 m，坝址多年平均流量 1 730 m^3/s。枢纽工程位于云南省思茅市(现思茅区)境内，思茅—澜沧公路通过坝址区，交通十分便利。

电站枢纽由心墙堆石坝、左岸溢洪道、左右岸泄洪洞、左岸引水发电系统等组成。心墙堆石坝坝顶高程 821.5 m，最大坝高 261.5 m，坝顶宽度 18 m，上游坝坡坡度为 1∶1.9，下游坝坡坡度为 1∶1.8；正常蓄水位 812.00 m，死水位 765.00 m，汛限水位 804.00 m，设计洪水位 810.92 m，校核洪水位 817.99 m；水库总库容 237.03 亿 m^3，调节库容 113.35 亿 m^3，具有多年条件能力。

左岸地下厂房布置 9 台单机容量 65 万 kW 的水轮发电机组，混流式水轮机，总装机容量 585 万 kW，保证出力 240.6 万 kW，多年平均发电量 239 亿 kW · h。坝址左岸布置开敞式溢洪道，出口处设置消力塘消能；左右岸各布置一条泄洪洞；校核洪水位下，最大下泄流量 37 532 m^3/s。引水系统由 9 条引水隧洞和岸塔式进水口组成,采用单机单管布置,设置尾水调压室。

糯扎渡工程为Ⅰ等大(1)型工程,永久性建筑物(拦河坝、泄洪和引水发电建筑物)为1级建筑物,下游消能防护工程及其他次要建筑物为3级建筑物。枢纽主体工程按照1 000年一遇设计,按照可能出现的最大洪水校核。电站总投资约611亿元,年利用小时数4 088 h,多年平均发电量239.12亿kW·h。

图5-5-1 糯扎渡水电站枢纽建筑物三维透视图

2. 工程枢纽建筑物组成

(1) 挡水建筑物

挡水建筑物为黏土直立心墙堆石坝,最大坝高261.5 m,居同类坝型世界第三。心墙顶高程为820.5 m,顶宽10 m,心墙上、下游坡度均为1∶0.2,基础最低建基面高程为560.0 m。坝体总填筑量3 360万m^3,其中心墙防渗料468万m^3,反滤料202万m^3,堆石料2 689万m^3。上游围堰与坝体结合。

以基岩$k \leqslant 1$ Lu作为相对不透水层界线,在心墙下设置了2排灌浆帷幕。第1排帷幕深入相对不透水层不小于5.0 m,右岸风化蚀变软弱岩带部位加深至微新岩体。第2排帷幕灌浆主要起加强防渗作用。

(2) 泄水建筑物

泄水建筑物包括左岸溢洪道和左、右岸泄洪隧洞。

①溢洪道

开敞式溢洪道布置在左岸平台靠岸边侧部位，由引渠段、闸室段、泄槽段、挑流鼻坎段及出口消力塘段组成。溢洪道水平总长 1 445 m，宽 151.5 m。进口底板高程 775.0 m，共设 8 个 15 m×20 m（宽×高）表孔，每孔均设检修门和弧形工作闸门，溢流堰顶高程 792 m，堰高 17 m，最大泄流量 31 318 m^3/s，最大流速 52 m/s，出口采用挑流及消力塘消能。

②左岸泄洪隧洞

左岸泄洪隧洞布置在坝与引水发电建筑物之间，由有压洞段、闸门井段、无压洞段和出口明槽及挑流鼻坎段组成。进口底板高程为 721.0 m，全长 950 m，断面为内径 12 m 的圆形，工作闸门为 2 孔，孔口尺寸 5 m×9 m，最大泄流量 3 395 m^3/s，最大流速 42 m/s，无压段断面为城门洞形，尺寸为 12 m×(16～21)m，其后段与 5 号导流隧洞结合，结合段长 343 m，出口采用挑流消能。

③右岸泄洪隧洞

右岸泄洪隧洞布置在坝体右岸山体内，由进口有压洞段、检修闸门井段、工作闸门井段、无压洞段及挑流鼻坎段组成。进口底板高程为 695.00 m，平面转角 60°，全长 1 062 m，有压断面为内径 12 m 的圆形断面，工作闸门为 2 孔，孔口尺寸为 5 m×8.5 m，最大泄流量 3 257 m^3/s，最大流速 42 m/s。无压段面为城门洞形，尺寸为 12 m×(18.28～21.5)m，出口采用挑流消能。

(3) 引水建筑物

引水渠底板高程为 734.5 m，宽度为 225 m，长度为 130～210 m。采用岸塔式进水塔，塔顶高程为 821.5 m，进水口底板高程为 736 m，进水塔长度为 225 m，宽度为 35.2 m（顺水流方向），高 88.5 m。为了减免下泄低温水对下游水生生物的影响，进水口利用检修拦污栅设置叠梁门进行分层取水。由于单机引用流量较大（$Q=393\ m^3/s$），引水道短，因此引水道采用单机单管布置，共布置 9 条，管道直径 8.8～9.2 m。

(4) 地下厂房及开关站

地下厂房包括主、副厂房，从右至左依次由副安装场、机组段、主安装场和地下副厂房四个部分组成。地下主、副厂房尺寸为 418 m×29 m×81.6 m（长×宽×高）。主变室尺寸为 348 m×19 m×38.6 m（长×宽×高）。机组段全长 306 m(9×34 m)，主厂房内共布置 9 台发电机组，机组间距 34 m，机组安装高程 587.9 m；主安装场长 70 m；地下副厂房长 22 m。开关站为集中式 GIS 楼布置形式。

地面副厂房、500 kV 开关站、进排风楼等布置在高程 821.5 m 的平台上。

(5) 尾水建筑物

尾水调压室采用圆筒式调压井。三个圆筒按一字形布置,调压井直径分别为 27.8 m(1[#])、29.8 m(2[#]、3[#]),高 92 m,间距为 102 m,中心连线与主厂房轴线平行,尾水闸门室布置在尾水调压室上游 42.5 m 处,643.0 m 高程以上为启闭机室,断面尺寸为 10 m×10 m。三个调压井各接一条尾水隧洞,洞径为 18 m,1 号尾水隧洞长 462 m,2 号尾水隧洞长 451 m,3 号尾水隧洞长 447 m,其中 1 号尾水隧洞与 2 号导流隧洞相结合,结合段洞径为 20 m,长 334.4 m。尾水隧洞出口均布置两孔尾水检修闸门。

(6) 导流建筑物

上游围堰为与坝体结合的土石围堰,堰顶高程 656 m,围堰顶宽 15 m,堰顶长 293 m。624 m 高程以下上游面坡度为 1∶1.5,624 m 高程以上为 1∶3,下游面坡度为 1∶2,最大堰高约 82 m。围堰上部采用土工膜斜墙防渗,下部及堰基防渗采用混凝土防渗墙,厚度 0.80 m。下游围堰与量水堰结合,为土石围堰,堰顶高程 625.00 m,围堰顶宽 12 m,堰顶长 191 m,下部坡度为 1∶1.5,上部为 1∶1.8,最大堰高 42 m。围堰上部采用土工膜心墙防渗,下部及堰基采用混凝土防渗墙防渗,厚度 0.80 m。

图 5-5-2　糯扎渡枢纽全景图

导流隧洞断面均为方圆形,1～3 号导流隧洞断面尺寸 16 m×21 m(宽×高),1 号、3 号导流隧洞进口底板高程为 600.00 m,2 号导流隧洞进口底板高程为

605.0 m,后段与 1 号尾水隧洞结合;4 号导流隧洞断面尺寸为 7 m×8 m(宽×高),进口底板高程为 630.00 m;5 号导流隧洞进口底板高程为 660.00 m,前段为有压段,衬砌后断面尺寸为 7.0 m×9.0 m(宽×高),底坡为平坡,闸后为无压洞段,衬砌后断面尺寸为 10.0 m×12.0 m(宽×高),其中与左岸泄洪隧洞结合段长 212 m,结合段底坡与左岸泄洪隧洞底坡一致,出口采用挑流消能。

3. 工程特点

(1) 坝址处地形地势条件良好。坝址区河谷呈 V 形,河谷两岸山体雄厚,右岸高程 1 000 m 以下平均坡度约为 40°,以上平均坡度约为 9°;左岸高程 850 m 以下平均坡度约 45°;左岸高程 850 m 左右为一宽大的侵蚀平台地形,侵蚀平台在平面上呈梯形,临河侧长约 700 m,山里侧长约 250 m,宽约 700 m,平台上游为勘界河,下游为糯扎支沟,为心墙堆石坝布置溢洪道提供了较好的地形地质条件。

(2) 坝址处地质条件复杂,有较大的构造软弱岩带。坝址区分布的岩层主要为花岗岩体和砂泥岩地层(主要分布于左岸坝顶以上平台部位),坝基部位主要为花岗岩,岩性单一。坝址河床及左岸岩体风化浅、断层规模小而且少,岩体完整性较好。坝址右岸断层发育,对工程影响较大的断层有 NNW 向的 F11、F12、F13 和 NNE 向的 F5、F4 等。NNW 向断层间距小,影响带宽,断层带及其两侧岩体风化、蚀变强烈,并沿 F11、F12 断层形成了规模较大的构造软弱岩带,坝基地质条件较为复杂,经综合比较,选择了能较好适应坝基工程地质条件、且基础处理工程相对较为简单的心墙堆石坝坝型。

(3) 工程规模大,技术难度高。糯扎渡心墙堆石坝高 261.5 m,仅次于塔吉克斯坦的罗贡坝(高 335 m,设计未完建)、努列克坝(高 300 m)和哥斯达黎加的博鲁卡坝(高 267 m)。

(4) 泄水建筑物的布置和设计难度大。糯扎渡工程校核洪水标准(PMF)时总泄洪流量为 37 532 m^3/s,泄洪功率 66 940 MW。泄洪流量及功率均名列世界前茅。特别是岸边溢洪道的最大泄流量为 31 318 m^3/s,最大泄洪功率为 55 860 MW,最大流速达 52 m/s,其泄洪功率居岸边溢洪道世界第一。

(5) 地下洞室群规模巨大,工程地质条件复杂,设计难度大。

(6) 战略地位重要。糯扎渡电站是澜沧江中下游梯级规划的八个梯级中装机容量最大、技术指标十分优越的项目,也是澜沧江中下游的核心工程,该电站电力规划送广东省 3 000 MW、云南省 1 350 MW、泰国 1 500 MW,将成为南方电网中装机容量较大、供电范围较广的发电站。是实现西电东送和云电外送的主要电源点。

(7) 工程填筑量大,施工强度高,坝料填筑种类多。坝体总填筑量 3 360 万 m^3,

其中心墙防渗料 468 万 m^3，反滤料 202 万 m^3，堆石料 2 689 万 m^3。心墙防渗土料还需用农场开采的土料按 35% 重量比进行混掺砾石料，施工工艺复杂。坝体填筑最高月平均强度为 74.5 万 m^3，高峰月强度为 94 万 m^3，由于枢纽区河谷狭窄，上坝道路的布置采用岸坡与坝坡相结合的布置方式，保证上坝强度及满足运输要求。

(8) 建成国内最大的圆筒阀。为保护水轮机导水机构，延长机组大修周期，提高机组运行可靠性和灵活性，设置了水轮机圆筒阀。水轮机圆筒阀外径约 9 800 mm，筒体高度约 1 360 mm，厚度约 20 mm。

二、工程规划建设历程

计划投资 312 亿元的糯扎渡水电站，按照原工期安排，建设总工期为 11.5 年(不含筹建期)，其中施工准备期 3 年，主体工程施工期 5.5 年，完建期 3 年。

图 5-5-3　糯扎渡水电站施工现场

2012 年 9 月 6 日，云南省华能糯扎渡水电站首台机组(65 万 kW)正式投产发电，该电站共安装 9 台单机 65 万 kW 机组，总装机容量为 585 万 kW，首台机组比计划工期提前 3 年投产，2014 年 6 月 26 日实现全部工程完建。具体建设历程见表 5-5-1。

表 5-5-1　糯扎渡建设历程表

时　间	内　容
规划期	1999 年 10 月—2003 年 10 月
工程筹建期	2004 年 4 月 2 日—2006 年底
工程准备期	导流洞工程开工到大江截流这段时间
主体工程建设期	从各主体工程陆续建设到第一台机组发电这段时间

续表

时 间	内 容
工程完建期	从第一台机组发电到工程建设全部完成这段时间
1999年10月	国家电力公司批复《澜沧江糯扎渡水电站预可行性研究阶段报告》
2003年10月	《糯扎渡水电站可行性研究报告》通过审查
2004年4月2日	糯扎渡水电站筹建期工程开工建设
2004年6月11日	水规总院批复了《糯扎渡水电站可行性研究报告》
2006年1月29日	右岸导流隧洞、右岸泄洪隧洞开工建设
2006年2月10日	左岸导流隧洞、左岸泄洪隧洞开工建设
2006年10月19日	溢洪道、电站进水口土建及金属结构安装工程开工建设
2007年2月2日	引水发电系统开工建设
2007年7月12日	大坝及围堰工程开工建设
2007年10月20日	左岸1号、2号导流洞开始过水
2007年11月4日	实现大江截流
2008年5月4日	溢洪道首仓混凝土开盘浇筑
2008年5月29日	3、4号导流洞开始过水
2008年9月7日	大坝心墙基础开挖分部工程通过验收，大坝开始填筑施工
2011年3月19日	通过国家发展和改革委员会正式核准
2011年11月6日	1号、2号导流洞下闸
2011年11月29日	3号导流洞下闸，电站实现初期蓄水
2012年7月	糯扎渡首台机组发电
2012年12月18日	坝体填筑到设计高程821.5 m
2014年6月26日	最后一台机组正式投产发电，糯扎渡水电站全面建成投产

三、工程效益

(1) 发电

糯扎渡水电站工程具有多年调节能力，正常蓄水位以下库容217.49亿m^3，死水位以下库容104.14亿m^3，调节库容113.35亿m^3。电站总装机容量585万kW，多年平均年发电量239.12亿kW·h。糯扎渡水电站不仅自身发电量多、电能质量好，还对云南省水电站群有显著的补偿效益，并具有向广东、东南亚地区送电的能力和区位优势。因此，该工程是改善云南电力系统丰枯矛盾、实现云南电网电源结构的战略性调整和西电东送、云电外送战略目标的关键性工程之一。

(2) 防洪

糯扎渡工程的建成，提高了下游景洪市的防洪标准。根据《澜沧江干流景洪以下河段防洪规划报告》，景洪以下河段防洪规划结合澜沧江干流梯级开发，采取堤库结合的方案，近期主要依靠堤防、护岸工程提高河段和景洪市的防洪能力。上游糯扎渡水库建成后，通过水库调蓄，达到规划要求的防洪标准：景洪市远景(2030 年)按 100 年一遇洪水标准设防，堤防按 50 年一遇设防；农田远景按 10 年一遇洪水标准设防，堤防按 5 年一遇设防。景洪市城市及农田的防洪任务主要由糯扎渡工程结合堤防工程共同承担。

四、关键工程技术问题与创新

1. 工程技术难点

(1) 右岸构造软弱岩带岩体强度及变形模量低、抗变形性能差，渗透性较大，易产生不均匀变形，难以满足大坝对地基强度、抗变形性能及防渗方面的要求。坝址区右岸在 F12 与 F13 断层之间，由于岩体受构造、风化、蚀变等因素的综合影响，形成了大致顺河方向延伸并包括断层在内的构造软弱岩带，带内岩体破碎，风化及蚀变作用强烈，岩体均一性、完整性差，特别是其中的断层破碎带多为糜棱岩、碎裂岩、角砾岩夹断层泥。断层带一般潮湿或有渗水现象，仅局部部位风化较浅，岩体蚀变以硅化为主，岩块强度较高，并呈透镜状分布。岩带内的花岗岩体节理裂隙发育，且结构面间普遍有可塑—软塑状的高岭土或高岭土膜充填。岩体质量属Ⅴ类岩体。

(2) 糯扎渡心墙堆石坝为国内最高的心墙堆石坝，且国内没有超过 200 m 的高心墙土石坝建设经验可供借鉴。需重新研究高堆石坝的坝料选择、防渗体特性、动静力分析、稳定性分析、水力劈裂、心墙拱效应等关键问题，同时还需对坝体进行合理分区和结构优化、确定基础变形对坝体变形的影响、研究坝体的渗流特性和防渗措施等。

(3) 溢洪道的泄洪消能设计难度大。溢洪道最大下泄流量为 31 318 m^3/s，占总泄流量的 83%，最大水位差 182 m，泄洪能量大，最高流速达 52 m/s，槽身还要通过宽大的 F1 断层。因此需重点研究溢洪道泄流能力、超高速水流掺气减蚀、下游消能防冲、消力塘的支护形式和消能效果。

(4) 地下厂房洞室群规模大，地质条件复杂，围岩稳定状态受断层影响较大，稳定性不好。

(5) 高边坡稳定性需要仔细研究。枢纽区建筑物边坡主要有坝基边坡、溢洪道边坡、尾水洞出口等建筑物开挖边坡,尤其是溢洪道开挖边坡达 235 m,边坡高度大,且处于全、强风化花岗岩岩层,地质条件较差,支护难度大。

(6) 施工期导流、河道水流控制难度大。导流建筑物级别确定为 3 级。初期导流标准为 50 年一遇洪水,相应的设计流量为 17 400 m^3/s;中期导流标准为 200 年一遇,相应的设计流量为 25 100 m^3/s;后期导流标准为 500 年一遇洪水,相应的流量为 25 100 m^3/s;校核标准为 1 000 年一遇洪水,相应的流量为 27 500 m^3/s。由于工程施工期洪水流量大,而河谷又比较狭窄,因此设计布置了 5 条导流隧洞结合永久泄洪建筑物进行导流。导流洞洞径大($D=20$ m),导流程序复杂,闸门下闸水头高,出口消能防冲问题解决难度大。

图 5-5-4 糯扎渡水电站溢洪道

2. 应对措施

(1) 对右岸构造软弱岩带采取加强固结灌浆处理措施。

(2) 对心墙坝的选型、坝料、施工及监控等方面进行论证,保障坝体安全。

(3) 心墙防渗土料采用天然混合土料中掺 35%(质量比)的人工碎石的砾质土料,改善了力学性质,使之适应了超高坝防渗土料的要求,防渗效果显著。

(4) 上游坝坡坡比采用 1∶1.9,下游坝坡采用 1∶1.8,减小了大坝轮廓和工程布置难度,减少了填筑量。

(5) 坝体填筑料从上游至下游依次为上游围堰、上游Ⅰ区粗堆石料区(RU1 区)、Ⅱ区粗堆石料区(RU2 区)、细堆石料区(RU3)、反滤料区(F2、F1 区),掺砾黏土心墙料区(ED区),坝基(肩)高塑性接触黏土区(EJ区),下游反滤料区(F1、F2区)、细堆石料区(RD3区)、Ⅱ区粗堆石料区(RD2区)和Ⅰ区粗堆石料区(RD1区)、下游围堰。

坝体防渗体为直立心墙,经论证,抗水劈裂的安全性满足要求,比采用斜心墙施工更为方便,心墙及反滤基础设置带有灌浆廊道的钢混凝土垫层。

(6) 坝基挖除全、强风化岩体,断层、构造软弱岩带等不良地质体采取掏挖置换、锚固方式,对地质探洞和钻孔进行了回填封堵,并对整个心墙坝基进行固结灌浆处理。

(7) 反滤层对保证心墙堆石坝的安全运行至关重要。糯扎渡水电站在大坝心墙区下游侧设置了厚度均为6 m的Ⅰ、Ⅱ两层反滤料。考虑到上游水位骤降的影响,在心墙上游侧也设置了厚度为4 m的Ⅰ、Ⅱ两层反滤料。为协调心墙与坝壳堆石体间的变形,在上下游反滤层与堆石料间设置10 m宽的细堆石过渡料,并在粗堆石区的上游中下部和下游中部设置工程开挖料利用区(Ⅱ区粗堆石料区)。为防止心墙防渗体中的砾石与刚性混凝土垫层直接接触形成的接触冲刷面发生渗透破坏,在心墙与坝基混凝土垫层的接触面间铺筑一层2 m厚接触黏土层,并在混凝土垫层面上刷5 mm厚浓黏土浆,下游反滤区沿建基面向下游延长1/3坝高(右岸软弱岩带部位延长1/2坝高),粗堆石坝壳区的基础面均铺填2 m厚细堆石料。经研究计算,心墙存在一定程度拱效应,但其上游面三个主应力均大于零,大主应力和中主应力距产生拉应力尚有较大安全度,加上有下游反滤层保护,掺砾黏土心墙具有较大抗水力劈裂安全度。

(8) 为提高坝体的抗震稳定性,上游805 m高程以上、下游800 m高程以上采用浆砌石护坡;在上、下游堆石坝壳中,770 m高程以上,沿高程方向每隔2 m铺设一层不锈钢锚筋,锚固长度18 m;坝面布设不锈钢扁钢网,与埋入堆石坝壳内的不锈钢锚筋焊接,并在心墙顶面(820.5 m高程)布设贯通上、下游的不锈钢锚筋,加强坝顶部位的整体性。

(9) 采取消能防冲措施。在溢洪道挑流鼻坎下游开挖消力塘,采用护坡不护底方式消能。采用两道中隔墙将泄槽分为左、中、右三槽。泄槽底板采用0.8～1.2 m的薄板结构,根据地形条件采用上缓下陡的两级底坡布置形式,跨断层部位采用有盖重固结灌浆和系统锚筋桩锚固处理,垂直水流方向仅在掺气坎附近设结构横缝,结构横缝间65～128 m,采用通仓浇筑。溢洪道出口采用预挖消力塘形成水垫的消能方式,取消了消力塘底板衬砌和复杂的抽排水系统,采取护岸不护底方案。泄洪隧洞采用挑流消能。

(10) 边坡采用台阶式开挖,每隔15 m或20 m高的梯段设宽3 m的马道,采用边坡防排水系统、系统喷锚支护、预应力锚索等处理措施。

为满足工程施工导截流需要,糯扎渡水电站共布置5条导流隧洞,上游围堰与大坝坝体结合，下游土石围堰后期改造成坝体量水堰。

3. 创新点

（1）心墙防渗土料采用天然混合土料中掺人工碎石的砾质土料，改善了力学性质，满足了超高坝体防渗土料的要求。

（2）提出新的坝体构造，上游坝坡坡比1∶1.9、下游坝坡1∶1.8（当时国外已建200 m以上心墙堆石坝坝坡坡度一般上游为1∶2.2、下游为1∶2.0），优化了坝体轮廓，减少了工程量。

（3）提出了采用“数字大坝——工程质量与安全信息管理系统”进行大坝施工质量的数字化监控思路，为保障大坝施工质量提供了实时、动态的全过程有效的监督控制。

（4）采用了叠梁门多层取水设计方案：进水塔顺水流向依次布置工作拦污栅、检修拦污栅（叠梁闸门）、检修闸门、事故闸门和通气孔；其中检修拦污栅与叠梁闸门共用检修拦污栅栅槽。叠梁门多层取水水位保证率高，电站运行的灵活性较高，可保证水电站绝大部分运行时间引用水库上层水发电，最大限度解决了对下游鱼类产生的不利影响。

（5）糯扎渡心墙堆石坝布置了完善的监测系统，在传统监测仪器布置的基础上，针对工程特点和难点，主要在以下方面进行了创新。

①监测上游堆石体位移，为全方位监测大坝变形性态提供了支撑。

②心墙与反滤间错动变形监测。心墙与反滤之间的错动情况对评价大坝的整体变形协调至关重要，但国内在此方面尚无监测实例，该工程将变形监测仪布置于心墙与反滤之间，埋设高程与上下游堆石体对应，可综合评判大坝的变形协调情况。

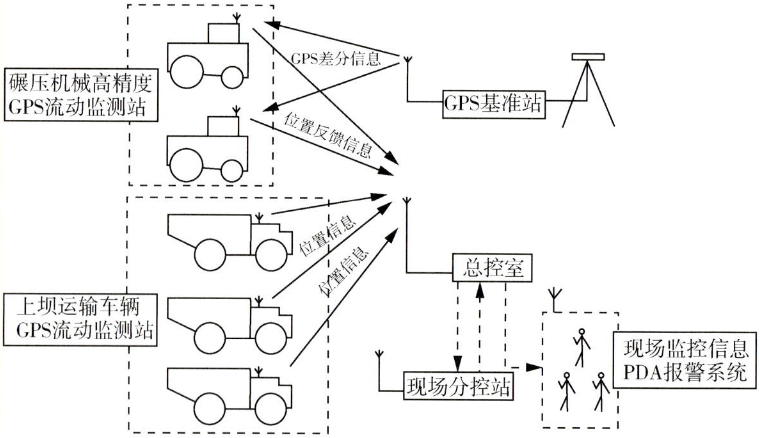

图5-5-5 糯扎渡水电站大坝填筑GPS数字监控系统运行方案图

(6) 糯扎渡电站工区及澜沧江上游段建设珍稀动植物保护园、珍稀动物保护站和珍稀鱼类增殖流放站等环保设施，保护生物多样性，降低工程对生态环境的不利影响，创造了环保绿色水电站。

(7) 率先推广焊缝 TOFD 检测技术。在澜沧江流域首次成功应用 TOFD(超声衍射时差法)替代 RT(射线探伤)检测压力钢管及蜗壳焊缝，有效可靠地检出焊缝缺陷，降低 RT 检测过程中射线辐射对相邻工作面影响，较大缩短了焊缝检测时间。

第六节
两河口水电站

一、工程概况

两河口水电站位于四川省甘孜藏族自治州(以下简称甘孜州)雅江县境内雅砻江干流与支流庆大河的汇河口下游,在雅江县城上游约 25 km,为雅砻江中下游梯级电站的控制性水库电站工程,对整个雅砻江梯级电站的开发影响巨大。

水库正常蓄水位 2 865 m,相应库容 101.54 亿 m^3,调节库容 65.60 亿 m^3,属完全多年调节,装机容量 300 万 kW,多年平均年发电量 110 亿 kW·h。两河口水电站对于下游具有强大的补偿调节作用,初步估算可增加锦屏一级至桐子林五个电站枯期出力 350 万 kW,增加枯期电量 168 亿 kW·h。

大坝最大坝高 295 m,填筑方量 4 091 万 m^3,施工条件复杂,工程建设具有很大的挑战性和复杂性。

工程枢纽区河谷狭窄、岸坡陡峭,多标段平行施工,开挖边坡高陡,出渣道路、填筑用道路布置困难且需要分层在不同高程布置,施工点多、面广,高空、立体交叉作业密集。

两河口水电站是雅砻江流域的中下游龙头水库电站,具有多年调节能力,对雅砻江中下游、金沙江下游乃至长江梯级水电站具有巨大的梯级补偿效益,水电站建成将改变四川电力系统电源结构。

工程地处藏族地区核心区，工程建设期及建成后都将有力推动地方经济的发展。

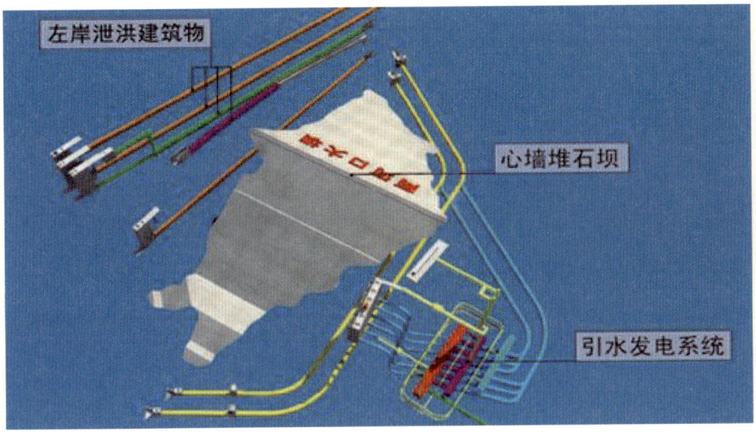

图 5-6-1 两河口水电站枢纽布置三维透视图

二、工程规划建设历程

两河口水电站可行性研究设计开始于 2006 年，经过多年的努力，该电站可行性研究工作已基本完成。鉴于两河口水电站工程施工前期准备工作时间长、任务重，为保证工程建设进度，2006 年 9 月，甘孜州发展和改革委员会同意两河口水电站开展“三通一平”等工程建设；2007 年 1 月，成都勘测设计研究院编制完成了《雅砻江两河口水电站“三通一平”等工程环境影响报告书》，同年 6 月，四川省环境保护厅以川环建函〔2007〕802 号文统一“三通一平”等工程建设。

2008 年 1 月 20—21 日，水电水利规划设计总院会同四川省发展和改革委员会在成都市主持召开了四川省雅砻江两河口水电站可行性研究施工总布置规划专题报告审查会议，会议听取了成都勘测设计研究院关于两河口水电站施工总布置规划专题研究成果的汇报，并对报告内容进行了讨论和审议。会议认为，报告的设计内容和工作深度基本满足可行性研究阶段施工总布置规划专题报告编制的要求，基本同意报告推荐的施工总布置规划方案和施工用地范围，可作为开展可行性研究阶段枢纽工程建设区建设征地移民安置规划设计的依据。

2014 年 10 月 6 日，在距雅砻江源头 688 km、海拔 3 000 m 的康巴高原深处，两河口水电站工程获得核准开工。

2015 年 11 月 29 日，两河口水电站按期成功截流并开始围堰填筑。

2016 年 11 月 1 日，两河口大坝心墙开始填筑。

2020 年 12 月 3 日，两河口水电站初期导流洞下闸成功，开启第一阶段蓄水。

2021 年 6 月 10 日，随着 5 号导流洞下闸控泄成功，世界第三高坝两河口水电站迎来第二阶段蓄水。

2021 年 9 月 29 日，两河口水电站首批机组投产发电，向中华人民共和国生日献礼。

2021 年 12 月 24 日，随着最后一方堆石料倒入仓面，并完成碾压，雅砻江两河口水电站大坝填筑至 2 875 m 高程，我国第一高、世界第二高土石坝全线填筑到顶。这意味着，目前我国海拔最高的百万千瓦级水电站两河口水电站即将全面建成，雅砻江向世界级清洁能源基地迈出关键一步。

2022 年 3 月 18 日，我国第一高土石坝水电站、海拔最高的百万千瓦级水电站——雅砻江两河口水电站，最后一台机组完成 72 小时试运行，正式投入商业运行，至此，两河口水电站 6 台机组全部投产发电。

图 5-6-2 两河口水电站施工现场

三、工程效益

1. 梯级补偿效益显著

两河口水电站的开发任务是以发电为主，并具有蓄水蓄能、分担长江中下游防洪任务、改善长江航道枯水期航运条件的功能和作用。雅砻江干流两河口至河口拟定 11 级开发，两河口以下 10 个梯级共利用落差约 1 615 m；金沙江下游河段拟定有乌东德、白鹤滩、溪洛渡、向家坝 4 级开发，共利用落差 695 m；长江干流上的三峡、葛洲坝水电站，利用落差 133 m；两河口下游 16 个梯级电站共利用落差 2 443 m，两河口水库每 1 m 水蓄能达 6.4 kW・h。其中下游已建和近、中期拟开发的主要梯级电站有：雅砻江干流的锦屏一级、锦屏二级、官地、二滩、桐子林，金沙江干流的溪洛渡、向家坝，以及长江干流的三峡、葛洲坝共 9 个大型或巨型水电站，共利用落差 1 380 m，两河口水库对雅砻江乃至对金沙江、长江的调蓄作用都极为显著。

2. 经济指标优越

按开发方式研究阶段成果，两河口水电站初估工程静态总投资 179.70 亿元，单位千瓦投资 5 990 元，单位电能投资 1.54 元。水电站年发电量在计入增加下游二滩和锦屏一级水电站的 70%的发电量后为 158.79 亿 kW・h，其单位电能投资为 1.13 元；考虑远景增加下游雅砻江全梯级的 70%的发电量后为 230.82 亿 kW・h，其单位电能投资为 0.78 元。与同类规模电站相比，经济指标优越。

3. 防洪效益明显

两河口水库正常蓄水位 2 865 m，总库容 107.67 亿 m^3，调节库容 65.6 亿 m^3，具有多年调节能力。两河口水电站建成后，与雅砻江下游锦屏一级、二滩水电站两座大水库联合运行，总调节库容达 149 亿 m^3。三大水电站“合力”，将使雅砻江干流成为全国唯一一条由一个业主管理、在真正意义上能够实现多年调节的河流。

两河口水电站建成后，将对下游水电站产生巨大的补偿调节效益，极大改善川渝电网汛期电量富裕、枯水期电量不足的不合理电源结构，同时进一步改善长江上游的生态环境，增强长江下游的防洪能力。

四、关键工程技术问题与创新

1. 给碾压机“装大脑”，智能碾压保质量

上万遍的重复碾压，枯燥乏味，工人总有大意迷糊的时候，怎么杜绝错碾、漏碾，保障大坝安全？在两河口水电站智能大坝系统前方指挥中心的屏幕上，我们找到了答案。

“24 号凸块碾：速度，2.63 km/h；错距，40 cm；遍数，3……”屏幕上呈现的是立体图形，4 台碾压车正在屏幕上行驶，每台车的轨迹由不同颜色替代。

“传统土石坝的心墙碾压，通过人工翻牌子计数控制遍数，碾压轨迹只能通过监理工程师的肉眼判断，速度控制则凭感觉，施工质量存在很大的主观因素。”天津大学智能大坝项目部研发人员介绍，雅砻江流域水电开发公司和天津大学联合开发了智能大坝实时监控系统，定位精度达到厘米级，能够实时计算分析碾压机行走轨迹、车速、碾压遍数、压实厚度等，并实时自动报警，杜绝了隐患。

不仅如此，针对碾压工招工难、低频振动带来的职业健康困扰，以及高寒高海拔带来的施工降效等问题，研发和应用了智能无人碾压机群和原生集成式无人碾压系统，进一步提升大坝施工智能化水平。

2. 给心墙“盖被子”，冬季保温防冻融

在高海拔地区，黏土对于温度和含水量的变化极为敏感，全年有效施工时间只有 200 天左右。为了工程又好又快地建成，建设者们总在不断摸索创新：寒冬时节，心墙土料会发生冻结和融化，这是高土石坝从来没有遇到过的难题。中科院西北生态环境资源研究院的专家说：“两河口遇到的是浅表层日循环冻土，夜晚冻结、白天融化，而且压实土体冻融后会形成渗漏通道，是工程建设绝对不容许出现的。”为了防止心墙受冻，每天夜晚建设者们都会给心墙盖上重达几十吨的“保温被”，白天升温后揭开继续施工。通过研发的“保温被”快速收放机，覆盖差不多三个足球场大小的心墙仅需 3 小时。

雷雨季节，碾压机的钢轮由于挂泥无法将土料压实，“有时填筑方量还比不上被刮掉的方量，心墙越填越低”。翻过来倒过去地想办法，后来建设者们引入气象雷达，采用填筑面龟背状施工、小仓面快速轮换施工等方式，极大提高了雨季施工效率。

3. 给混凝土“敷面膜”，智能养护防干裂

为了在主汛期分担长江防洪压力，两河口水库预留了 20 多亿 m^3 的防洪库容。从心墙施工现场来到宽 16 m、高 22 m 的泄洪洞，顿觉清凉。

只见洞两边的灰色混凝土上，贴满了白色养护布，墙顶部铺设的管道正在进行喷淋，洞室仿佛敷上了面膜。将养护布揭开，混凝土墙面光滑如镜，能够清晰地看到人影。

为何混凝土需要这么光滑湿润的“肌肤”？

两河口高边坡和泄洪洞室项目负责人王泽光揭开了谜底：原来，洞室要应对每秒 4 076 m^3 的最大泄量，相当于 160 辆满载 25 t 货物的卡车群快速冲撞的冲刷力，这对混凝土的耐冲磨质量提出了极高要求，相应的养护要求也会很高。“养护期内混凝土温度和湿度得严格控制在规定范围内，喷淋的水温与混凝土温度的差值不能大于 20℃，否则会有开裂风险。”王泽光说。

严格控制温度和湿度，在空气湿度小、风速大、日温差最高能达到 30 多℃的两河口，并不容易。为了保证抗冲耐磨混凝土的浇筑成型，两河口项目运用了智能养护的办法，在混凝土墙上铺设埋有传感器的管道，实时监测混凝土的温度和湿度，再对喷淋时间和温度进行智能调整。“相比传统的人工喷淋，智能养护不仅节省人工成本，喷淋更加均匀、无死角，用水量还节省了将近一半。”王泽光算了算账。

4. 给高边坡“纳鞋底”，智能感应张拉力

山高谷深的复杂地形，决定了两河口水电站的高边坡规模巨大，其中最高边坡 684 m，比上海中心大厦还高约 50 m。如何应对强大的水压，防止山体变形呢？

图 5-6-3　两河口钉入大量锚索的边坡

建设者们采取“纳鞋底”的方式加固山体。山体上红黄蓝白四色、密密麻麻的小点，便是“纳鞋底”的“针线”——锚索。据了解，项目总共向山体钉入约 1.6 万束锚索，每束锚索约 70 m 长、1 t 重，相当于把整个“鸟巢”的主结构用钢量搬运到海拔 3 000 多 m 的高山上。

“一束锚索得三四十人一齐用力，经常要扛着往五六十米垂直高度的作业面送。”锚索工人曹庭发说，由于缺氧，经常走十来米就得歇一会儿，有的工友还会流鼻血，完工时肩膀也磨破了。

看似“笨重”的锚索，其实也暗藏玄机：部分锚索安装了感应器，未来能够实时监测相应边坡范围的张拉力，从而进行智能监测。

第七节
新安江水电站

一、工程概况

新安江水电站建于 1957 年 4 月，是中华人民共和国成立后中国自行设计、自制设备、自主建设的第一座大型水力发电站，被人们誉为“长江三峡的试验田”，成为社会主义制度能够集中力量办大事的范例，是新中国水利电力事业史上的一座丰碑、中国人民勤劳智慧的杰作。水电站建成后于 1960 年投产，至 2010 年已安全稳定运行 50 周年，为国家建设大型水电站积累了宝贵经验，也为国内多座大中型水电站输入了大量人才。以两院院士、中国工程院原副院长潘家铮为代表的杰出水电专家，以及柴松岳、葛洪升、孙华锋、苏立清、钟伯熙等一批优秀人物，就是在新安江水电站经过锻炼，先后走上省部级领导岗位的。在水电站建设和运行期间，许多国家领导人等都曾莅临视察。

新安江水电站位于浙江省钱塘江上游新安江上，距杭州市 170 km，为混凝土宽缝重力坝，最大坝高 105 m，水库总库容约 220 亿 m^3。总装机容量为 662.5 万 kW，年发电量 18.6 kW·h。1957 年 4 月开工，1960 年 4 月第一台机组发电，1978 年 10 月全部投产。水库有多年调节功能，电站主要担负华东电网调峰、调频和事故备用，并有防洪、灌溉、航运、养殖、旅游、水上运动、林果业等综合效益。

图 5-7-1 新安江水电站鸟瞰图

坝址在铜官峡上段，坝址以上流域面积 10 480 km^2，多年平均流量 357 m^3/s，年径流量 113 亿 m^3。坝址岩层为泥盆系砂岩和下石炭系石英砂岩。坝基内小断层和构造节理相当发育。全坝基内有小型断层 16 条，开挖后基坑出露断层宽度一般小于 30 cm，断层倾角为 40°～60°，较陡。左右岸坡地段节理密集，岩体切割以碎裂结构为主，河床地段以块状结构为主。

水库正常蓄水位 108 m，相应库容 178.4 亿 m^3，死水位 86 m，相应库容 75.74 亿 m^3；年调节库容 34.5 亿 m^3，防洪限制水位 106.5 m 至最高水位 114 m 之间的调洪库容为 42.82 亿 m^3，水库淹没 2.1 万 hm^2，移民约 29 万人。1950—1992 年实测雨量均值为 1 669.2 mm，实测多年平均径流量为 101.8 亿 m^3。

1959 年 9 月，大坝比计划提前 15 个月封堵最后一个导流底孔，水库开始蓄水。1960 年 4 月和 5 月，第一、二台机组提前 20 个月发电；同年 9 月，220 kV 新安江—杭州—上海高压输电线路架通，华东大电网开始形成。1965 年 12 月，新安江水电站工程竣工。新安江水电工程的施工期，包括准备工程在内，共 46 个月。工程开挖土石方 585.92 万 m^3，浇筑混凝土与钢筋混凝土 175.5 万 m^3，使用水泥 34.75 万 t、钢材 3.62 万 t、木材 13.55 万 m^3，修建专用铁路 64 km。浙江境内水库淹没耕地 30.98 万亩，移民 29.15 万人，工程总投资 45 697.4 万元。新安江水电站以发电为主，兼有防洪、灌溉、抗咸顶潮、航运、渔业、林业等社会经济效益。水电站建成后，年平均发电量达 19.6 亿 kW·h，同时为电网调峰、调频、防洪减灾作出了重大贡献。水电站建成前，常因山洪暴发，江水陡涨，新安江两岸田淹房毁，人民深受其害。水电站建成后，减轻和避免了下游 30 万亩农田的洪涝灾害。新安江水库淹没了 85 座山，形成了大小岛屿 1 078 座，称为“千岛湖”。

二、工程规划建设历程

1949 年中华人民共和国成立后，百废待兴，经过了 3 年的恢复治理，国民经济日趋发展。华东地区特别是上海市，工农业发展迅速，生产和人民生活用电也随之增长，需电量高。为了解决上海市等华东地区城市的用电需求，开发利用钱塘江水能资源就被提上了议事日程。

1954 年 5 月，中共中央华东局在上海召开有浙江、安徽、江苏省委，金华、徽州、芜湖、盐城、淮阴地委和有关县委以及各有关部门负责人参加的会议，听取了新安江流域规划工作的汇报。为了满足沪、宁、杭广大地区，主要是上海市用电的紧迫需要，会议确定新安江水力资源采取一级开发的方案。浙江、安徽两省省委承担了水库淹没区 20 多万人的迁移及安置的艰巨任务。

1954 年 7 月，由水力发电建设总局组织编写了新安江流域技术经济调查报告，就一级开发在技术上的可能性和经济上的合理性做了比较充分的论证，并且提出了水电站的坝址、工程规模选择的建议方案。技术经济调查报告经国家建委批准后，上海勘测设计院会同地质部门全面展开了水电站工程的初步设计。在初步设计中，借鉴了苏联的有益经验。对技术经济调查报告所建议的坝址(铜官峡谷和罗桐埠峡谷)进行了大量的深入细致的地质勘探和试验，对各种可能的坝型及其规模、蓄水高程、装机容量、机组台数等，做了大量、周密、细致的调查研究和多方案比较论证。

在此基础上，1955 年 10 月，由电力工业部邀请国家建委、地质部、水电勘测设计院及科研部门、浙江省人民委员会、建德专署等，成立了新安江水电站坝址选择委员会，在现场审查勘探试验资料和设计比较方案，最后选定建德县(现建德市)铜官峡谷为坝址，选定混凝土重力坝和厂房顶溢流式水力枢纽形式。

1956 年 6 月，由上海勘测设计院编制了初步设计书，经批准后，列入国家第一个五年计划和 1956 年计划。从 1956 年 8 月起，着手进行内外交通、生产生活用房、施工附属企业等准备工程施工。1957 年 4 月主体工程正式动工兴建，云集在工地上的两万名职工，在中共浙江省委和电力工业部的直接领导下，在浙江、安徽和上海各地人民的大力支援和全国近百个科研院校、工矿企业的协作下，自力更生，艰苦奋斗，以“令河水让路，叫高山低头”的英雄气概，与洪水搏斗，向大自然开战。工程建设很顺利，施工进度不断加快，工期一再提前。工程量达 10 万 m^3 的第一期木箱填石围堰，于 1957 年 8 月开工后，仅用 100 天，到 11 月 21 日就合龙闭气。右岸河床大坝基础石方开挖工程迅速展开,1958 年初陆续交出了混凝土浇筑工作面。大坝混凝土比原订计划提前半年于 1958 年 2 月 18 日开始浇筑,到 1958 年 8 月,大坝右坝体就升出了水面。同年 10 月 1 日左岸二期围堰合龙闭气,新安江的水第二次按照人们的意志从右坝体预留的 3 个导流底孔通过。

自此,新安江水电站工程由一岸施工到全河段施工,工程建设进入了一个新阶段。但是,在 1959 年上半年,工程连续遭受严重挫折,遇到了多次洪水袭击,其中两次溢过了正在进行混凝土浇筑的左岸坝体;左岸坝轴线下游山体发生了大滑坡,压住了左岸部分基坑;发生了以 16 号坝段为主的混凝土严重质量事故和 70 m 高程栈桥塌梁事故。

在工程施工遇到重大困难的时刻,周恩来总理在时任水利电力部副部长李锐的陪同下,于 1959 年 4 月 9 日莅临新安江工地视察,对新安江水电站建设做了重要指示,并挥毫题词:"为我国第一座自己设计和自制设备的大型水力发电站的胜利建设而欢呼!"给予了全体建设者极其巨大的鼓舞。全体建设者向伟大领袖毛主席和敬爱的周总理庄严表示:决心战胜困难,又好又快又省地建设新安江水电站,不达目的决不罢休。广大职工革命精神大振,革命干劲冲天,提出了"与时间赛跑,和洪水作斗争"的战斗口号,开展了"班班不欠账,日日争超额"的社会主义劳动竞赛。建设者面前的重重困难,一个个被克服了,工程施工重新出现了高潮。1959 年 9 月 21 日,顺利封堵了最后一个导流底孔,水库开始蓄水,比原订计划提前了 15 个月;由哈尔滨电机厂试制成功的第一台 7.25 万 kW 水轮发电机组提前交货,为提前安装创造了条件;第一台(4 号)机组于 1959 年底安装完毕,1960 年 4 月开始发电,比原订计划提前了 20 个月;第二台机组也于 1960 年 5 月安装完毕开始发电;同年 9 月,220 kV 新安江—杭州—上海高压输电线路架通后,开始向杭州、上海送电。1965 年结束了尾工工程。1977 年 10 月安装完最后一台机组,至此,新安江水电站 9 台机组,共 66.25 万 kW 全部投入系统发电。

三、工程效益

(1) 发电效益

新安江电站自 1960 年投入运转以来,至 1999 年底累计发电量已达到 628 亿 kW · h。电站为华东电力系统主导电站之一,担负系统调峰作用以减少系统火电担任调峰引起的压火耗煤损失,从而改善系统内火电机组运行情况,提高火电机组效益。

(2) 防洪效益

电站可提高下游城市、农田防洪标准，使芦茨埠(富春江水电站)20 年一遇和 100 年一遇的洪峰，由自然情况 23 200 m^3/s 和 29 400 m^3/s，消减至 17 300 m^3/s 和 24 200 m^3/s，使下游农田、城市防洪能力，分别由天然情况的 6 年一遇和 25 年一遇，提高到 20 年一遇和 100 年一遇。

(3) 航运效益

水库建成后使上游干流从坝址到上游 110 km 航道为深水航道，从坝址上游 110 km 处到玉村约 40 km 航道，可得到季节性改善，在下游富春江水库建成后，该库回水紧接新安江水库尾水位，基本可通航 100～300 t 级船舶。

(4) 渔业效益

水库库区 500 多 km^2，可养鱼 3 000 万尾，年产量 750 万 kg，目前已建立鱼类加工厂，年产 200 万～250 万 kg。

四、关键工程技术问题与创新

在新安江水电站施工过程中，随着技施设计阶段研究的深入，施工中各种情况的变化以及对地质条件开挖揭露情况的掌握，对初步设计中所提出或推荐的某些技术问题，进行了改进或修改。现择其比较重要的分别阐述如下。

(1) 改用混凝土宽缝重力坝坝型

在批准的新安江水电站初步设计中，推荐采用混凝土实体重力坝。1956 年秋，在进行施工准备期间，从一本外文杂志上看到对混凝土宽缝重力坝的简单介绍和示意图，经院内有关同志研究认为：此种坝型可降低坝基扬压力，从而可节约坝体混凝土工程量，且便于运行人员进入宽缝的空腔对坝体和坝基进行检查与维修。在当时水泥供应比较紧张的情况下，节约混凝土工程量具有相当重要的意义。

于是在征得各有关方面和领导的同意后，改用混凝土宽缝重力坝，当时在国内来说是首次采用这种坝型。此后在潘家口等某些水利水电工程上，也相继采用过此种坝型。混凝土宽缝重力坝固然有上述的显著优点，但也有在设计中需研究、施工中需注意的问题。例如其结构形式和作用与单支墩大头坝相类似，坝段的上游面中部应力状态复杂，若设计和施工稍有不慎，则易于发生竖向裂缝，其危害性与大头坝的劈头裂缝近似。如坝段两侧悬臂部分的上游面发生竖向裂缝，不仅削弱了悬臂部分抗剪、抗弯矩的强度，渗入裂缝的库水静水压力还将增加悬臂部分裂缝处的弯矩，加上在裂缝下游端产生的集中应力，使裂缝有进一步延伸发展的可能，从而有可能导致悬臂折断危及大坝安全。1991 年在对新安江大坝安全大检查的检查报告中，提及在竣工检查时，即发现在坝的上游面有若干竖向裂缝，除记载有裂缝部位和大约长度外，对这些裂缝的宽度和深度均未量测或探测。

(2) 改造大坝溢洪坝段的下游坝面

新安江大坝溢流坝段的下游面两侧亦为悬臂式结构，原设计为纯混凝土结构，所以未设置受力钢筋。在施工时可能由于悬臂部分的模板支撑，在浇筑混凝土时在混凝土重量作用下发生变形，使浇筑后的下游溢流表面发生较多延伸很长的顺流向裂缝。在溢流期中，溢流表面除承担溢流水重的法向分力外，高速水流还将对表面作用有脉动压力和使其产生震动。这些竖向裂缝的存在，已削弱了悬臂部分的抗剪和抗弯强度，再加上上述荷载和震动的作用，以及裂缝末端的应力集中，这些竖向裂缝如再延伸发展，就有可能导致悬臂断裂，危及大坝安全。此外大坝下游溢流表面，由于在施工中对平整度要求重视不足，表面混凝土凹凸不平，不符合溢流条件下的平整度要求，如因此发生空蚀，也将削弱结构强度，其发展速度并将随时间过程而逐渐增加。为了弥补这些缺陷，经设计院研究，提出在已浇的溢流面上加浇一层钢筋混凝土，其厚度与配筋率，按悬臂部分在有顺流向裂缝的情况下，能安全承受各种荷载和震动的情况确定，这一意见在得到总局批准后随即付诸实施。在改造大坝溢流表面的设计和施工中，特别注意了新老混凝土的结合，新浇混凝土的温度控制、养护以及表面平整度的要求，使原来的纯混凝土悬臂改造成为钢筋混凝土悬臂。经两次较大溢洪流量的考验，运行情况良好。

(3) 修改左坝头坝轴线的走向

新安江拦河坝坝轴线原设计为一直线，其左坝头及下游附近岸坡的地质条件较为复杂，在施工期间又受左坝头坝基开挖采用大爆破的影响，曾发生左坝头下游附近岸坡大坍方的事故，于是引起了地质和设计同志的注意。根据技施设计阶段对左坝头补充地质勘探资料，经详细分析研究，认为在原定坝轴线的上游附近，左坝头岸坡地质条件稍有改善，于是决定将原定的左坝头坝轴线略向上游转折一小角度，使全坝坝轴线呈一折线，将左坝头坝体坐落在较好的基岩上。后经最终开挖证明，左坝头坝轴线经转折后的坝基地质情况，与研究分析的结果相符，同时也证实将左坝头坝轴线略向上游转折是正确和必要的。

(4) 加设航运、木材过坝设施及通向上游库区的铁路支线

在新安江水电站初步设计的枢纽布置中，未设置船舶和木竹材过坝的设施。在水电站施工期中，地方交通和林业部门提出要加设船舶和木竹材的过坝设施。当时在右河床部分的工程已施工，右坝头下游岸坡已布置有开关站的情况下，经设计、施

工双方共同研究，只能在左坝头非溢流坝部分的上游，修建垂直提升的移动承载水箱式升船机，在坝下游的岸坡上修建斜坡道，借卷扬机将升到坝顶、载有船舶或木竹材的水箱平移到斜坡道上的台车上，再沿斜坡道将水箱送入下游河道。所有过坝设施的机电设备，都委托原机械工业部[1]上海设计院设计。当机电设备已设计完成，部分机电设备已加工制造，土建部分的坝上游支承升船机的直墙、安装机电设备的机房以及斜坡道底部的水下工程已基本施工完成时，地方林业部门又提出在电站下游再修建一过坝支路，回旋爬坡上升，延伸至水库内右岸较平坦处，修建码头和装车场，将所有货运和竹木材在码头起岸装车，由铁路经浙赣和沪杭线运至各地。这一要求经主管部门同意并立即进行铁路支线和码头的施工，已在施工中的左坝头过坝设施也随即中途停止。如今在新安江水电站仍可见到屹立在左坝头上游尚未竣工的升船机土建部分建筑物。

当时坝上游支承升船机机电设备的两侧高而薄的直墙施工时，直墙内未配置必要的受力钢筋，墙身为纯混凝土结构；兼以当时未重视施工质量，墙身左右扭曲，在墙顶承受荷载后，墙身将成为高而薄的偏心受压构件，其偏心距直接与墙身的扭曲尺度有关。为此，在将来如欲利用已建的直墙来完成过坝设施时，必须详细量测墙身扭曲的情况和尺度，校核墙身在偏心受压荷载下的应力是否在允许限度以内。这将关系到过坝设施的运行安全，建议能对此给予应有的重视。

在施工后期，施工单位于大坝下游不远处，将原建的施工临时缆索桥改建为钢筋混凝土永久交通拱桥。其左侧桥墩，恰位于过坝设施下游斜坡道底部的承船水箱出口处，阻碍船舶或木竹材的进出，使过坝设施无法运行。今后若要续建过坝设施，必须将此桥墩拆除，在下游较远处另建永久交通桥。

(5) 将主变压器改为分散布置

在经审查批准的新安江水电站初步设计的枢纽布置中，变电站集中设置在开敞式溢洪道以上的钢筋混凝土桥面上。在施工后期，由于有关部门要求将主变压器分散隐蔽布置，于是将主变压器分散设置在枢纽附近。其中有 2 台主变压器移设在坝下游河床右岸进厂公路右侧的钢筋混凝土掩蔽体内，恰位于溢洪时所产生的高风速区。1983 年在汛期泄洪时，其中一台主变压器的高压输出线，在高风速的强烈摇撼摆动下，因材料疲劳，靠近变压器的绝缘子处被折断，部分机组停止运行。由泄洪挑射水流分散的水滴致使该处雨暴风骤，人员无法进入修复，一台变压器停止运行，既减少了电站的出力和电量，又无法利用该部分机组发电泄水，增加溢洪道的泄洪负

---

[1] 国务院原组成部门，1987 年撤销。

担。对此建议电厂进行专门研究，加以改进，防止上述事故的再度发生。

(6) 改用钢筋混凝土导流底孔封堵闸门

原初步设计推荐采用钢结构定轮闸门封堵导流底孔，可较易操作，沉放封堵也较有把握。可是当时钢板供应极为紧张，为此，施工单位提出将钢定轮闸门改用钢筋混凝土平板闸门。但钢筋混凝土闸门自重很大，沉放困难，又需就地浇置，特别是在沉放过程中，闸门左右侧必须同步均衡下降，否则如发生左右倾斜卡在闸门槽内时，补救纠正将极为困难。对此，施工和设计同志进行了多次慎重深入的研究，采取了一系列可靠的技术和工艺措施，兢兢业业地浇制闸门和沉放，终于一次沉放成功，创造了国内采用钢筋混凝土闸门封堵导流底孔的成功先例和经验，在国内以后的水电站建设中被较普遍地采用。

图 5-7-2 新安江水电站变电站

参考文献

[1] 李燕辉. 雅砻江锦屏一级水电站预可行性研究报告通过审查[J]. 四川水力发电，1999(3)：63.

[2] 周钟，唐忠敏. 锦屏一级水电站枢纽总布置[J]. 人民长江，2009，40(18)：18-20＋105.

[3] 周佳,罗洋涛,母洪流. 雅砻江锦屏一级水电站综合效益分析[J]. 水电站设计,2017,33(3):84-87.

[4] 王继敏,段绍辉,郑江,等. 锦屏一级水电站工程主要技术创新实践[J]. 人民长江,2017,48(2):1-7+13.

[5] 张春生. 雅砻江锦屏二级水电站引水隧洞关键技术问题研究[J]. 中国勘察设计,2007(8):41-44.

[6] 樊启祥,汪志林,吴关叶. 金沙江白鹤滩水电站工程建设的重大作用[J]. 水力发电,2018,44(6):1-6+12.

[7] 彭云强. 雅砻江两河口水电站可行性研究施工总布置规划专题报告通过审查[J]. 水力发电,2008,34(2):98-98.

[8] 李欣忆. 攻克世界级难题　两河口水电站建设用了哪些“黑科技”? [N/OL]. 潇湘晨报,[2021-9-29]. https://baijiahao.baidu.com/s?id=1712206202075906693&wfr=spider&for=pc.

第6章 抽水蓄能电站

第一节
广州抽水蓄能电站

一、工程概况

广州抽水蓄能电站——我国第一座大型抽水蓄能电站，位于广州市从化区吕田镇深山大谷中，距广州市 90 km。它是大亚湾核电站的配套工程，为保证大亚湾核电站的安全经济运行和满足广东电网填谷调峰的需要而兴建。

上库坝址河谷狭窄，两岸山体雄厚，基岩为花岗岩，岩性单一，断裂构造规模不大，地质条件优越。下库基岩也为花岗岩，河床冲积层薄，两岸山坡风化带不深，断裂虽较发育，但仍具有良好的建坝条件。引水系统基岩主要为中粗粒黑云母花岗岩，夹有少量煌斑岩脉及细粒花岗岩脉。工程地区地震基本烈度为 6 度。

上水库位于召大水上游的陈禾洞小溪上，下水库位于九曲水上游的小杉盆地，均属流溪河水系。电站分两期建设，各装机 120 万 kW，其中一期工程 4 台 30 万 kW 机组于 1994 年 3 月全部建成发电；二期工程 1998 年 12 月第一台机组并网运行，在 2000 年已全部投产。除机电设备进口外，电站的设计、施工都是我国自行完成的，它标志着我国大型抽水蓄能电站的设计施工水平已跨入国际先进行列。

电站枢纽由上、下水库的拦河坝、引水系统和地下厂房等组成。总装机容量 240 万 kW，装备 8 台 30 万 kW 具有水泵和发电双向调节能力的机组，在世界上同类型电站中是规模最大的。

上水库坝为混凝土面板堆石坝，最大坝高 68 m，溢洪道为岸边侧槽式。下水库坝为碾压混凝土重力坝，最大坝高 43.3 m，溢流坝段设 2 孔宽 9 m 的溢流孔。

引水系统包括上下库进出水口、引水隧洞、上游调压井、高压隧洞、尾水隧洞及下游调压井等。一期工程引水洞线总长 3 751 m，其中上平段长 925.77 m，洞径 9 m，与上游调压井连接；高压隧洞段长 1 066.22 m，洞径 8.5 m；下弯段后为“卜”形钢筋混凝土岔管，用 4 条直径 3.5～8.5 m 的支管进入厂房与水轮机连接。尾水隧洞洞径 9 m，长 1 521.013 m，设 2 个调压井。二期工程引水洞总长 4 438.34 m，其中上平段长 883.5 m，洞径 9 m，与上游调压井连接；高压隧洞采用二级斜井布置，上下斜井总长 694.2 m，中平洞长 207.8 m，洞径 8.5 m；下斜井后接水平洞，洞径由 8.5 变至 8.0 m，后接岔管段，岔管段主管直径 8.0 m 渐变至 3.5 m，4 条支管洞径为 3.5 m；尾水隧洞长 2 190.34 m，洞径 9 m。设 2 个尾水调压井。

一期工程的地下厂房长 146.5 m，宽 21 m，高 44.54 m。二期工程地下厂房尺寸为 146.5 m×21 m×47.64 m，厂房内各安装 4 台单机容量为 30 万 kW 的竖轴单级可逆混流式水泵水轮发电机组。

枢纽工程的主要工程量为：土石方明挖 226.12 万 m^3，石方洞挖 180.72 万 m^3，土石方填筑 64.24 万 m^3，混凝土浇筑 44.9 万 m^3，淹没耕地 89 hm^2，人口迁移 1 004 人，工程静态总投资 3.885 亿元。

上水库坝址以上集水面积 5 km^2，多年平均流量为 0.209 m^3/s，正常蓄水位 816.8 m，相应库容 2 575 万 m^3，死水位 797.0 m，相应库容 1 684 万 m^3。上库坝按千年一遇洪水设计，按万年一遇洪水校核，相应流量分别为 252 m^3/s 和 308 m^3/s。

下水库坝址以上集水面积 13 km^2，多年平均流量 0.544 m^3/s，正常蓄水位 287.4 m，相应库容 2 832 万 m^3，死水位 275 m，相应库容 1 711 万 m^3。大坝按千年一遇洪水设计，按万年一遇洪水校核，相应流量分别为 723 m^3/s 和 881 m^3/s。

上下水库间引水距离约 3 km，水位落差 500 m，电站装机 240 万 kW，分两期建设。一期工程装机 120 万 kW，年发电量 23.8 亿 kW·h；二期工程装机 120 万 kW，年发电量 25.089 亿 kW·h。广州抽水蓄能电站配合大亚湾核电站运行，以解决华南电力系统调峰填谷的需要。一期工程于 1988 年 9 月开工，1994 年 4 台机组全部建成发电；二期工程于 1994 年 9 月主体工程开工，1998 年 12 月第一台机组并网发电。

二、工程规划建设历程

随着广东省电力负荷的增长，峰谷差日益增大，系统的调峰填谷能力满足不了要求。而且新建了大量调节能力有限的核电和水、火电站，峰谷供求问题更加突出。抽水蓄能电站一期工程装机 1 200 MW，其一半容量分归香港使用，广东电网只有 600 MW，远不能满足系统调峰填谷的需要。为保证大亚湾核电站稳定安全运行，满足系统调峰需要，需兴建 4×300 MW 共 1 200 MW 的广州抽水蓄能电站二期工程。1989 年 12 月完成了二期工程的可行性研究报告。1990 年 5 月水利水电规划设计总院组织审查，1991 年 1 月批复。其中建议上下水库进出水口提前在一期工程内完成施工。1992 年 1 月完成初步设计和审查。1993 年 1 月附属工程开工。1994 年 9 月 12 日主体工程开工。于 1998 年 12 月第一台机组并网，2000 年 7 月竣工，2001 年 4 月通过枢纽工程竣工验收。

1986 年 11 月，电站可行性研究报告完成，随后获水电部审查批准，中国国际工程咨询公司评估通过。1988 年 5 月，水电部对电站初步设计进行审查，审定电站建设工期为六年，第一台机组投产工期为五年。

1988 年 9 月作为大亚湾核电站的调峰电站的广州抽水蓄能电站一期工程开工，并在 1994 年全部机组建成。2000 年 6 月，广州抽水蓄能电站两期工程的 4 台可逆式水泵水轮机全部投入了商业运行。该电站单体容量达到 300 MW，总容量为 2 400 MW，成为当时世界上装机容量最大的抽水蓄能电站。

三、工程效益

广州抽水蓄能电站(以下简称广蓄电站)是我国建设的第一座大型抽水蓄能电站，装机容量 2 400 MW(8 台×300 MW)。电站由广东蓄能发电有限公司投资建设和运营，为广东电网提供调峰、填谷、调频、调相和事故备用等服务。电站采用容量租赁的经营模式。

广蓄电站分两期建设，一、二期分别装机 1 200 MW。一期工程于 1993 年投入商业运行，二期工程于 2000 年投入商业运行。自 2000 年 8 台机组全部投产以来，机组主要运行指标维持了较高水平(见图 6-1-1)。机组等效可用系数 89.11%～95.97%，发电启动成功率 99.17%～99.80%，抽水启动成功率 96.65%～99.24%，运行指标达到国际先进水平。5 年中在电网系统故障时紧急启动 55 次，成功率 100%。电站在广东电网调峰、填谷、调频、调相和事故备用等方面发挥了重要作用，为广东电网安全稳定运行作出了重要贡献。广蓄电站近 5 年主要运行指标见图 6-1-1—图 6-1-3。

(1) 机组启动越来越频繁，且启动次数迅速增长。这说明蓄能机组在广东电网的作用越来越重要。

(2) 在启动次数逐年增长的同时,发电运行小时和发电等效利用小时不增长或增长幅度明显小于启动次数增长幅度。也就是说,蓄能机组在电网中更多承担了调频和旋转备用的作用。

(3) 调相运行次数成倍增长,表明蓄能机组在电网中调相的作用越来越重要。

电站在电网中的调频、调相、事故备用等作用越来越大,为电网安全稳定运行提供的辅助服务显著增加。随着经济社会的发展,社会对电网安全、供电可靠性、供电质量等要求越来越高,电网承担的社会责任越来越大。

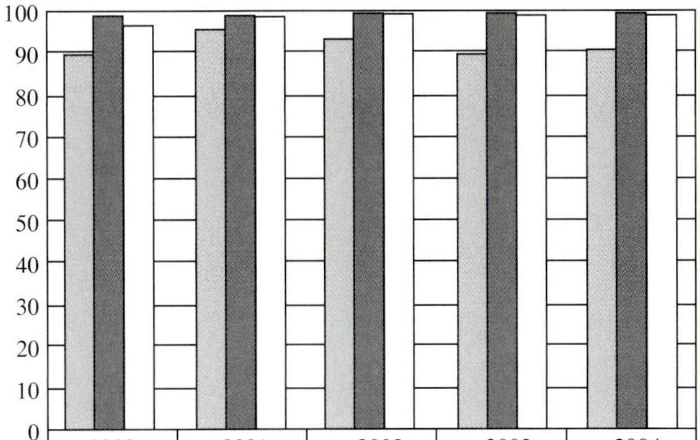

	2000	2001	2002	2003	2004
等效可用系数(%)	89.22	95.97	93.05	89.11	90.74
发电启动成功率(%)	99.17	99.32	99.60	99.76	99.80
抽水启动成功率(%)	96.65	98.70	99.08	99.21	99.24

图 6-1-1　广蓄电站机组运行指标(一)

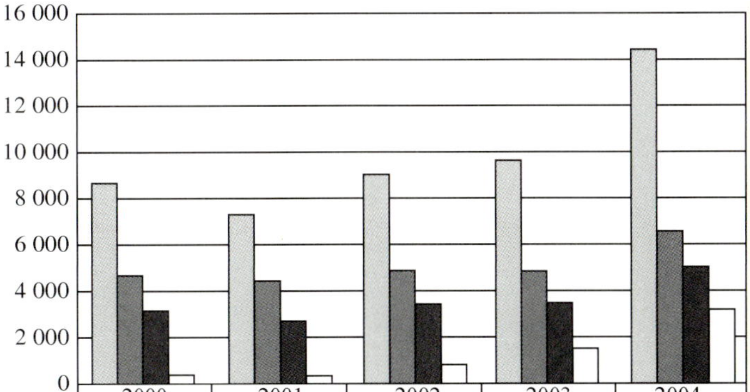

	2000	2001	2002	2003	2004
机组启动次数	8 479	7 244	8 866	9 446	14 373
发电启动次数	4 575	4 271	4 762	4 680	6 461
抽水启动次数	3 049	2 543	3 245	3 319	4 743
调相启动欢数	316	305	769	1 399	3 150

图 6-1-2　广蓄电站运行指标(二)

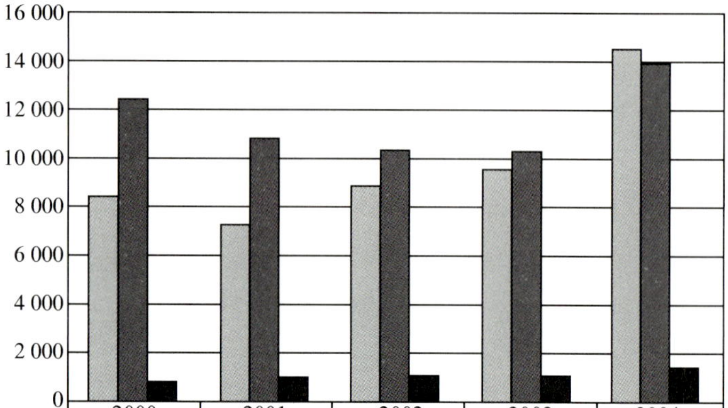

	2000	2001	2002	2003	2004
机组启动次数	8 476	7 244	8 866	9 446	14 373
发电运行小时	12 363	10 699	10 222	10 112	13 774
等效利用小时	852	1 029	950	921	1 280

图 6-1-3 广蓄电站运行指标(三)

四、关键工程技术问题与创新

1. 站址和枢纽布置优选

广蓄电站位于广州市东北方向 90 km 从化区境内流溪河上游二级支流上，地处 105 国道旁侧原始森林区，上下水库均利用天然库盆，上水库海拔高程 700～800 m，集雨面积 5 km^2，下水库海拔高程 260 m，集雨面积 13 km^2，两库水平距离约 3 km，天然落差 500 m 以上，是一处甚为罕见、开发条件得天独厚的抽水蓄能站址。站址方案比选是围绕上水库进行四个下水库库址的比较，选中方案虽然水道相对最长(约 3.8 km)，但避开了其他三个方案下水库可能存在的石灰岩岩溶发育的不利条件，整个枢纽皆位处花岗岩地质条件上，综合投资最省，且有充分的发展扩建余地，为二期工程建设创造了条件。

2. 花岗岩蚀变带特殊地质现象的研究和工程处理

广蓄电站枢纽地处燕山三期中、粗粒(斑状)黑云母花岗岩体中，但在特殊地质构造环境背景下，受岩浆期后中、低温水热蚀变形成黏土岩化花岗岩蚀变带与断层裂隙共同构成软弱条带的现象在水电工程中还是罕见的。在黏土岩化蚀变岩中，蒙脱石化蚀变岩具有强烈吸水膨胀的特性，使结构紧密的蚀变岩体松裂崩解成沙砾土，成为控制地下洞室围岩稳定的主要工程地质问题。本工程通过专题研究，查明蚀变成因、蚀变机理、分布规律和蚀变岩地质力学特性，从岩体完整性和岩体强度角度，用围岩分类反映蚀变岩对地下洞室的影响，指导地下洞室选址、布置、支护强度设计和工程处理。蚀变岩在封闭不暴露状态下还是保持花岗岩原状结构，且具有相当的强度和整体性，对洞室围岩稳定影响不大，而一旦开挖暴露后，具有蒙脱石化的蚀变带易吸水膨胀而崩解，强度削弱，对洞室围岩稳定构成威胁。工程处理的主要经验是对开挖暴露的蚀变岩及时喷护混凝土封闭，洞内交通路面也及时浇筑混凝土垫层和做好施工排水，避免蚀变经水浸车碾形成大量泥浆堆积而造成施工困难；此外由于将含有蚀变岩的洞挖花岗岩作混凝土骨料，其长期性能影响一时尚难定论，故从工程长远安全出发，改用天然砂石骨料方案。对于水热蚀变形成的黏土岩化花岗岩这一特殊地质问题的研究和处理，在国内外工程地质方面是一项很有价值的成果。

3. 地下厂房洞室群体布置优化设计

地下式水电站厂房洞室群体布置是一项涉及地质、水工结构、施工、机电和运行管理等多科学、多专业的系统工程，广蓄电站地下厂房布置吸取国内外的经验，并通过运行检验和专家评审，优化布置设计达当时国际先进水平，其特点如下。

(1) 将长达 2 km 的小断面地质探洞控制厂房洞室群体选择在最佳地质区段范围内，尤其是避开蚀变岩强烈发育区段的影响，为施工和运行安全提供了良好的地质环境，探洞还兼有排水、监测、事故排烟、施工支洞等多项用途。

(2) 按地质构造和地应力场条件选择厂房轴线布置在 NE80°方向，与主要地质构造走向成一定交角，施工实践证明，围岩稳定状态良好，轴线方向合理。

(3) 按电气主结线采用一机一变的方式，采用主厂房、主变室、尾闸室三大洞室平行布局，主厂房与主变室净距 35 m，用四条母线洞相连，布局合理，运行方便。

(4) 引水高压钢筋混凝土岔管布置于厂房上游 150 m 左右处，水力梯度约 1/4，四条引水管采用钢衬结构，65°斜向进水，球阀布置于主厂房内，不设单独阀室。

(5) 水泵水轮机一期采用下拆检修方式，二期采用中拆检修方式，缩短检拆时间；采用两机组单元共一个检修吊运通道方式，缩短厂房长度。

(6) 副厂房和安装间分置于主厂房两端头，副厂房顶端连排风洞，安装间顶端连交通洞，安装长度为 1.285 倍机组间距，能满足每三个月安装一台的要求。

(7) 母线洞尺寸为 8.3 m×8.9 m(宽×高)，靠主厂房侧 8.7 m 一段将断面减小，改善厂房下游边墙围岩稳定条件。

(8) 主厂房分 6 层开挖，分别用排风洞，交通洞，4#、2#、3# 施工支洞通道开挖出碴，形成交错相连的洞室群体布置格局。

4. 上水库钢筋混凝土面板堆石坝

广蓄电站上水库位处原始森林区，交通运输困难，因此选用钢筋混凝土面板堆石坝,最大坝高 68 m,填筑量近 90 万 m^3。20 世纪 90 年代初,国内刚开始推广这一坝型,广蓄电站面板堆石坝建设速度快、质量好,为后续推广这一坝型提供了宝贵经验。该坝设计施工主要特点如下。

(1) 大坝左岸设置侧槽式陡坡溢洪道,最大泄量 259 m^3/s。

(2) 为了提前分期蓄水,坝体分两期填筑,第一期填筑断面高度 45 m,历时 7 个月,一期面板浇筑完成后即下闸蓄水,同时边蓄水边填筑加高,总工期 27 个月。

(3) 小区料施工原掺和 5%水泥,但变形模量高达 1 000 kPa,为了降低变模,改善面板应力,改为填筑沥青砂,变模控制在 80 MPa。

(4) 面板施工用轻型无轨滑模,混凝土坍落度控制在 5 cm。

(5) 大坝填筑及面板施工质量优良,大断面沉降量 27～29 cm,占坝高 0.4%;水平向下游变位 0.5～0.2 cm;面板最大挠度 20 cm;周边缝最大开度 3 mm,顺缝错动 10.1 mm;面板纵缝最大开度 8.58 mm,顺缝错动 8.09 mm;坝后渗漏量<1.0 L/s。

5. 大型地下洞室轻型锚喷支护柔性衬砌

广蓄电站两期工程地下主厂房和主变室两大型洞室尺寸如表 6-1-1 所示。

表 6-1-1 广蓄电站地下洞室规模参数表

建设分期	主厂房(宽×高×长)(m)	主变室(宽×高×长)(m)
一期	22×44.54×146.5	17.24×27.47×138.12
二期	22×48.7×152.0	17.24×17.3×138.07

两大洞室净距 35 m,以四条 8.3 m×8.9 m 低压母线洞相连,其余附属洞室、施工支洞以及水道系统等地下室总长度达 15 km,两期工程共长达 30 km。大型洞室采用钻爆法分层开挖,小型隧洞则全断面一次爆破成型,利用围岩自稳特性,按新奥法原理光面控制爆破,并用轻型锚喷支护系统作为大型洞室永久性柔性衬砌,厂房洞室开挖量一期为 12 万 m^3,二期为 12.6 万 m^3,开挖工期一、二期均为 20 个月(含岩壁吊车梁施工)。在开挖过程中用多点位移计和滑动式位移计进行围岩变形监测,顶拱最大变形量 4.42 mm。

6. 地下厂房大型岩壁吊车梁

常规设计厂房内吊重天车的行车大梁皆采用柱式支承结构,对于地下厂房则有条件用岩壁锚杆锚固支承行车大梁而取消柱式支承,称岩壁吊车梁。岩壁吊车梁在自身材料和投资上虽然并不比常规柱式支承吊车梁节省,但它具有缩短工期和减少厂房跨度的优点,从而在总体上能获得更大的效益。具体说来,在地下厂房施工中,柱式支承吊车梁必须待厂房开挖结束才能自下而上先柱后梁依序施工;而采用岩壁吊车梁则在厂房自上而下开挖至第二层时便施工完成,一旦厂房开挖结束,随即安装天车便可投入尾水肘管安装和厂房下部混凝土浇筑运送作业,可缩短工期半年以上,且可减少厂房宽度1~2 m。岩壁吊车梁始建于挪威地下水电工程中,我国云南鲁布革水电站吸取挪威经验,建成了我国第一座岩壁吊车梁,跨度18 m,荷载2×160 t;广蓄电站一、二期工程随后建成两座岩壁吊车梁,跨度19.5 m,荷载2×200 t,是当时国内最大的岩壁吊车梁。该两座岩壁吊车梁均经过静荷载560 t和动荷载480 t的荷载试验,又经过多年的运行考验,证明是成功的。

7. 高压水工隧洞限裂透水衬砌

广蓄电站一期工程建成了我国第一条高水头、大直径水工隧洞,全长3 785 m,洞径8~9 m,最大静水头611 m,采用40~60 cm单层钢筋混凝土限裂透水衬砌,1993年2月投入运行,多年来在运行中频繁地经受发电、抽水等工况切换和接近最大设计水头的考验,并且经过三次放空检查,隧洞运行状况良好,水工监测内水外渗量<4.0 m^3/h,达到国内外同等规模电站的最好水平,是充分利用围岩承载作用方面的又一成功实例。

8. 我国第一座高水头、大直径地下钢筋混凝土衬砌高压岔管

地下式水电站引水系统高压岔管由于边界几何体形不连续,存在不平衡内水压力,设计复杂,结构上要作特殊处理。我国曾在100 m水头以下的电站采用过钢筋混凝土衬砌岔管,但超过100 m水头均采用钢衬岔管,由此在加工制作、洞内运输、现场拼装焊接、退火处理等许多方面都带来很难克服的技术难题,而且投资增加,工期也受其制约和影响。近代地下工程设计对围岩的自稳特性和承载能力方面的认识有很大进步,在依靠围岩承担内水压力的前提下,岔管的不平衡内水压力荷载对岔管结构并不产生特别的影响,所以,高水头、大直径钢筋混凝土衬砌岔管在国外得到发展。广蓄电站一期工程吸取国外的成功经验,在我国首次建成了大型钢筋混凝土衬砌高压岔管,经过五年多的运行检验和三次放空检查,证明是十分成功的。

9. 高压长斜井衬砌优化设计和快速施工技术

广蓄电站一期高压隧洞采取两级50°长斜井布置,斜井总落差535 m,总长度753.7 m,开挖直径9.7 m,衬砌直径8.5 m,最大静水头611 m,实际施工历时25.5个月。

斜井衬砌优化设计要点如下。

(1) 遵照"上抬理论"和"水力劈裂"准则以及施工要求调整确定斜井布置,充分利用和发挥围岩的承载能力。

(2) 按"限裂"设计原则配置衬砌钢筋,允许衬砌缝扩展0.2~0.3 mm。取消原

设计对部分不良地质段的双层布筋,减少配筋重量 405 t。

(3) 取消衬砌分段浇筑环缝和止水,采取纵向钢筋跨缝,缝面凿毛处理,为滑模连续浇筑砼创造条件。

10. 高水头、大容量水泵水轮机金属蜗壳与外包混凝土联合受力和加压预埋技术

大型水轮机金属蜗壳埋置方式有三种:①设置弹性垫层或明置;②加压预埋外包混凝土;③不加压预埋外包混凝土。广蓄电站选择加压预埋方式,利用厂商提供的蜗壳水头试验的门头,固定导叶内环止水密封和加压设备,在完成水压试验后蜗壳外包混凝土浇筑时,先将蜗壳充水加压至设定的预压水头,稳压并浇筑外包混凝土,稳压七天待混凝土硬凝再卸压形成缝隙,运行时蜗壳先单独承受预压水头的内水压力,剩余水头内压则由蜗壳金属和外包混凝土联合承担。选择加压预埋是基于下述因素。

(1) 由于水头太高,不加压预埋则全部内压水头由蜗壳金属和外包混凝土联合承担,分配到外包混凝土的内压较大,混凝土强度和裂缝控制难以满足。

(2) 设置弹性垫层则内压水头全部由蜗壳金属承受,作为蜗壳钢材是可以做到,且也能保证安全的,所以也有不少工程选择这一方案,但该方案对垫层材料技术性能和粘贴工艺以及其均匀度要求较高,材料老化问题尚不能妥善解决,于长远运行不利;同时由于垫层作用外包混凝土不能直接约束蜗壳,对消减机组运行时的振动和蜗壳钢衬受力疲劳影响也是不利的。

(3) 加压预埋可以充分利用外包混凝土本身的强度和质量,分担部分内水压力又嵌固约束蜗壳消减振动,同时又增加蜗壳钢衬应力的安全储备,对于可逆式抽水蓄能机组承受反复荷载应力循环抗疲劳是有直接帮助的。

11. 高水头、大容量、高参数可逆式机组选择和运行实践

广蓄电站 300 MW 水泵水轮机的最大静水头为 537 m,最大扬程为 550 m,水轮机最大出力 347.7 MW,水泵在最低扬程时的抽水流量达 60 m^3/s,额定转速 500 r/min,如此高参数的可逆式机组,目前在世界上同一水头段电站中还不多见。

12. 500 kV 高落差充油电缆的应用

广蓄电站一期工程安设两回路共六相(根)法国 ALCATEL 电缆厂制造的 500 kV 充油电缆,铜芯截面 1 600 mm^2,每相长度 510~570 m,通过倾角 29°,总长 400 m 长斜洞下端接洞内 500 kV GIS 封闭电器,上端接户外出线场开关设备,落差达 200 m,在世界上超高压电力电缆领域是极少见的,也接近目前制造能力的极限水平。

充油电缆绝缘性能稳定,长期运行可靠性高,且价格较干式电缆和 SF_6 管道母线低廉,经综合比较,决定采用 200 m 高落差充油电缆方案。

为了在高落差斜洞敷设时不损伤电缆，制造时在原有电缆纵、径向钢铠外，再增加一道径向钢铠层，电缆允许拉力达 8 t，采用带电缆卷筒的 10 t 卷扬机和牵引用的 3 t 卷扬机敷设，并用大量麻绳和托轮克服电缆因自重下滑而磨损，实践证明这样的敷设方法和措施安全可靠。

高落差电缆的另一个问题是下终端容易漏油，本工程电缆下终端法兰原是铝质合金，刚度不足，后改为高强度不锈钢，并加装观察渗油的油杯，有效地解决了这一问题，五年多的运行实践证明是成功的。

广蓄电站拥有我国第一座现代化按无人值班设计的大型蓄能电站计算机监控系统。计算机监控系统是蓄能电厂的核心，它管理和控制电厂生产过程和安全运作。广蓄电站一期采用法国 CEGELEC 公司生产的计算机监控系统，整个系统属多微机分层分布结构，热备用双重化配置，它具有如下特点。

(1) 处理的数据多。全电站所有主、辅设备的状态均进入计算机监控系统，数据库内定义了 7 000 多个内部和外部变量，在水电站是不多见的。

(2) 实现的机组工况转换多。机组稳定运行工况有停机、发电、发电调相、水泵、水泵调相五种；过度运行工况有转换停机、空载、热备用及拖动机四种。各种工况之间的转换达 29 种之多。

(3) 先进的控制方式。通过微波和载波通道直接与电网调度的能量系统和后备系统相连，电网调度可用快速设定和负荷曲线两种方式对蓄能机组的启、停、有功调整和无功调整进行直接控制，而不需电厂操作人员的任何干预。

(4) 两个电网调度一个电厂。由于香港中华电力公司购置了广蓄电站一期 50% 容量使用权，因此广蓄一期电厂受广东和香港两地电网同时调度和控制，这一双重调度方式在国内外尚属首次，由此大大增加了该系统的复杂程度。正常情况下，监控系统等同接受两地调度发来的 48 小时容量、负荷曲线、负荷快速设定值，综合后自动决定开机台数和分配机组负荷；异常情况下，广东电网有优先权，可用指令闭锁香港电网调度指令，从而使广电获得对电厂 100% 容量的使用和控制权，还有安全软件对两地调度进行限制以保证电网安全。

(5) 率先在国内按无人值班方式原则设计，不设常规控制设备。在设计过程中充分考虑了计算机监控系统的可靠性，包括上、下位机均采用热备用双重化配置等，同时对保证电厂设备的安全和正常运行提供了专门的措施。

广蓄一期计算机监控系统自 1993 年上半年投入使用后经不断完善，1994 年 9 月即开始由广东、香港两地调度中心遥控运行，12 月 1 日签署了临时商业运行证书，几年来运行一直比较稳定，各项功能基本达到合同要求，电厂中控室值班人员从每班 3 人，至 1996 年已减少至每班 1 人，逐步向无人值守的目标迈进。广蓄二期计算机监控系统由德国 SIEMENS 中标提供。

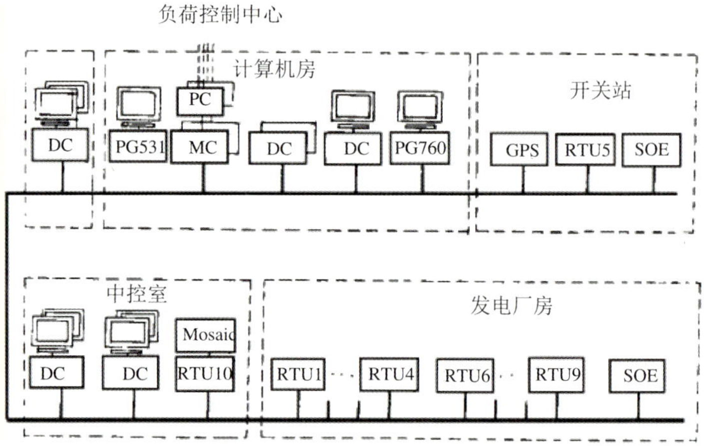

图 6-1-4 广州抽水蓄能电站监控系统配置

13. 现代化水电厂的运行管理

广蓄一期电厂的运行管理吸取国外的先进经验，结合国情，建立起一套新的管理体系和模式。

(1) 精简的管理机构。电厂管理引进了法国的管理模式，结合我国国情，组成一套简练的机构，厂部下设生技、检修、运行、办公室、培训中心五个部门，组建一支素质较高、人员精干、一岗多能、高效现代化管理体系。

(2) 少人值班到无人值班。电厂按无人值班设计，从 1995 年 1 月起机组完全由广东、香港两地电网调度中心控制，电厂控制室仅 1 人值班，实行五班四倒、一人值班制。与此同时实行由持 BP 机的值班主任和检修人员在厂外待命。这一套系统被称为“ON - Call”系统。

(3) 运行维护。电厂不设主机大修队伍，大修时外请检修队伍，但技术措施、进度、质量控制仍由电厂负责，对其他部分设备维修也采取外包方式，如空调系统等。电厂的运行维护主要是设备定检、试验及定期检修，建立一套完善的维护制度及设备缺陷管理数据库，通过对设备历史资料分析，定出每台设备的理想检修周期。

(4) 现代化的生产、办公管理体系。电厂建立了现代化生产、办公自动化系统，开发了各种生产、办公管理数据库，用高科技管理手段提高工作效率。

(5) 培训中心。电厂建立了培训中心，配有先进的模拟机和教学设备，培训教师由电厂技术专责一级人员兼任，并有一套完善的培训教学制度。

第二节
丰宁抽水蓄能电站

一、工程概况

丰宁抽水蓄能电站位于河北省承德市丰宁满族自治县境内，南距北京市的直线距离 180 km，东南距承德市的直线距离 150 km，电站规划装机规模 3 600 MW，年设计发电量 66.12 亿 kW · h，年抽水电量 87.16 亿 kW · h。其是 2022 年北京冬奥会配套绿色能源重点工程，被誉为世界最大的“超级充电宝”。作为当前世界规模最大的抽水蓄能电站，丰宁抽水蓄能电站创造了抽水蓄能行业四项世界第一：装机容量世界第一，储能能力世界第一，地下厂房规模世界第一，地下洞室群规模世界第一。

丰宁抽水蓄能电站拥有巨大的库能，一次蓄满可储存新能源电量近 4 000 万 kW · h，全年可消纳新能源电量 87 亿 kW · h。2021 年 12 月 30 日，北京冬奥会开幕前夕，丰宁抽水蓄能电站首批机组正式投产发电。项目全部投运后，年可节约标准煤 48.08 万 t，可减少碳排放 120 万 t，相当于造林 24 万余亩。该项目对于支撑华北电网安全稳定运行，满足华北地区风电、光伏快速增长所增加的调峰需求，推动能源清洁低碳转型，服务碳达峰、碳中和具有十分重要的作用。同时，该项目可以有效拉动当地就业，推动旅游业发展，促进节能减排、应对气候变化，具有显著的社会效益、生态效益和经济效益。

电站有上、下两个水库，额定水头 425 m。分两期建设，每期装机 1 800 MW，具有周调节性能。电站的供电范围为京津唐电网。电站建成后，和十三陵等先期建设的抽水蓄能电站及其他调峰电源共同解决京津唐电网调峰能力不足等问题(也包括调节风电负荷)。同时，根据电网需求，电站还可承担系统调频、调相、负荷备用和紧急事故备用等任务，维护电网安全、稳定运行。同时，丰宁抽水蓄能电站可利用比较大的发电库容与备用库容，根据电网需求和风电出力过程，实时储能，平抑风电出力过程。

丰宁抽水蓄能电站工程为Ⅰ等工程，大(1)型规模。永久性主要建筑物为1级建筑物，永久性次要水工建筑物为3级建筑物，临时性建筑物为4级建筑物。上水库、蓄能专用下水库、拦沙库的挡水、泄水建筑物设计洪水标准为200年一遇，校核洪水标准为2 000年一遇，下水库泄洪消能防冲建筑物按100年一遇洪水设计。电站厂房洪水设计标准按200年一遇设计、1 000年一遇校核。

上水库地形封闭条件良好，大部分库岸不存在向邻谷渗漏的问题，仅在Ⅰ号、Ⅱ号沟分水岭垭口及水道系统隧洞穿过的库区分水岭部位，地下水位低于正常蓄水位，需进行防渗处理；库内、外自然边坡较缓，稳定性较好；堆石坝以强风化岩体作为坝基，趾板地基利用弱风化岩体，工程地质条件较好，但存在坝基和绕坝渗漏问题。

下水库利用2001年竣工的原丰宁水电站水库改建而成，正常蓄水位提高10 m后工程地质条件基本不变，不存在渗漏、浸没问题，库岸稳定，仅局部土质岸坡存在塌岸。拦河坝加高右坝肩存在绕坝渗漏，需用防渗帷幕处理。下水库拦沙坝河床表层粉土质砂存在液化、震陷的可能。泄洪排沙洞围岩以Ⅱ类、Ⅲ类为主，局部受断层影响为Ⅳ类。因丰宁水电站库区泥沙淤积严重，在距拦河坝3.1 km处布置拦沙坝，将下水库分为拦沙库和蓄能专用库，两库之间设置溢洪道，连通拦沙库和蓄能库。

厂道系统出露的基岩主要为三叠系干沟门单元中粗粒花岗岩和侏罗系张家口组第一段灰窑子沟单元的流纹岩、凝灰熔岩、熔结凝灰岩、凝灰岩等，二者呈角度不整合接触。灰窑子沟单元主要分布在引水隧洞，其余建筑物岩性基本为花岗岩。输水系统围岩以Ⅲb类为主，部分为Ⅲc类，穿越断层、裂隙密集带部位围岩为Ⅳ类。地下厂房轴线方向为SN，埋深为245～315 m，岩性为微风化中粗粒花岗岩，围岩类别主要为Ⅲ类，断层出露部位为Ⅳ类。最大水平主应力的方向位于NE 72°～76°，量值12～18 MPa，属中等地应力。地下水主要为基岩裂隙水，地下水埋深24～118 m，高程1 051.0～1 492.0 m。岩体主要为弱透水，部分为微透水。

图 6-2-1　丰宁抽水蓄能电站

枢纽建筑物主要包括上水库、水道系统、地下厂房及开关站、下水库。

(1) 上水库

上水库位置系一天然大库盆，在 3 条支沟交汇处筑坝而成，四周地形具有良好的封闭性，成库条件十分优越。上水库按最终规模在一期一次建成。坝址以上控制流域面积 4.4 km^2，正常蓄水位(1 505 m)以下水库库容达 4 814 万 m^3，其中调节库容 4 061 万 m^3。

正常蓄水位 1 505.00 m，死水位 1 460.00 m。最大坝高 120.3 m，轴线长度 556.0 m，上、下游边坡均采用 1∶1.4。坝体填筑材料选用库内大坝左岸坝肩上水库进/出水口部位开挖的新鲜石料。料场储量丰富，可满足工程要求。根据地质勘探和资料分析，上水库渗漏封闭条件较好，不存在大面积的整体渗漏问题，因此库区不做全面防渗处理，仅在穿越断层及破碎带分水岭而可能形成渗漏通道处进行帷幕灌浆处理，需防渗的库岸总长度(含坝肩)为 2 708 m。

(2) 水道系统

水道系统由引水系统和尾水系统两部分组成。引水、尾水系统均采用一洞两机的布置形式，共有 3 套独立的水道系统。引水系统建筑物包括上水库进/出水口、引水事故闸门井、引水隧洞、引水调压室、高压管道(包括主管、岔管和支管)。尾水系统建筑物包括尾水支管、尾水事故闸门室、尾水混凝土岔管、尾水调压室、尾水隧洞、尾水检修闸门井和下水库进/出水口等。水道系统总长 3 212 m，其中引水系统长 2 163 m、尾水系统长 1 049 m。

上、下水库进/出水口均为岸边侧式，1、2、3 号进/出水口体形相同，并列布置，进/出水口沿发电水流方向依次为防涡梁段、调整段、扩散段，每个进/出水口设 2 个分流墩，将进/出水口分成 3 孔。孔口尺寸 6 m×9.5 m，上、下水库进/出水口均设有拦污栅，且下水库设有拦污栅清污和检修设施。为保证进/出水口水流顺畅，上、下水库进/出水口均设一明渠与水库相连。

引水隧洞采用一洞两机的布置方式，3 条引水隧洞平行布置，洞线走向 NE 56°，洞径 6.0 m，采用钢筋混凝土衬砌。引水调压室位于引水隧洞末端，采用带上室的阻抗式结构形式，上室为圆形，内径 18 m，高 9 m，采用钢筋混凝土衬砌，衬砌厚 0.8 m。竖井为圆形，内径 10 m，高 110.5 m，衬砌厚 0.8 m。调压室底部洞段中心线高程 1 400 m，洞径 7 m，采用钢板衬砌。调压室底部阻抗孔直径为 4 m。调压室平台高程为 1 520 m，与 5 号公路相连。

高压管道由高压主管、岔管和高压支管组成，3 条高压主管平行布置，平面上走向为 NE 53°，立面上采用双斜井布置，分为上平段、上斜段、中平段、下斜段和下平段，斜井角度为 53°。岔管采用对称“Y”形的内加强月牙肋钢岔管，分岔角为 74°。主管直径自上而下为 5.8 m、5.3 m、4.8 m，高压支管管径为 3.4 m。高压管道采用钢板衬砌。6 条尾水支管平行布置，与厂房纵轴线斜交，交角为 69°，直径 4.3 m，采用钢板衬砌。

尾水事故闸门室位于主变压器室下游 50 m 处，闸室轴线与厂房轴线平行。尾闸室为城门洞形结构，底板高程 982.5 m，闸室净尺寸为 150.5 m×13 m×17.5 m(长×宽×高)，采用柔性支护，喷混凝土厚 10 cm。尾水事故闸门室底部通过 6 个竖井与每个尾水支管相连。尾水岔管采用“卜”形钢筋混凝土岔管，分岔角采用 60°，衬砌厚度 1.0 m。尾水隧洞采用一洞两机的布置方式，共 3 条尾水隧洞，直径 7.0 m，采用钢筋混凝土衬砌。

尾水调压室位于尾水岔管下游 20 m 处，尾水调压室为带上室的阻抗式结构形式。上室为城门洞形，上室间用隔墙隔开，各上室间采用简易钢吊桥连通。竖井为圆形，内径 10 m，高 106 m，采用钢筋混凝土衬砌，衬砌厚 0.8 m。

(3) 地下厂房及开关站

厂区建筑物主要由地下厂房、主变压器洞、母线洞、交通洞、通风洞、排风竖井、出线洞、出线竖井、排水廊道、主变压器运输洞和地面开关站、中控楼等组成。

地下厂房位于水道系统中部，由主机间、安装场和副厂房组成，呈“一”字形布置，洞室总开挖尺寸为 207.0 m×25.0 m×53.0 m(长×宽×高，下同)。安装场布置在主机间左端，副厂房布置在主机间右端。主机间开挖尺寸为 150.0 m×25.0 m×53.0 m，安装场开挖尺寸为 40.0 m×25.0 m×37.0 m，副厂房开挖尺寸为 17.0 m×25.0 m×37.5 m。主机间内安装 6 台 300 MW 竖轴单级混流可逆式水泵水轮机组，机组安装高程为 967.0 m。主厂房顶拱开挖高程为 1 007.0 m，底板开挖高程为 954.0 m。主机间分 6 层布置，分别是发电机层、母线层、水轮机层、蜗壳夹层、球阀层和尾水管层。主厂房采用锚喷支护形式和岩壁吊车梁结构。

主变压器洞平行布置在主厂房下游侧，与主厂房净距离为 40 m，布置主变压器和 SFC 等设备。主变压器洞开挖尺寸为 204.9 m×20.9 m×21.5 m。母线洞与主厂房、主变压器洞正交连通，一机一洞。断面为圆拱直墙形，净尺寸为 40.0 m×8.5 m×11 m，布置母线、发电机断路器、换相隔离开关等设备。主变压器运输洞位于安装场和主变压器洞之间，净尺寸为 40.0 m×6.0 m×7.0 m，用于主变压器的检修运输。

环绕主厂房、主变压器洞和尾水事故闸门室设有 3 层排水廊道。上层上游排水廊道兼作通风通道，断面净尺寸为 4.0 m×4.0 m，其余排水廊道断面净尺寸为 3.0 m×4.0 m。

地下厂房交通洞是通往地下洞室群的主要通道，全长 1 559 m，断面尺寸为 7.5 m×8.5 m(宽×高)，平均坡度 5.3%，从厂房左端墙进厂。地下厂房通风洞是地下洞室群的进风通道，全长 1 151 m，断面尺寸为 7.5 m×8 m(宽×高)，平均坡度 6.2%，位于厂房右端。交通洞洞口高程为 1 065 m，通风洞洞口高程为 1 069 m，均设在下水库左岸 2 号公路旁。

排风竖井位于主变压器洞下游，断面为圆形，开挖直径 9 m，高度 275.5 m。洞口设排风机房。排风机房平台位于鞭子沟沟首，平台高程 1 268 m，平台尺寸 60 m×26 m。排风机房为 2 层框架结构，总建筑面积 980 m^2，布置 5 台排风机。

高压出线电缆经出线支洞、出线下平洞、出线竖井、出线上平洞引至地面开关站。每两台机组设置 1 条出线支洞，共 3 条。出线支洞垂直主变压器洞轴线方向布置，断面净尺寸为 5.5 m×6.5 m，洞长均为 15 m。出线下平洞位于主变压器室下游侧，与 3 个出线支洞相连，洞轴线平行于主变压器洞，净尺寸为 5.5 m×6.5 m，洞长 94 m。出线竖井断面为圆形，开挖直径 10 m，高 225 m，出线上平洞净尺寸为 4 m×5 m，长 366 m，出口位于地面开关站。

电站采用户内 GIS 高压配电装置形式。地面开关站位于主变压器洞下游北侧鞭子沟沟首，平台高程 1 194 m，平台尺寸 140 m×60 m，由 4 号公路直接进场。地面开关站内布置有 GIS 开关楼、500 kV 出线场等。

中控楼位于下水库左岸 2 号公路旁，平面尺寸 55 m×17 m，总建筑面积 1 800 m^2，布置中央控制室、计算机室、办公室等。

(4) 下水库

利用滦河干流上已建成的丰宁水电站水库作为下水库，由于泥沙淤积严重，为使抽水蓄能电站正常运行，下水库需设置拦排沙设施。通过在原丰宁下水库库尾设置拦沙坝,将原丰宁水库分成拦沙库和蓄能专用下水库两部分。

拦沙库建筑物包括拦沙坝、泄洪排沙洞以及拦沙库溢洪道。拦沙库正常蓄水位为1 061.0 m。拦沙坝坝型采用复合土工膜防渗心墙堆石坝,坝顶高程为1 066.0 m,轴线长度548 m。最大坝高23.5 m,坝基坐落在冲积洪积砂卵砾石层上,采用混凝土防渗墙防渗。泄洪排沙洞布置在右岸山体内,采用短有压进口形式,工作闸门尺寸4 m×4.5 m(宽×高),明流洞断面采用城门洞形,断面尺寸为5 m×6.5 m(宽×高),隧洞全长1 966 m,底坡坡比为0.012 4。拦沙库溢洪道布置在拦沙坝左岸下游山梁处,连通拦沙库和抽水蓄能电站专用库,堰型为宽顶堰,设置6孔,其中4孔堰顶高程1 061.0 m,每孔宽15 m,为无闸门控制自由溢流,另外两孔为满足下水库补水及初期蓄水的要求,堰顶高程采用1 056.0 m,因双向挡水需要,每孔设置两道闸门,闸门尺寸为7.5 m×5 m(宽×高)。当需要补水时,开启闸门,补水自流至抽水蓄能电站下水库。溢洪道和泄洪排沙洞联合运行可下泄2 000年一遇洪水。为增加排沙效果,在拦沙坝上游左岸山梁处设置一宽30 m的导沙明渠,渠底高程与上游河床齐平,上游来水可通过明渠直接流至泄洪排沙洞进口。

蓄能专用下水库由拦河坝和拦沙坝围筑形成,拦河坝由已建丰宁水电站拦河坝加高改造而成,蓄能专用水库正常蓄水位为1 061.0 m,死水位1 042.00 m。现有丰宁水库大坝坝顶高程为1 054.50 m,坝高不能满足要求,需要改建加高,相应现有的泄洪建筑物等也需要进行改造。

下水库大坝采用堆石料在下游面培厚方式加高,改建后的下水库拦河大坝为混合坝型:左岸钢筋混凝土面板堆石坝、右岸混凝土重力坝。坝轴线长度377.7 m,其中混凝土坝段长116.4 m,最大坝高28 m,堆石坝坝段长261.3 m,最大坝高51.3 m。溢流坝段采用开敞式溢流堰,溢流堰顶高程1 061 m,设溢流孔2个,每孔宽12.5 m。原泄洪放空洞洞身不需要改建,但进口建筑物需加高,检修闸门、工作闸门和启闭机需拆除重建。

二、工程规划建设历程

该电站于2013年5月开工,总装机容量360万kW。中国能建葛洲坝二公司主要承担了电站上、下水库、进出水口、闸门井、启闭机楼、拦河坝等重点工程施工任务。

电站分两期开发,一期装机规模180万kW。电站上水库总库容5 800万m^3,下水库总库容6 070万m^3。电站建成后,对京津唐电网可发挥周调节作用。

抽水蓄能电站项目于1995年提出,2001年12月,丰宁水电站2×10 MW机组并网发电。

2012 年 8 月 21 日，历经 17 年不懈的努力，国家发改委正式下文核准。

2013 年 5 月，项目一期工程正式破土开工建设。一期工程装机容量为 180 万 kW，投资 99.84 亿元，年发电量可达到 22.368 亿 kW · h，税收 3.6 亿元；二期工程装机容量 180 万 kW，安装 6 台 30 万 kW 可逆式水轮发电机组，以 500 kV 电压接入华北电网，工程投资 87.5 亿元。

2015 年 9 月 23 日，河北丰宁（二期）抽水蓄能电站工程开工动员大会在京召开。河北丰宁（二期）抽水蓄能电站是国家电网公司推进特高压电网建设、服务清洁能源发展的重大工程，这也是继 2015 年 6 月安徽金寨、山东沂蒙、河南天池三座抽水蓄能电站之后第二批开工的电站。项目建成后，丰宁抽水蓄能电站装机容量将达到 360 万 kW，是世界上装机容量最大的抽水蓄能电站。

截至 2016 年 12 月，一、二期工程主厂房顶拱已开挖完成；上水库大坝已填筑约 70 m，下水库拦沙坝已完成基础处理，拦河坝正在进行基础开挖；一期引水系统中平段以上扩挖已完成近 2/3。

2017 年，一、二期工程全面进入开挖支护高峰期，部分工作面已进入混凝土转序施工。

截至 2018 年底，上水库大坝面板混凝土浇筑完成，下水库拦河坝填筑和拦沙坝坝顶防浪墙施工完成；一、二期工程主厂房开挖至第五层，主变压器洞Ⅱ、Ⅲ层开挖支护完成；引水系统部分下斜井未完成扩挖工作，其他部位正在进行混凝土浇筑和钢管安装工作。

截至 2019 年底，上水库拦河坝及拦沙坝完成坝顶防浪墙；一、二期工程主厂房开挖完成，安装场混凝土浇筑完成，开始进行尾水管安装和混凝土浇筑施工；引水、尾水洞段开挖完成，正在进行钢管安装和混凝土浇筑施工。主机设备已开始陆续供货。

截至 2020 年底，上、下水库主体工作基本完成，剩余部分坝顶结构、环库路、灌浆洞及部分启闭机房混凝土施工；下水库已经蓄水。一、二期引水系统主体工作基本完成，剩余下平段部分钢管安装及施工支洞封堵；一、二期尾水系统开挖支护全部完成，剩余部分尾水系统洞段衬砌、尾水支管安装；地下厂房 1—12 号机组机电安装有序进行。其中 1、6、10 号机组混凝土已浇筑至发电机层。

2021 年 5 月 21 日，河北丰宁抽水蓄能电站上水库工程正式下闸蓄水。工程由建设阶段进入蓄水发电准备阶段。

2021 年 12 月 30 日，丰宁抽水蓄能电站正式投产发电。丰宁抽水蓄能电站总装机规模 360 万 kW，年设计发电量 66.12 亿 kW · h，年抽水电量 87.16 亿 kW · h，保障北京冬奥会的绿电供应。

2022 年 1 月，北京冬奥会开幕前夕，总投资 192.37 亿元的国家电网河北丰宁抽水蓄能电站首批两台机组(1 号机、10 号机)投产发电。

三、工程效益

丰宁抽水蓄能电站政治、经济、社会、环境效益显著。

(1) 作为服务冬奥重点工程，丰宁电站的投产为北京冬奥场馆实现 100%绿电供应提供了坚强保障。丰宁抽水蓄能电站接入张北柔性直流电网和华北 500 kV 电网，首批两台机组投运，即可提供 60 万 kW 出力，可随时为冬奥场馆提供绿色电力，不仅极可靠地保障冬奥场馆绿电全覆盖，更可显著推动冬奥举办城市北京、张家口广泛使用清洁能源，为京津冀协同发展提供绵绵不绝的绿色动力。

(2) 促进新能源消纳，缓解系统调峰调频压力，优化电网电源结构，提高系统运行灵活性和适应性。丰宁抽水蓄能电站机组运行方式灵活、响应速度快，可以有效提高系统调峰能力，满足当地风电、太阳能发电快速增长所增加的部分调峰需求，促进新能源高效消纳，为当地大规模发展新能源提供有利条件。丰宁抽水蓄能电站打造了世界最大的“超级充电宝”，巨大的库能，一次蓄满可储存新能源电量近 4 000 万 kW · h，全年可消纳新能源电量 87 亿 kW · h，对于支撑华北电网安全稳定运行，增强系统调节能力，快速跟踪新能源出力，发挥大容量储能作用，推动能源清洁低碳转型，服务碳达峰、碳中和，具有十分重要的作用。

(3) 畅通国内大循环、服务新发展格局，拉动地方经济增长，促进高质量发展。建设丰宁抽水蓄能电站，可改善当地交通和生活基础设施，带动投资和相关产业发展，拉动地方 GDP 增长超过 422 亿元。丰宁抽水蓄能电站工程建设高峰期作业人员达 4 000 人，目前工程累计使用钢筋 13.6 万 t、钢板 4.3 万 t、承德本地水泥近 80 万 t，带动了一方经济，造福了一方百姓。

(4) 提高系统整体经济性，促进节能减排、大气污染防治和生态环境保护，实现资源最优配置。丰宁抽水蓄能电站能够替代一定容量的煤电机组，提高网内运行机组的整体经济性，提高新能源规模，每年可节约标准煤 48 万 t，减少二氧化碳排放 120 万 t。工程严格执行环保、水保要求，累计完成环保、水保投资约 2.1 亿元。

(5) 提高电力系统安全可靠性，在华北电网中充分发挥稳定器、调节器、平衡器的作用，改善电力系统运行特性。抽水蓄能机组启停便捷、反应迅速，是技术成熟、经济合理的系统备用电源，对稳定系统频率、提供事故支援、提高电力系统稳定性具有重要作用。丰宁抽水蓄能电站全部机组投产后，可以提供 720 万 kW 的电力调节能力，12 台机组满发利用小时数达到 10.8 小时，是华北地区唯一具有周调节性能的抽蓄电站。在电力系统中配备足够容量的抽水蓄能电站，启停灵活、反应快速，可以有效提升大电网综合防御能力，保障电网安全稳定运行。

四、关键工程技术问题与创新

丰宁抽水蓄能电站建设创造了抽水蓄能电站四项“第一”。装机容量世界第一。共安装 12 台 30 万 kW 单级可逆式水泵水轮发电电动机组，总装机 360 万 kW，为世界抽水蓄能电站之最。储能能力世界第一。12 台机组满发利用小时数达到 10.8 h，是华北地区唯一具有周调节性能的抽蓄电站。地下厂房规模世界第一。地下厂房单体总长度 414 m，高度 54.5 m，跨度 25 m，是最大的抽蓄地下厂房。地下洞室群规模世界第一。丰宁抽蓄电站地下洞室多达 190 条，总长度 50.14 km，地下工程规模庞大。

丰宁抽水蓄能电站建设实现了三个“首次”。首次实现抽蓄电站接入柔性直流电网。电站接入张北柔性直流换流站，发挥负荷调节和区域稳定协调控制作用，有效实现新能源多点汇集、风光储多能互补、时空互补、源网荷协同，支撑具有网络特性的直流电网高可靠高效率运行，开创了抽水蓄能发展史上的“先河”，为破解新能源大规模开发利用难题提供了宝贵的“中国方案”。首次在国内采用大型变速抽水蓄能机组技术。电站二期工程采用 2 台交流励磁变速机组，与传统定速机组相比，具有水泵功率调节有效、运行效率更高、调度更灵活等优越性。首次系统性攻克复杂地质条件下超大型地下洞室群建造关键技术，为今后抽蓄大规模开发建设提供了技术保障和工程示范。

主要技术难题如下。

(1) 下水库的泥沙淤积问题。丰宁水库上游约 80 km 处建有西山湾水库，西山湾水库库尾建有大河口水库。西山湾水库为多年调节水库，水库总库容 1 亿 m^3，2000 年 8 月竣工。西山湾水库的建成改变了下段径流的天然状态，使西丰区间生态更加脆弱，水土流失更加严重，根据丰宁水库实测水库库区泥沙淤积断面估计，丰宁水库自 2000 年 11 月 18 日下闸蓄水至 2008 年 11 月期间，水库总淤积量为 1 366 m^3，多年平均入库沙量为 171 万 m^3，其中死水位 1 040.0 m 以下 8 年淤积总量为 765 万 m^3，死库容损失 28.4%，总库容损失率为 24.3%，调节库容损失 20.4%。通过对丰宁水电站水库 1996—2008 年 6 次库区泥沙淤积断面测量成果分析计算，水库多年平均入库沙量为 171 万 m^3。其中悬移质入库沙量为 166 万 m^3。泥沙集中在汛期，丰宁坝址多年平均悬移质含沙量为 9.43 kg/m^3,无法满足蓄能机组过机泥沙要求。丰宁水库泥沙淤积是十分严重的。为使抽水蓄能电站正常运行,下水库建设拦排沙设施是十分必要的。根据丰宁下水库的地形条件和蓄能电站运行对库容的要求,为解决下水库的泥沙问题,通过在原丰宁下水库库尾设置拦沙坝及泄洪排沙设施,将原丰宁水电站水库分成拦沙库和蓄能专用下水库两部分。为验证和优化拦排沙设施的拦排沙效果,可行性研究阶段委托武汉大学和中国水科院进行了泥沙淤积数学模型计算和物理模型试验,并进行了对比分析,从计算结果和试验成果可以看出:下水库拦排沙系统建成后,拦沙库泄洪排沙洞汛期敞泄,非汛期蓄水运行,能够有效地解决丰宁抽水蓄能电站正常运行的要求。工程初期从蓄水开始至投运后,将根据实测资料,进一步分析验证丰宁拦排沙设施的效果。

(2) 水库局部防渗方案研究。丰宁上水库地形条件优越,上水库位于灰窑子沟,地形条件为三面环山的天然洼地,在三条支沟交汇处筑坝形成上水库库盆,建坝和成库条件优良。丰宁上水库无论从地形地貌、地层岩性和水文地质条件上分析,都不具备整体渗漏的条件,上水库地下水分水岭与地表水分水岭位置基本一致,上水库地下水分水岭水位均高于死水位,库底永久渗漏可能性不大。主要分布在Ⅰ号、Ⅱ号沟垭口及水道系统通过库区分水岭部位,需进行防渗处理。上水库四周多数地段封闭条件较好,低于正常蓄水位的长度为 2 236 m,渗漏段总长度约占库周总长度 25.2%,不需做全库防渗处理,故上水库可采用局部防渗方案,其中坝基、左右坝肩及Ⅰ号、Ⅱ号沟垭口及水道系统通过库区分水岭部位是主要的渗漏部位,需进行重点防渗处理。上水库防渗处理措施:坝基和两岸坝肩山体宜采用灌浆帷幕防渗,库岸区中的地下水位较低部位可采用灌浆帷幕进行防渗处理,上水库防渗底线采用 3Lu 标准进行控制。防渗设计时,出于安全考虑,当基岩透水率 3Lu 线高于地下水位线时,按地下水位线进行控制。

(3) 丰宁抽水蓄能电站的运行方式。丰宁抽水蓄能电站为周调节抽水蓄能电站,电站建成后将在京津唐电网中主要承担调峰、填谷、调频、调相和紧急事故备用等功能。同时因下水库位于滦河主河道,下水库还要承担防洪任务;由于泥沙问题尚需研究排沙运行方式,且地处严寒地区,存在冬季运行防结冰问题等,因此丰宁抽水蓄能电站的运行方式是很复杂的。

①典型周运行模式。丰宁抽水蓄能电站周一至周五以发电为主,每天发电工况运行 4～12 h,其中每天满发运行时间为 2～6 h,运行历时和满发运行最长日发生在最大负荷日,日平均满发利用小时数约 5.2 h;抽水工况运行历时 1～7 h,其中周一凌晨抽水历时 7 h,周二至周五凌晨平均抽水小时数 2.17 h。周六至周日集中抽水,平

均每天抽水工况运行6～8 h。

②防洪调度运行方式。上水库洪水完全续存在库内，从安全角度考虑，上水库水位超过1 505 m正常蓄水位后，停止运行；下水库防洪调度运行在兼顾蓄能电站运行的同时，为确保下游地区防洪安全，大坝下泄流量不能超过坝址天然洪峰流量。同时，遵循承德市防汛抗旱指挥部《关于对丰宁水电站汛限水位的批复》(承市汛办〔2005〕27号)，汛期运行时遵循“电调”服从“水调”的原则。当洪水超过200年一遇设计洪水标准时，或者无论任何情况下下水库水位超过1 061 m时，电站应立即停机。

③泥沙调度运行方式。丰宁抽水蓄能电站泥沙调度采用“蓄清排浑”的运行方式：汛期(6—9月)，拦沙库运行方式为敞泄，以排沙和防洪为要任，补水期(4月)，考虑到滦河干流4月为桃汛期，甚至可能出现年最大洪水，存在大水大沙、水质混浊等问题。从保证蓄能电站下水库发电库容、满足水轮机对泥沙含量要求等方面考虑，4月发生洪水时，暂停补水，以排沙为主，保证30年一遇以下洪水不入库，待洪水过后再根据实际情况补水。

④防冰冻调度运行方式。每日至少保证电站有一台机组进行抽水、发电循环运行，并尽可能配合电网调峰需求，周一至周五在夜间抽水2～3 h，次日早高峰或晚高峰发电运行4～5 h；周末在夜间抽水6～8 h，次日早高峰或晚高峰发电运行1～2 h，通过水流往复运动的特点使水位交替性深水消落和急剧上充，利用水流造成紊动和不同水温的水交换来解决冰冻问题，以确保冬季电站正常运行和防渗面板的安全。

⑤生态流量泄放运行方式。当拦沙库开始蓄水至1 053 m时，泄洪排沙洞闸门逐步关闭，保证最小下泄流量0.78 m^3/s，同时打开生态流量泄放管向下游放水。由于生态流量泄放管进口位于泄洪排沙洞内，可以保证生态流量泄放管进口不会被淤积，保持“门前清”。在生态流量泄放管检修期间或不能正常泄放生态流量的情况下，可以打开蓄能专用库生态流量泄放闸，根据生态流量泄放闸下泄流量曲线，控制向下游泄放不小于0.78 m^3/s的生态流量。

(4) 复杂地质条件下地下厂房变形机理及永久运行安全稳定分析研究。丰宁抽水蓄能电站地下厂房开挖尺寸为414 m×25 m×54.5 m，主变洞开挖尺寸为450.5 m×21 m×22.5 m，两洞室平行布置，净间距为40 m。厂房围岩为中粗粒花岗岩，岩体裂隙较发育，局部蚀变严重，岩体以Ⅲ类为主，局部Ⅳ类；最大水平主应力为12～18 MPa，方向为NE 68°～83°，与厂房轴向大角度相交。地下厂房及主变室支护采用锚喷支护＋系统锚索。目前厂房开挖已经结束，根据监测资料，厂房及主变洞局部变形量较大，最大值为102 mm。开挖过程中，顶拱及部分边墙锚索超出设计张拉值，岩锚梁部分受拉锚杆测值超设计值，岩锚梁随厂房开挖出现了下沉变形。从目前的监测资料分析，多点位移计、锚杆应力计、锚索测力计已趋于收敛和稳定，但局部变形收敛较为缓慢。鉴于丰宁地下厂房特殊的地质条件和变形情况，针对丰宁抽水蓄能水电站主厂房和主变洞开挖过程的变形及衬砌开裂问题，拟对丰宁地下厂房开展系统、全面的研究，即地质赋存环境、关键块体稳定、开挖变形与应力扰动机制及加固效果研究，以期从岩体分级、地质结构、节理裂隙、断层等地质环境因素、地应力分布规律及其与厂房轴线方向的空间关系等方面研究主厂房洞、主变洞和母线洞开挖对围岩变形规律的影响，研究围岩、衬砌等支护结构的受力特征，揭示地下洞室群围岩破坏规律，进而为保障工程永久安全提出合理的建议。

(5) 变速机组应用研究。随着核电等基荷电源和风电、光伏等间歇性可再生能源在电网中比重越来越大，燃煤火电深度调峰带来的经济、环保问题也越来越突出，电网安全稳定运行(尤其是夜间频率控制)变得更为困难，新能源并网以及并网后弃风弃光问题也日益突出。抽水蓄能电站在调峰填谷、保障电网稳定运行方面作用突出，但传统的定速蓄能机组在水泵工况只能满负荷抽水，不能根据系统需要进行功率调节，因此无法满足电网快速、准确进行电网频率调节的要求。而变速机组与定速机组相比，最大的区别在于机组能在额定同步转速附近的一定范围内无级变速运行，实现抽水人力可调，无论是提高电网安全稳定运行水平还是提高资源利用率，均具有现实意义。变速蓄能机组除了具备定速蓄能机组的功能外，还具有以下优势：a. 提供频率自动控制容量；b. 实现有功功率的高速调节；c. 较强的进相运行能力；d. 提高机组运行的稳定性；e. 变速机组可以使用变频交流励磁装置代替 SFC 进行水泵工况启动；f. 适应更宽水头范围、提高运行效率。

为提高电能质量而建设的大容量可连续变速的机组及其配套的变频设备在中国电网中还没有先例；中国两大主机制造厂东电和哈电目前也还都处于关键技术(包括变速机组的电磁设计、发电电动机转子的绝缘和结构及稳定性、通风系统设计、三相大电流集电环系统的设计等)的研发阶段；目前欠缺的还有交流励磁系统的设计和制造技术以及针对变速蓄能机组的控制、保护技术等；同时与变速发电电动机配套的水泵水轮机技术及其性能的优化也还有待于结合具体工程进行更深入的对比、研究和水力设计的开发；此外，关于变速蓄能机组的规划选点方法和规范、工程技术经济分析方法等也缺少相应的经验和技术标准。大容量连续调速的变速机组在中国电网中的应用和管理以及设备技术自主研发和制造方面，与国际上先进的国家相比还存在一定的差距，相应的科研工作应加紧开展。

参考文献

[1] 罗绍基. 广州抽水蓄能电站介绍[J]. 水力发电,1990(10):3-7.

[2] 叶冀升. 广州抽水蓄能电站建设的科技进步成果[J]. 水力发电学报,1998(3):87-97.

[3] 王建华. 丰宁抽水蓄能电站枢纽布置及关键技术[C]. 中国水力发电工程学会电网调峰与抽水蓄能专业委员会 2020 年学术交流年会,2020.

[4] 何敏. 丰宁抽水蓄能电站工程 2016 年建设进展情况[M]//中国水力发电年鉴(第二十二卷). 北京:中国电力出版社,2018.

[5] 何敏. 丰宁抽水蓄能电站工程 2017 年建设进展情况[M]//中国水力发电年鉴(第二十三卷). 北京:中国电力出版社,2019.

[6] 何敏,周若愚. 丰宁抽水蓄能电站工程 2018 年建设进展情况[M]//中国水力发电年鉴(第二十四卷). 北京:中国电力出版社,2020.

[7] 何敏. 丰宁抽水蓄能电站工程 2019 年建设进展情况[M] //中国水力发电年鉴(第二十五卷). 北京:中国电力出版社,2021.

[8] 何敏. 丰宁抽水蓄能电站工程 2020 年建设进展情况[M] //中国水力发电年鉴(第二十六卷). 北京:中国电力出版社,2022.

第7章 灌溉工程

第一节
淠史杭灌区

一、工程概况

(1) 灌区简介

淠史杭灌区始建于国民经济特别困难的1958年。1951年,毛泽东主席发出"一定要把淮河修好"的号召,淮河流域苏鲁豫皖四省积极响应。而治淮,首要目标是治理大别山的洪水。淠史杭是在治淮的基础上产生的,它起源于治淮,没有治淮就不可能有淠史杭工程,因此,也可以说淠史杭是治淮的延续和发展。安徽人民在千里江淮大地上,修水库、挖渠道,自力更生,艰苦奋斗,拉开了建设淠史杭工程的序幕。从1958年8月19日动工兴建至1972年骨干工程基本建成通水的14年里,江淮儿女以日正常上工50万人、日最高上工80万人的昂扬斗志艰难奋战,完成了近6亿 m^3 的土方工程,如围成1 m高宽的长堤,可绕地球10多圈,创造了堪称"人间奇迹"的治水史诗,是"中国百年百项杰出土木工程"之一。

淠史杭灌区是中华人民共和国成立后兴建的全国最大灌区之一。这一庞大工程构架在岗峦起伏的皖豫丘陵大地上,横跨长江、淮河两大流域,由淠河、史河、杭埠河三个毗邻灌区组成,覆盖面积为1.4万 km^2,担负着皖豫两省17个县(区)的农业、工业和居民生活供水的重任,设计灌溉面积1 198万亩,有效灌溉面积达1 000万亩。淠史杭灌区大型水利工程,原名叫"史淠杭沟通综合利用水利工程",是以史河在西、淠河在中、杭埠河在东南，自西向东顺列而成名。此后不久，时任安徽省委第一书记曾希圣同志说："淠河灌区在先，史河灌区在其次，杭埠河灌区在后，而且三个灌区，淠河灌区较大，史河灌区次之，杭埠河灌区更次之，还是叫淠史杭为好。这样切合实际。"因此，就改为淠史杭沟通综合利用水利工程，后又称淠史杭灌区大型水利工程。

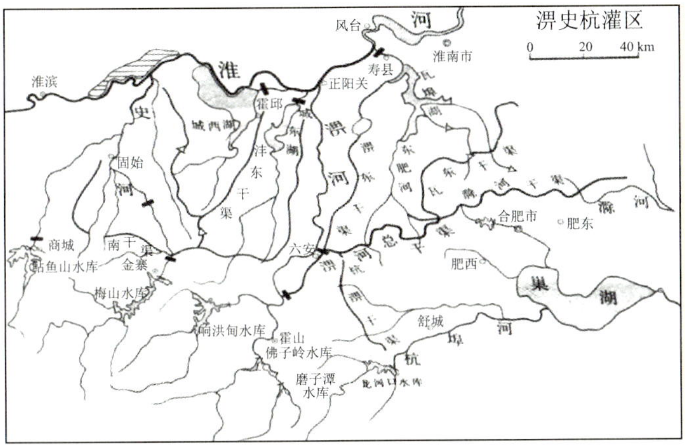

图 7-1-1　淠史杭灌区工程示意图

灌区主要水源佛子岭、磨子潭、响洪甸、梅山、龙河口五大水库群，汇集大别山区 6 352 多 km^2 的来水，总库容 66.21 亿 m^3。淠河灌区的横排头、史河灌区的红石嘴和杭埠河灌区的梅岭、牛角冲为三大渠首枢纽工程，设计引水能力共 605 m^3/s。灌区渠网纵横，七级固定渠道总长 2.5 万 km，各类水工建筑物 6 万余座，库塘堰坝 21 万多座，加上灌区的 382 座抽水站，39 处外水补给站，众位一体联合运用，形成了蓄、引、提并举长藤结瓜式的灌溉网络，灌区 80%以上农田实现自流灌溉。

截至 2016 年，骨干工程固定资产总额 17.9 亿元，累计供水 1 215.4 亿 m^3，灌溉农田 3.17 亿亩，累计增产粮食 375.6 亿 kg。过去十年九旱的皖西、皖中地区，现已成为全国重要的商品粮基地，与此同时，水力发电、城镇供水、林牧水产、旅游开发、航运、生态等综合效益也得到同步发展。多年的光辉业绩表明，淠史杭工程是一项投资省、能耗低、回报率高的基础产业。灌区工程规划设计荣获安徽省科技进步一等奖，其续建配套工程为安徽"八五"十大建设成就之一，灌区被中外专家学者誉为"中国水利建设史上一颗璀璨的明珠"。

淠史杭灌区以异彩纷呈的壮丽画卷享誉中外，吸引着众多的中外人士纷纷前来观光旅游。党和国家领导人先后来灌区视察，参观过工程建设的刘伯承元帅曾为灌区题词："淠史杭是这一地区广大群众作出光芒万丈的基本建设，给予子孙的长远幸福和全国的雄伟示范。”

淠史杭工程，是人民力量的丰碑，是自立自强、民族精神的突出体现。随着科学技术的发展、水利产业的改革和工程配套的完善，这一中国水利史上的代表作将会展示出更加光彩夺目的篇章。

(2) 灌区主要组成

淠史杭灌区是安徽省境内淠河、史河、杭埠河三个毗邻灌区及河南省梅山灌区的总称。

淠河灌区，位于江淮分水岭两侧，南抵丰乐河及其主要支流张店河一线，北至淮河南岸22.5 m等高线接正(阳)南、寿西等洼地，西界淠河，与史河灌区隔河相望，东跨淮南铁路，与以长江为水源的撮镇灌区和驷马山提水灌区毗连。灌区控制面积7 750 km^2，其中约三分之一在长江流域，其余为淮河流域。灌区设计灌溉面积660万亩，近期为616万亩。其中自流灌溉431万亩，提水灌溉229万亩。佛子岭水库、磨子潭水库、响洪甸水库三大水库为灌区提供水源。淮河、瓦埠湖和巢湖是灌区尾部的补给水源。1958年动工兴建，1972年骨干工程建成。

史河灌区，东界淠河，与淠河灌区隔河相望，西与同水源的河南省梅山灌区为邻，南起金寨县江店至六安分路口一线，北抵沿淮25～22.5 m等高线。灌区控制面积3 526 km^2。设计灌溉面积285万亩，相当于史河灌区内耕地总面积的92%。近期规划灌溉面积为273万亩。其中自流灌溉面积256.4万亩，提水灌溉面积16.63万亩。

杭埠河灌区位于江淮分水岭以南，属长江流域巢湖水系。地跨巢湖地区庐江和六安地区舒城县、六安市区。东濒巢湖之滨，西至打山渡槽南端，南毗菜子湖，北至丰乐河南岸。灌区控制面积1 854 km^2，设计灌溉面积155万亩，近期为136.60万亩。

灌区由舒庐干渠和杭北干渠2大渠系构成，龙河口水库既是其水源工程，也是渠首工程。分别从水库的牛角冲和梅岭进水闸引水。原计划杭北干渠的杭淠分干渠通过将军山、打山渡槽与淠杭干渠贯通，南水北调将杭埠河灌区与淠河灌区连成一体。1981年对淠河灌区和杭埠河灌区的水资源及灌区面积重新分析平衡后，认为水量不足，难以满足本灌区农业用水需要。因而杭淠灌区已建沟通工程实际发挥效益不大。

梅山灌区位跨安徽、河南两省的史河两岸，河南受益范围为固始、商城两县。这是一个古老灌区。春秋中期，孙叔敖兴建期思陂水利工程，开始发展灌溉事业。两千多年来，几经兴衰，到明清时期，在旧灌区基础上兴建清河和堪河灌区，由于渠长百里，俗称“百里不求天灌区”。中华人民共和国成立后，改称解放灌区。1954年修建解放闸，使灌区在原有的6万亩基础上扩大到24万亩。1956年梅山水库建成后，灌区成为淠史杭灌区的组成部分，因引用梅山水库水而改名为梅山灌区，1958年进行扩建。设计灌溉面积98万亩。1964年建成黎集渠首枢纽工程和中干渠，1966—1970年兴建了从安徽省红石嘴枢纽引水的南干渠工程。1972年全灌区基本建成。灌区内塘、堰很多，是引蓄结合的灌区。灌区渠首枢纽工程位于黎集镇附近的史河上，包括土坝、滚水坝、冲沙闸和进水闸。滚水坝长131 m，最大泄水量为2 020 m^3/s。进水闸设在滚水坝右岸，为4孔平板闸门，进水流量为60 m^3/s。冲沙闸装弧形钢闸门，泄水流量为240 m^3/s。灌区共建有总干1条，干渠4条，分干1条。灌区建支渠30条，总长249 km；排水渠152条，长565 km；各类建筑物6 300座。灌区建成共投资6 986万元，其中国家投资2 561万元，群众投资4 425万元。

下面对灌区内部分建筑物进行介绍。

①史河总干渠

史河总干渠始建于1958年9月下旬，到12月总干渠施工全线铺开。总干渠渠道工程共有土石方2 412万 m^3。史河总干渠设计流量：渠首145 m^3/s，过韩老庄为87 m^3/s，至三元店为83 m^3/s。灌溉水位：渠首64.3 m，韩老庄62.92 m，渠尾61.87 m。通航渠化水位均为62.7 m。设计水深：韩老庄以上4 m，深切岭处3.6 m；以下，除王店切岭为3 m外，均为3.5 m。总干渠上有节制闸2座，干渠分水闸3座，支渠以下分水闸49座，泄水闸3座，渠下涵7座，桥梁14座。

史河总干渠承担向史河灌区285万亩（近期为273万亩）农田灌溉的输水任务。史河灌区由3个干渠灌区和直接从总干渠引水的支渠以下越级渠道直灌区4部分组成。总干渠全长42 km，其中金寨县内14.3 km。

②淠河总干渠

淠河总干渠，上游源自佛子岭、磨子潭、响洪甸三大水库，水库出水由东、西淠河汇合后从渠首横排头进水闸行经三里岗进入六安市区，穿过六安市区至九里沟，下游经罗管节制闸过青龙堰入肥西县境，全长104.5 km，其中六安境内56.8 km，肥西境内47.7 km。淠河总干渠横跨六安市城区，解放路桥饮用水水源保护区取水口（裕安区）与东城水厂饮用水水源保护区取水口（金安区）就位于淠河总干渠六安城区段上。

淠河总干渠于1958年8月动工，1967年基本完成渠道土石方工程。总土石方4 323万 m^3。建筑物和渠道岸坡护砌于20世纪80年代全部完成。

淠河总干渠承担淠河灌区660万亩农田的输水任务。淠河灌区由6条干渠（淠东、瓦西、淠杭、潜南、瓦东、滁河）形成的灌区和一个直接从总干渠引水的分干渠（大蜀山）和支渠（11条）形成的分散越级渠道灌区组成。直接从总干渠内抽水，灌田万亩以上的抽水站7座，装机6 370 kW；六安市区工业用水抽水站15座。总干渠上有分水闸、涵133座，节制闸1座，泄水闸7座，渠下涵12座，渡槽1座，桥梁9座，船闸

3 座，水电站 1 座。

利用淠河总干渠，还开辟了横排头—将军岭—淮南铁路双墩集站和横排头—六安—寿县—淮河两条通行 100 t 级船只的人工渠化航道。

图 7-1-2 淠河总干渠钢渡槽

③红石嘴渠首枢纽工程

安徽省淠史杭灌区红石嘴渠首枢纽工程位于金寨县境内，是一座以灌溉为主，兼有防洪、城镇供水、发电、生态用水等综合利用效益的水利工程。主要建筑物有史河总干进水闸（原 6 孔拆除重建），两孔，设计流量 114 m^3/s。史河灌区灌溉设计流量 145 m^3/s，差额流量由水电站发电引水补充，灌溉面积为 285 万亩。冲沙闸（原 4 孔拆除重建）3 孔，设计流量 347 m^3/s，除冲砂、泄洪外还承担向河南梅山灌区黎集枢纽输水，设计灌溉面积 68 万亩。南干渠进水闸 3 孔，主要向河南省南干渠灌区输水，设计流量 45 m^3/s，灌溉面积 30 万亩。洪河泄水闸 5 孔，双向挡水，设计泄洪流量 281 m^3/s，主要排泄洪家河上游的 68 km^2 的山区暴雨形成的洪涝。拦河坝由溢流坝和土坝组成，溢流坝长 446 m，设计流量 3 000 m^3/s；土坝长 174 m。水电站（新建）有三台机组，装机容量 3 130 kW，设计水头 4.5 m，为低水头大流量贯流式机组。枢纽设计标准Ⅱ等 2 级，设计洪水标准 50 年一遇，流量 3 813 m^3/s，按 200 年一遇洪水校核，流量 4 730 m^3/s。

④横排头渠首枢纽工程

淠河灌区渠首枢纽工程位于横排头，渠首以上来水面积 4 370 km^2。其中，淠河东源的佛子岭水库以上来水面积 1 840 km^2，淠河西源的响洪甸水库以上来水面积 1 400 km^2，水库至渠首区间来水面积 1 130 km^2。

图 7-1-3　红石嘴电站

渠首枢纽于 1958 年 8 月 19 日开工。1959 年 7 月 29 日进水闸引水抗旱抢种，抗旱保苗。1959 年 9 月底除船闸外，溢流坝等主体工程建成。因建时缺少水泥，修改了设计，降低了防洪能力，还采用了一些代用材料，影响了工程质量，1964 年 7 月进行加固，1965 年 6 月竣工。

横排头渠首自 1959 年引水灌溉后，进水闸每年启闭多达百次，引水流量已达到 300 m^3/s 的设计要求。

⑤安丰塘

安丰塘位于安徽寿县境内，古称芍陂。春秋中叶楚相孙叔敖督修，距今 2 500 余年，为我国第一个大型陂塘建设工程。北堤外建有孙公祠（孙叔敖祠），现存殿宇、碑库各 3 间，石刻 19 块，碑文记述芍陂地理位置、水源、灌区分布、用水规划及历代整修情况。中华人民共和国成立后，通过大规模整修扩修，古芍陂旧貌换新颜，水面 5 万亩，灌溉面积由民国时期的 8 万亩增至 63 万亩，塘周 25 km，堤坝内坡全由石块铺砌，塘内烟波浩渺，堤岸绿柳成荫。

⑥龙河口水库

龙河口水库为杭埠河灌区的水源工程。水库主坝位于舒城西南 25 km，源于大别山北侧的乌沙河、晓天河、滑水河三条山区河流汇流处的栲栳山与牛头寨之间，地名龙河口，故水库以龙河口命名。

图 7-1-4 安丰塘

龙河口水库兴建于 1958 年 11 月，设计标准为多年调节水库。水库枢纽工程根据地形、地质、水文、灌区分布等特点，布置了东大坝、西大坝、溢洪道、非常溢洪道、梅岭进水闸和水电站、牛角冲进水闸以及 8 座副坝等工程。主坝东大坝布置于栲栳山和牛头寨之间的杭埠河河槽。东大坝西端隔一小山有底部高程为 53 m 的垭口，西大坝建于此。

水库工程共投资 2 481 万元，完成土方 137 万 m^3，石方 40 万 m^3，混凝土 2.24 万 m^3。水库经多次规划续建，截至 1988 年总库容达 8.48 亿 m^3，灌溉面积达 136.6 万亩。

图 7-1-5 龙河口水库

⑦汲东干渠

汲东干渠兴建于 1958 年,1962 年开始通水灌溉受益,1965 年干渠全线通水。干渠渠系由干渠、1 条分干渠、24 条支渠、20 座小(1)型水库、213 座小(2)型水库组成。小(1)型水库总库容 4 686.5 万 m^3,灌溉面积 12.56 万亩;小(2)型水库总库容 4 609 万 m^3,灌溉面积 14.48 万亩。干渠全长 112.58 km。

汲东灌区西抵汲河、城东湖,与史河总干渠直灌区及沣东灌区为邻,东到淠河,南入金寨白大、六安独山浅山高丘区,北过左王集伸至沿淮洼地。灌区控制面积 1 358.23 km^2,设计灌溉面积 103.41 万亩。

汲东干渠灌区已建各类建筑物 3 215 座,其中各类水闸 1 762 座,渡槽 34 座,涵洞 568 座,倒虹吸 3 座,跌水及陡坡 214 座,桥梁 634 座。

⑧沣西干渠灌区

沣西干渠灌区工程始建于 1958 年,1961 年引水灌田,1963 年干渠全线通水,1968 年干渠中段另辟新线,1969 年基本建成。沣西干渠灌区因位于沣河之西而名。南接史河总干渠平岗电灌区,北抵淮河南岸 25 m 等高线,西至豫皖两省边界与同水源之河南省梅山灌区毗连,东隔沣河、城西湖与沣东灌区相望。南北长近 70 km,而东西宽处只有 20 km 左右。

沣西灌区渠系由干渠,2 条分支渠,18 条支渠,合计总库容 9 014 万 m^3 的 2 座中型反调节水库,6 座小(1)型水库,装机 850 kW、抽水能力为 3.62 m^3/s 的补给水源抽水站和装机 695 kW、抽水能力 2.97 m^3/s 以渠水为水源的抽水站等分项工程组成。

沣西灌区总控制面积 1 158 km^2,其中自流灌区 1 000 km^2,提水灌区 158 km^2。设计灌溉农田 93.4 万亩,其中自流灌溉 87.8 万亩,提水灌溉 5.6 万亩。全灌区已建各类建筑物 1 564 座,其中,各类水闸 726 座,渡槽 7 座,各类涵洞 430 座,跌水及陡坡 240 座,桥梁 161 座。

⑨杭北干渠

杭北干渠因位于杭埠河北而得名。1982 年以后取名的杭北干渠,是由 1958 年到 1960 年淠史杭沟通综合利用工程中杭淠干渠的南段(梅岭进水闸到大官塘)以及杭北分干渠两部分组合而成。杭北灌区的南侧和北侧分别以杭埠河和丰乐河为界,东抵杭埠大圩,西到龙河口水库以北大别山北侧的东边高丘。灌区控制面积 613.6 km^2。设计灌溉面积 54.6 万亩,其中自流灌溉 53.9 万亩。

杭北干渠渠系由干渠、1 条分干渠、17 条支渠组成。灌区内有小(1)型水库 2 座,主要补给水源工程 4 处。灌区已建水电站 22 座,装机 26 台 5 408 kW。灌区工程已做土石方 825 万 m^3。

⑩沣东干渠

沣东干渠于1958年全线动工，1960年开始受益，1961年全线通水，1964年渠道土方工程基本完成。沣东干渠以位于沣河之东而得名。东起史河总干渠尾，南至汲河、西界沣河，南北长50余km，东西宽10～20 km，控制面积718 km^2。

沣东灌区设计灌溉69.5万亩耕地，全部自流灌溉。灌区渠系由干渠、1条分干渠、18条支渠、2座中型反调节水库、4座小(1)型水库、80座小(2)型水库组成。中型、小(1)型水库总库容3 060万 m^3。补给水源抽水站7处，一级站抽水能力12.45 m^3/s，补给灌溉面积18.11万亩。

沣东干渠灌区已建建筑物近千座，其中，各类水闸638座，渡槽5座，各类涵洞166座，倒虹吸2座，跌水及陡坡56座，桥梁117座。

⑪滁河干渠

滁河干渠因渠道穿过江淮分水岭的将军岭以后，向东跨越南淝河上游并延伸到滁河上游而得名。灌区分布于长江流域巢湖水系的南淝河和长江支流滁河上游，东西宽而南北窄，地形自北向南倾斜。控制面积1 636 km^2，设计灌溉面积134.6万亩。

滁河干渠灌区工程始建于1959年春，1960年因国内经济困难而停工，1965年续建，1971年干渠全线通水，骨干工程基本建成。干渠全长103 km，肥西境内11.5 km，长丰47 km，合肥郊区1 km，肥东43.5 km。

滁河干渠渠系由滁河干渠以及大蜀山、众兴、管湾3条分干渠和52条支渠组成。用以拦截当地径流和调节渠道流量的有8座大、中型水库，27座小(1)型水库，还有2处补给水源抽水站。干渠灌区已建各类水闸493座，渡槽31座，各类涵洞224座，倒虹吸6座，跌水及陡坡78座，各类桥梁278座。

二、工程规划建设历程

1951年，毛主席发出“一定要把淮河修好”的伟大号召。根据治淮工作的安排，20世纪50年代，六安大别山区建设了佛子岭、梅山、响洪甸、磨子潭水库，主要承担淮河防洪任务，同时拦蓄了大量的山区径流。而从农业生产的自然条件上看，六安广大丘陵地区的土壤、光照、温度等条件非常适合农业生产，但水利供水条件很差，制约了农业生产水平，皖西人民迫切要求解决水利问题，提高农业生产水平。而且六安广大江淮丘陵地区又具备兴建大型灌区的地形和地质条件。因此，六安地委和指挥部领导同志审时度势，立足时代和人民的需求，审慎地研究了建设条件和可行性，作出了兴建淠史杭工程的决定。1958年8月初，安徽省委、省政府在佛子岭召开全省水利工作会议,在这个会议上,省委、省政府批准动工兴建淠史杭工程,同时批准成立淠史杭工程指挥部。1959 年 10 月,在北京召开全国大型水利工作会议,赵子厚书记带 200 份材料和灌区图与会,引起了国家计委和水利部的高度重视,当年即安排 6 000 万元建设资金支持工程建设,开了国家投资之先河。工程具体实施过程中,从 1958 年开工,至 1972 年全部干渠通水,初步完成 6 亿 m^3 土方任务。20 世纪 80 年代开始的续建配套,是按 20 世纪 60 年代规划设计标准完工的。自 2000 年起,随着新建白莲崖水库及各大水库除险加固的完工,水源工程的达标建设也已完成。其间,逐年进行灌区除险加固、续建配套和节水改造,一直没有停止。

图 7-1-6　2022 年红石嘴渠首枢纽泄洪通道除险加固工程建设现场

三、工程效益

淠史杭灌区是以防洪、灌溉为主,兼有水力发电、城市供水、航运和水产养殖等综合功能的特大型水利工程,受益范围涉及安徽、河南 2 省 4 市 17 个县(区),是中华人民共和国成立后兴建的全国最大灌区,是全国三个特大型灌区之一。

淠史杭灌区控制面积 1.4 万 km^2,其中安徽省面积 1.3 万 km^2,约占全省面积 1/10。作为安徽粮食的主产区,淠史杭灌区生产了全省五分之一、全国百分之一的粮食。截至 2019 年,淠史杭灌区累计灌溉引水 1 718 亿 m^3,灌溉面积 4.86 亿亩次,生产粮食 19 092 万 t,其中灌溉因素增产 7 083 万 t,抗旱减灾效益 1 500 亿元;累计城市供水82亿m^3,保证了合肥、六安等市的经济发展。

灌区优质的水源是全省1/3国民经济发展的用水保障,是维持灌区良好生态的源头活水,在全省经济社会发展中发挥着不可替代的巨大作用。

(1) 农业灌溉

灌区开发前,因水源匮乏,水利设施简陋,旱地作物面积大,粮食单产低。据六安地区统计局资料:1957年淠河、史河、杭埠河灌区的六安、寿县、肥西、霍邱、舒城、庐江等6县的水田面积占耕地总面积的67%,粮食单产约为116.5 kg。自修建灌区、发展灌溉后,水田面积日益扩大,旱地作物面积逐步缩小,沤水田得到改造,耕地率相应增加。据1988年统计,上述6县水田面积占耕地总面积增至85%,粮食单产增至382 kg,为1957年的3.2倍。改造沤水田150万亩,复种指数提高到118%。

至1988年,三大灌区累计灌溉面积1.83亿亩。据调查,因水利条件改善而增产的粮食已达102.5亿kg。仅增产粮食一项,其价值已超过总投资的3～4倍。1981年安徽省出售粮食超过3亿kg的有5个县,其中4个县在淠史杭灌区。1978年为百年不遇的干旱年,灌区从5大水库引水30亿m^3,引灌旱田729万亩。这一年灌区粮食总产量达43亿kg,是灌区开发前1957年的2.57倍。1988年人均1亩地的庐江县提供商品粮达2亿kg。灌区范围内的寿县、霍邱、六安、庐江、肥西、长丰等6县(市)被国家定为商品粮基地县(市)。

灌区兴建所发挥的巨大灌溉效益,使灌区农村发生深刻的变化。过去因常年干旱车水累死人而得名的霍邱"死人堰",灌区建成后每年节约车水工日近万个。过去因经常干旱粮食无收,人们连年外出逃荒而得名的肥西县"叫花岗",变成了粮食高产稳产、人们安居乐业之地。

(2) 城市供水

地处灌区内的合肥、六安及一些县镇的城市工业和生活用水,部分或全部依靠灌区供给。淠河总干渠通水以后,六安市一批中、小型企业陆续在渠边兴建,就近利用干渠水源发展重工业、轻工业等。沿干渠从南向北,已形成一片新兴的工业区。六安造纸厂、六安淠河化肥厂、安徽朝阳制药厂、六安肉联厂等30余家工厂企业,每年从渠道汲取工业用水约4 220万m^3,年创产值近亿元。随着工业生产的发展和企业规模的扩大,需水量逐年递增。据淠河管理分局统计资料,1984年前每年工业水费仅收10万元,1985年征收37万元,1988年增加到45万元。

1958年前,六安居民的生活用水靠凿井或从老淠河汲取。淠河总干渠建成后,六安市于1972年建成自来水一厂,1988年又建成二厂。总干渠日供水量4.4万m^3,全年供水约1 600万m^3。

滁河干渠向合肥市供水，干渠送水至董铺水库，每年约 2 000 万～3 000 万 m^3，约占水库来水量 30%。合肥市自来水二厂从水库取水供应合肥西市区居民的生活用水。滁河干渠的大蜀山分干渠丰水年份也向沿渠工厂企业供水，年供水量约为 300 万 m^3。枯水年为保证灌溉用水，一般不再提供工业用水。

灌区还向霍邱、寿县、舒城、长丰 4 县城以及沿渠乡镇企业供应工业和生活用水。全灌区每年向城镇供水约 1 亿 m^3。

(3) 水力发电

灌区创建初期，先后在寿县、霍邱、六安兴建了保义、城关、木北水电站，总装机仅 1 000 余 kW。因水源短缺、管理不善，先后关闭。20 世纪 70 年代至 80 年代，灌区小水电建设有了较快发展，这一时期仅 1 000 kW 以上的电站就有 10 余座。建成后运行正常，效益良好。

根据规划，灌区可开发电站 70 余座，装机 26 000 kW。至 1988 年，实际兴建 42 座，总装机容量 13 456 kW，年发电量约 4 000 万 kW・h，其中淠河灌区为 1 500 万 kW・h，史河灌区为 740 万 kW・h，杭埠河灌区为 1 731 万 kW・h。灌区小水电的经济效益十分显著，在灌区综合经营收入中占有较大比重。1988 年九里沟电站电费收入全年达 100 多万元，同时，还在灌区的建设、管理、生活等方面发挥了较大作用。

(4) 渠道航运

1959 年 11 月，随着淠河总干渠的逐段通水，大量船只纷纷进入渠道载货航运。1963 年，新淠河成立第一支船队，航线从六安到谢埠，全长 57 km。该船队主要运输工程建设器材，当年获利 1.4 万元。

1966 年，淠河总干渠及滁河干渠全线通水，兴建了年设计最大吞吐量为 48 万 t 的双墩集港；开通了从淠河总干渠枢纽横排头至双墩集 142 km 的航线，与淮南铁路线联结成一体，成为灌区运输最繁忙"黄金水道"，来往运输大小船只 500 余艘，吨位 1.8 万 t。据航运部门资料统计：1970—1978 年，淠河总干渠年均运输量为 31.6 万 t。1978—1988 年，因放水期缩短、商品流通体制改革等原因，一些商品为加速流通，纷纷改水路为陆路运输，航运业受到较大冲击，效益明显下降。灌区其他渠道也可短距离通航，各渠道通航里程总计为 250 km，年货运量约 13 万 t。至 1988 年，全灌区累计货运量 450 万 t。灌区航运隶属交通部门管理，淠史杭管理总局收取渠道航运养护费，1981—1988 年共收 39 万元。

(5) 水产养殖

淠史杭灌区是安徽省重点水产品基地之一，共有水面 80 余万亩，今已利用约 50 万亩。1988 年年水产量达 1 500 t。20 世纪 80 年代，灌区水产养殖效果显著。庐江县汤池水库管理所办豆腐坊，用豆渣喂猪，用猪粪养鱼，形成养殖良性循环，1987 年捕捞成鱼 2 万 kg，养鱼苗 600 万尾，年获利 2.7 万元。安丰塘水域面积 34 km^2，发展渔业生产得天独厚，年成鱼捕获量最高达 50 万 kg，繁殖鱼苗多达 2 800 万尾。1982 年试验蚌蚌育珠获得成功。

皖西白鹅属灌区重要水产养殖品种。利用沟塘堰坝，大力发展白鹅养殖。至 1988 年，六安地区白鹅饲养量为 1 293 万只，原毛产量近 3 000 t，羽绒产量占全省三分之一，成为全国最大的白鹅养殖和羽绒集散地。

四、关键工程技术问题与创新

（1）工程建设

淠史杭灌区以艰苦卓绝的创业历史闻名。由于位于江淮分水岭两侧的特殊地形和地处南北气候过渡带的气象条件，历史上皖西皖中地区水灾频发。在这片饱受水患的土地上，古代先哲们虽然创造了中国最古老的蓄水灌溉工程芍陂（今安丰塘）等工程，但并没有改变江淮分水岭地区十年九灾的状况。中华人民共和国成立后，陆续兴建了拦蓄大别山区洪水的佛子岭、梅山、磨子潭、响洪甸、龙河口五大水库，并以此为主水源，建成了灌溉 1 000 万亩的特大型淠史杭灌区。从 1958 开工兴建至 1972 年基本建成通水的 14 年里，在经济极端困难、物资十分匮乏、技术设备落后的条件下，安徽人民用十字镐、独轮车等简单工具，肩挑手抬，以最高日上工人数达 80 万人、累计 4 亿工日的“人民战争”和建设时期每亩不足 40 元的国家投资，开挖了 6 亿 m^3 的土方量，建起了纵横皖西、横贯皖中的庞大灌溉系统，创造了中国水利建设史上的奇迹。多位党和国家领导人先后来到灌区考察，美国、法国等 30 多个国家的友人曾到灌区观摩。

淠史杭灌区以宏伟的灌排体系著称。灌区以五大水库、三大渠首、2.5 万 km 七级固定渠道、6 万多座各类渠系建筑物，以及 1200 多座中小型水库、21 万多座塘堰组成蓄、引、提相结合的“长藤结瓜式”灌溉系统，纵横交错在岗峦起伏的江淮大地上，沟通淠河、史河、杭埠河三大水系，横跨江淮两大流域，实现了雨洪资源的科学利用和水资源的优化配置，使昔日赤地千里的贫瘠之地变成了今天的鱼米之乡，被誉为中华人民共和国治水历史上的一颗璀璨明珠。

（2）经济管理

1963 年，淠史杭灌区在全国灌区较早地实施了基本水费＋计量水费的水费计收办法。1984 年，淠史杭灌区是全国大型灌区中第一个引进世界银行贷款进行灌区续建配套与节水改造的工程。

(3) 渠道维护

近年来，淠史杭灌区部分渠道水质富营养化加剧，各种水生植物过量生长，渠内布满水草，阻水严重，无法发挥渠道应有的输水和排涝功能，严重影响了水利工程效益的发挥。目前的水草控制技术，主要分为生态修复的控草技术和化学试剂的除草技术。由于淠史杭灌区具有饮用水源功能，因此化学试剂除草并不适用，需要重点研究生态控草技术。根据灌区水文情势和水质状况，结合水草的发展趋势，水草防控应以“分区(渠段)、分时(时期)、分类(水草类型)”为原则，以恢复健康生态系统为目标，以生态修复为主要手段，有针对性地提出适合当地环境条件的控草技术。采用渠道水深调控、控制水体富营养化、渠道底泥疏浚、人工打捞实时监管等方式，恢复渠道的输水能力，提高工程的水利效益。

图 7-1-7　安徽省六安市一水厂机械设备在取水口捞取水草

第二节
位山灌区

一、工程概况

(1) 位置境域

位山灌区于1958年5月动工兴建,原规划范围涉及聊城、东阿、茌平、高唐、临清、夏津、武城、平原、禹城、齐河、冠县等11个县,最大灌溉面积1 145万亩。1962年停灌,1970年复灌。1972年冬,聊城地区水利局编报位山灌区扩大初步设计,提出包括改位临运河为三干渠等内容的整个灌区规划和设计。灌区范围涉及东阿、聊城、茌平、高唐、阳谷、冠县、临清7县(市),设计灌溉面积432万亩。现渠首设计引水流量240 m^3/s,设计灌溉面积540万亩,控制聊城8个县(市、区)90个乡(镇)的全部或大部分耕地,是黄河下游最大的引黄灌区,居全国特大型灌区的第5位。

(2) 工程内容

①位山引黄闸

位山引黄灌区渠首位山引黄闸,位于东阿县关山乡位山村西,临黄堤桩号7+780+400处,原闸于1958年5—9月兴建,为钢筋混凝土结构开敞式引水闸,共10孔,每孔净宽10 m,高5 m,安装5×10 m弧形钢板闸门,闸底板高程36.5 m(大沽基点),设计防洪水位45 m,设计引水流量400 m^3/s。1983年,又按新的防洪标准将此闸改建为8孔,每孔净宽7.7 m,高3 m,闸底板高程38.5 m,设计防洪水位

49.7 m,引水流量 240 m^3/s,加大流量为 600 m^3/s。

灌区初建时,设计位山引黄闸后引水渠末端筑有东、中、西沉沙池,东沉沙池有6条沉沙渠,中沉沙池和西沉沙池均有4条沉沙渠。到1961年,东沉沙池修筑3条沉沙渠,中沉沙池修筑1条半沉沙渠,西沉沙池沉沙渠未施工。在东西两沉沙池出口处分别建大店子(东阿)、周店(聊城)两分水闸。当时,渠首闸后设引水渠1条,下有干渠6条、分干渠48条、支渠562条、斗渠2 069条,控制东阿、茌平、聊城、阳谷、高唐、临清、冠县、夏津、禹城、齐河、平原等11县耕地面积896万亩。

1969年后,将位山引黄闸后引水渠分为东西2条,干渠调整为3条,下有分干渠36条、支渠226条、斗渠1 224条。

一干渠自东阿兴隆村分水闸引水,二、三干渠均由聊城周店分水闸引水。配套建筑物4 898座,其中干渠桥、涵、闸和渡槽445座,控制耕地面积524万亩,设计灌溉面积432万亩。1958年10月至1961年,年均引水220天,引水量11.87亿 m^3,总引水量为37.95亿 m^3,灌溉面积2 291.3万亩次,对农业生产起到一定作用。但因其排灌工程不完善,实行大水漫灌,打乱原排水系统,有灌无排,加之1961年大雨积洪涝,引起地下水位急剧上升,导致大面积土壤次生盐碱化。1961年底,聊城地区盐碱地达到209.6万亩,占耕地面积的23.3%,对农业生产造成严重危害。

图7-2-1 位山引黄闸开闸引水

1962年,位山灌区停止使用,废渠还耕。1966—1968年,开挖配套徒骇河以东地区排、灌渠系工程,位山引黄闸开启2~4孔闸门引水,灌溉东阿、聊城、茌平3县耕地56万亩次。此后,由于各级政府认真贯彻积极慎重的方针,吸取过去的教训,注重排灌工程配套,引黄复灌逐步走向稳定发展的道路。1970年,修筑西沉沙池,位山引黄闸10孔闸门全部启用，引水复灌。1970—1990年，位山引黄闸总计引黄72次，引进水量192.37亿m^3，年均约9亿m^3(1989年最多，18.08亿m^3)；灌溉农田13 122万亩次，年均约650万亩次(1989年最多，1 525万亩次)，一次引水灌溉最大面积500万亩。1991—1995年，位山引黄灌区总计引水19次51.012亿m^3，灌溉农田面积4 732.7万亩次，年均946.54万亩次。1996年，位山引黄灌区总计引水5次14.05亿m^3，灌溉农田1200万亩次。

②位临运河

位临运河，南起东阿县位山村位山引黄闸，北至临清市胡家湾附近卫运河，全长110 km，是1949年以后新开挖的河道，新挖运河部分沿行了山东京杭大运河黄河以北的旧道。山东京杭大运河完成于元代，明清两代相继改建运用，运河流经地区也屡有变迁，它北起临清，南迄台儿庄，北与卫运河相接，南与中运河相连，长400余km。1855年(清咸丰五年)，黄河自兰阳铜瓦厢，决口夺大清河入海，运河堤被冲毁，黄河穿运，北上漕船逐渐减少，至1901年(清光绪二十七年)裁撤管河人员，黄河以北运河遂废。1949年后，计划恢复山东黄河以北运河航道，于1959年10月—1961年4月，组织开挖位临运河，但工程未完成，尚有一段未挖通。位临运河虽未通航，但为发展引黄灌溉创造了条件。1970年，位山引黄灌区恢复后，位临运河经整修，成为位山灌区三干渠，担负聊城地区138万亩农田灌溉供水任务。为引黄济津，1981年10—11月对位山三干渠进行开宽加深改建，并新开挖临清县丘屯至胡家湾附近入卫运河一段河道，至此卫临运河全线贯通。位临运河南起东阿县位山，西流在阳谷县阿城南与运河旧道合，折而北流，经运河旧道，至聊城周店南，与旧运道分流，改道西行，在聊城王堤口穿过徒骇河，转向西北流，在王铺穿马颊河，西北至临清尚店转向北，至临清丘屯与运河旧道合，至胡家湾附近入卫运河。

③节制闸

王堤口节制闸，位于聊城市王堤口村东、位山灌区三干渠与徒骇河交叉处，由山东省海河流域治理指挥部和聊城地区水利局联合设计，兖州水利安装队承建，聊城地区河道工程管理处管理。1970年春施工，当年8月竣工使用。嗣后又接长护坡，修整止水缝及闸门，电机设备配套，共完成土石方14.35万m^3，国家投资153.5万元。此闸为井柱墩台闸身，石砌护坡。全闸共6孔，单孔净宽10 m，全长66 m，闸底板高程29.14 m，闸门为平面双吊点钢结构，每扇宽10.18 m、高5.5 m。机架桥上配有上海产QPQ型卷扬式手摇、电动两用启闭机6台，启闭能力为50 t。此闸正常蓄水量为396万m^3，最大蓄水量为515万m^3，年调节水量2 200万m^3，可供阳谷定水镇和聊城市沙镇等乡镇31个村庄5万亩土地灌溉用水。沿河建扬水站29处，装机容量

786.45 kW,实际灌溉面积5万亩左右。

图7-2-2 聊城市位山灌区王堤口渡槽

四河头节制闸,为四河头水利枢纽工程的主要组成部分,位于聊城市城南徒骇河与位山灌区二干渠(原小运河)交叉处(枢纽工程包括徒骇河节制闸、二干渠泄水闸、穿二干渠涵洞和引黄渡槽)。该闸于1969年动工,1970年竣工,由聊城地区水利局设计,安装队施工,河道工程管理处管理。共完成土石方6.45万m^3,国家投资137万元。尔后又多次整修和配套,投资38.7万元。该闸为框架式钢筋混凝土结构,闸身全长79.2 m,分8孔,单孔净宽9.2 m,闸门为沉浮式钢筋混凝土钢丝网薄壁圆管,挡水高度为3 m,闸底高程27.5 m,机架桥面设有移动式手摇、电动两用启闭机1台,启闭能力为32 t。1975—1980年,增置启闭机、电动机3台共33 kW。该闸按1961年雨型防洪标准设计,防洪水位33.5 m,流量498 m^3/s,承担闸上游徒骇河流域排水任务。正常蓄水量为176万m^3,最大蓄水量为233万m^3,可供2.5万亩土地灌溉用水。沿河两岸建有扬水站48处,装机容量687.22 kW,实际灌溉面积3.5万亩。

王铺节制闸,位于聊城市八甲刘乡王铺村南马颊河上,1970年3月动工兴建,同年9月建成,1972年后又续建整修,共完成土石方5.94万m^3,国家投资124.46万元。此闸结构为钢筋混凝土墩台闸身,砌石护坡,闸身总长54.8 m,分5孔,单跨10 m,闸底高程29.15 m,闸门为双吊点板钢,每扇宽10.18 m、高4.5 m,装有济南产QPQ型卷扬式手摇、电动两用启闭机5台,配有11 kW电动机5台,启闭能力32 t。闸前防洪水位34.03 m,设计行洪流量413 m^3/s,排涝流量277 m^3/s;闸后交通桥7孔,宽6 m,荷载能力为汽-13级。该闸主要控制位山灌区三干渠黄河水入马颊河,保证向冠县、临清及天津送水。闸前正常蓄水量 283 万 m^3，最大蓄水量 376 万 m^3，年调节水量 1 800 万 m^3，可灌溉沿河堂邑、八甲刘、梁水、辛集、定远寨等乡镇的 98 个村庄农田 4.5 万亩。沿河修建扬水站 67 处，装机容量 2 378.46 kW，实际灌溉面积 9 万亩。1991 年后，由于河道淤积，排涝能力降低 30%，行洪能力降低 25%。

④沉沙池

位山灌区设有两个沉沙池，东池在东阿县境；西池位于聊城于集乡太平村东南，与阳谷县交界处，设计淤沙厚度 1～1.5 m，容沙 2 613 万 m^3。

图 7-2-3 沉沙池区湿地公园

⑤干渠

位山灌区有 3 条干渠穿过聊城境内：第一干渠出自东沉沙池，设计流量 70 m^3/s，流经聊城东部边沿地区，设有赵盘、王鄂、任庄 3 条支渠向西送水，灌溉许营、蒋官屯两个乡镇耕地；第二干渠出自西沉沙池总渠，从周店向北穿越聊城中部地区，占用运河和徒骇河故道，设计流量 62 m^3/s，两岸设有西王、运河两条分干和 6 条支渠，灌溉面积 19.5 万亩，在北杨集乡戴桥村进入茌平县境；第三干渠从周店总渠流向西北，借用位临运河至郑堂出境，设计流量 69 m^3/s，两岸设分干 13 条，支渠 7 条，灌溉面积 63.69 万亩。在西沉沙池输水总渠上，向北开挖孙堂、牛王两条分干，灌溉蒋官屯、许营、于集、李海务 4 个乡镇(街道)土地共 15.52 万亩。聊城位居灌区上游，东部地势平坦，第一、二干渠沿线大面积得到自流灌溉；西部高亢地输水路线长，水位低，第三干渠沿线实行提水灌溉。

图7-2-4 位山黄河公园

分干与支渠是从干渠引水输送田间的主要工程，全市共32条，长243 km。分干深4 m左右，控制面积2万～20万亩，支渠间距1～1.5 km，深3～3.5 m，控制面积0.3万～2万亩。鉴于1958年第一次黄灌缺少排水工程造成土地次生碱化的教训，1969年重开灌区时，实行排灌工程配套，各成系统。对西部第三干渠左岸高地3条分干(王堤口、报本堂、张炉集)实行排灌沟渠合一，既能东水西调，又能排泄西部涝水。

在东部自流灌区的孙堂分干兴办衬砌工程，为提高引黄工程标准进行实验。1978年5月动工，北起班滑公路，南至渠首闸，用水泥预制板衬砌渠道12 km，于1979年11月完成。衬砌后引水流速加快，渠道淤积减轻，渗水减少82%，两岸土地碱化得到控制。渠道口宽由22 m缩小到12 m，节约了土地，被省评为优质工程。

斗渠和农渠是灌区田间的主要工程，斗渠间距500 m左右，采取排、灌、路、林四结合，一般为东西布置。根据聊城地形西南高、东北低的现状，为拦截地面径流，实行迎水挖沟，修筑林带，靠林带修渠道，沿渠道修筑生产路。灌区完成斗级工程后，实现耕地切块划方，200亩左右为一块方田。在方田内平整土地，修筑农渠、毛渠，使灌水均匀。6 000多个方田实现园田化、林网化，农村自然面貌得到根本改变。至1985年，聊城修建引黄渠系共开挖土方5 850万 m^3，工日1 700万个。每年引黄水约2.5亿 m^3，浇地面积100万亩，每亩年灌水量250 m^3，一次灌水80～100 m^3，10天左右轮灌一遍。

二、工程规划建设历程

(1) 工程建设

位山灌区于 1958 年 5 月动工兴建，灌区工程集中组织了 3 次大规模施工：1958 年 5—10 月出工 40 万人，完成位山引黄闸、输沙渠、沉沙池、沉沙池出口闸、二干渠、三干渠、四干渠及主要配套建筑物和部分下级渠道建设。1958 年冬至 1959 年春，出动民工 25 万人，完成五干渠及二、三、四干渠尾工和部分配套建筑物建设。1959 年冬至 1960 年春，出动民工 85 万人，开挖一干渠、六干渠及部分配套建筑物，另外还开挖位临运河、班滑运河，修平原水库 3 座及刘集沉沙条渠。至 1961 年 6 月，灌区共建成沉沙条渠 4 条，干渠 6 条，分干渠 48 条，支渠 562 条，斗渠 2 069 条，农渠 4 221 条，配套建筑物 25 378 座(其中水电站和水力站 643 站)，共完成土方 1.15 亿 m^3。

1962 年停止引黄灌溉，除保留干渠外，田间工程废渠还耕。1965 年以后，聊城地区连续干旱，群众迫切要求恢复引黄灌溉。1966 年开启位山引黄闸两孔，利用刘集沉沙条渠取土洼地输水到四干渠。1968 年启用位山引黄闸 6 孔，送水范围扩大到四新河、小运河两岸，并完成东输水渠灌区及一干渠工程。1970 年冬又建成西输水渠，并疏浚原四干渠。1971 年，位山引黄闸 10 孔全部启用引水。

1972 年冬，聊城地区水利局编报位山灌区扩大初步设计，提出包括改位临运河为三干渠等内容的整个灌区规划和设计，灌区范围涉及东阿、聊城、茌平、高唐、阳谷、冠县、临清 7 县，设计灌溉面积 432 万亩。1981 年改建引黄闸，由 10 孔改为 8 孔，堵塞两边孔并加高，设计引水流量 240 m^3/s。1981 年引黄济津，三干渠按修正设计进行扩挖，扩大灌溉面积 156 万亩，扣除东阿县郭口灌区建成后分出去的面积，位山灌区灌溉面积达 561 万亩。

经多年的恢复、调整和建设，截至 1985 年，位山灌区共建成干渠 3 条，分干渠 48 条，支渠 480 条，干、支排水沟 491 条，万亩以上扬水站 80 处，配套机井 3.1 万眼，共投资 2.2 亿元(不含机井)。

(2) 工程修缮

2003 年投资 5 000 多万元开工建设了长达 12.4 km 的位山灌区节水改造一干渠衬砌项目和长达 19.5 km 的二干渠衬砌项目。它是自 1998 年境内连续第六年实施国家大型灌区续建配套与节水改造项目。位列国家大型灌区第五位的位山灌区的工程条件得到改善。

2005年,位山灌区已经连续八年被列入国家大型灌区续建配套和节水改造项目投资计划,争取到国家资金400万元,完成了二干渠10 km的衬砌和63座建筑物的建设工作,沉沙池区村庄搬迁已经完成村台填筑工作。完成了西渠1、5号池和三干渠临清段12.17 km的清淤任务、三干渠7 km的衬砌任务。

三、工程效益

灌区于1958年10月开灌,至1961年6月共引水37.9亿 m^3,浇地2 563万亩次。1962年停止引黄灌溉,复灌后,1970—1985年灌区累计引水136.5亿 m^3,累计灌溉面积4 077万亩,年均灌溉面积255万亩。1982—1985年,每年灌溉面积为340万~380万亩。灌区地下水位保持稳定,盐碱地减少,增产效益显著。灌区作为确保聊城农业丰产增收的重要基础设施,有效地缓解了十年九旱给聊城农业带来的严重困难,提高了粮食生产能力,保障了粮食安全。至2021年灌区累计引水510亿 m^3,创造经济效益510亿元以上。与此同时,灌区还为聊城工业、城镇居民生活及环境用水提供了大量优质水源。引黄补源,有效地缓解了地下水位下降的趋势,保障了机井的正常使用,改善了区域生态环境。向电厂供水,有力地服务了工业建设。向东昌湖、古运河、徒骇河供水,为打造"江北水城"提供了水源支持,改善了投资环境,促进了旅游业的发展。灌区自1981年以来还先后承担了6次引黄济津和10次引黄入卫跨流域调水任务,向天津、河北送水52亿 m^3,有力地支援了两省市的经济建设。

四、关键工程技术问题与创新

(1) 工程改造

近10年来,由于黄河调水调沙,主河槽下切,位山渠首引黄闸引水流量大幅度减少,引水能力严重下降。2015年起,位山灌区就把提升渠首引水能力、解决引水难题提上日程,多次组织技术人员深入现场调查研究,邀请水利部、水利部黄河水利委员会黄河水利科学研究院、中国水利水电科学研究院、中国农业大学、山东省水利勘测设计院等单位的权威专家到现场勘察、座谈讨论,相继提出了渠首闸前建设泵站、位山闸原址下落改造等解决方案。但经过论证,修建提水泵站存在位置限制,同时还有建设投资大、运行费用高、管理难度大等问题,还会增加灌区泥沙处理难度,导致供水成本大幅度提高,势必要增加灌区群众和工业用水单位的负担。而在原址下落改造的方案难以解决闸前引水渠淤积问题,且经过多年运行,闸前引水渠与黄河主河道形成去水方向的夹角，不利于引水。2019 年，经过反复论证，确定了位山闸闸址前移 200 m 重建、降低闸底板设计高程、调整引水角度和东、西输沙渠相应配套改造的方案，既能够解决引黄闸引水能力下降问题，改善聊城引用黄河水条件，减轻清淤负担，又能显著提升灌区供水效率与效益和水资源节约集约利用水平。这一方案从可行性到工程概算投资经济性，从预期效益分析到管理高效便捷等各个方面，都得到水利部和水利部黄委会的认可。

位山灌区在科学谋划方案的同时，也积极向水利部、水利部黄委会汇报争取，使位山闸改建列入了水利部黄委会黄河下游引黄涵闸改建工程项目，同时配合水利部黄委会完成了位山闸安全鉴定、可研报告编制评审等重点工作，项目可研顺利通过水利部评审和国家发改委评估，可研概算总投资 1.68 亿元。另外，还全力配合黄委会设计院做好水文地质勘察、围堰选址、施工导流、工期优化等初步设计编制工作，进一步加快位山闸改建前期工作进程。位山灌区现有工程体系依托位山闸而建，位山闸改建后，灌区渠系工程势必要进行相应配套改造。为此，位山灌区提前统筹部署闸后骨干工程配套改造，不仅适配位山闸改建，而且有利于缓解当前引黄困难。一方面积极争取国家政策和资金支持，把位山闸连接渠道东、西输沙渠改造列入了国家大型灌区续建配套和节水改造项目投资计划，总投资 7 350 万元，分别于 2019 年度、2020 年度实施完成。另一方面，在项目改造上，根据位山闸改建可研报告中闸底板下降指标，打破渠道一衬到底的原有模式，创新采用“复式梯形断面”改造方式，即在原设计渠底上斜向下挖 1.5 m，构筑复式梯形衬砌断面，既保持原渠底以上衬砌工程不被破坏，又能达到更好的供水输水效果。

位山闸改建工作通过了水利部和国家发改委的审查和评估。东、西输沙渠“复式梯形断面”改造工程已完成，经过实践运行，引输水能力比改造之前提高了 1 倍以上，引水效率大幅度提高，泥沙淤积情况显著改善，特别是黄河流量小于 500 m^3/s 时，引输水能力提高更加明显。以 2020 年春灌为例，面对黄河来水量小等不利情况，东输沙渠平均引水能力达到了 40 m^3/s，较以往提高约 35%，平均流速提高约 32%，所涉及的聊城东阿县、高新区、开发区、茌平区、高唐县的 10 万 hm^2 耕地全部得到及时灌溉，农业生产实现稳定发展。另外，东、西输沙渠未改造前，由于供水能力不足、水位较低、沉沙淤积等原因，过闸流量不足，造成下游乡镇引用黄河水经常性困难，常年无法用干渠水进行灌溉。以东输沙渠为例，经过改造后，实际过闸流量最高达到 70 m^3/s，不仅显著改善灌区中下游用水条件，使得灌区下游末端也能及时用上黄河水，而且缩短了灌溉周期，促进了黄河水高效利用。高唐县琉璃寺镇、杨屯镇、姜店镇 3 个乡镇位于东输沙渠渠系下游末梢，3 个乡镇的 0.67 万 hm^2 耕地以往普遍由机井进行灌溉，而得益于东输沙渠工程改造提升，2020 年以来，在灌溉季节黄河水都能够到达田间地头，实现及时浇灌。

(2) 智慧灌区建设

位山灌区通过应用云计算、卫星遥感、无人机等先进技术，对原有的信息基础设施进行了升级，搭建了智慧灌区 E 平台，主要包括灌区业务信息管理系统、灌区一张图和智能移动终端等 3 大模块，基本实现了信息自动化采集和传输、远程自动化监控以及信息智能化分析。

灌区业务信息管理系统应用当前最为先进的云服务技术、互联网技术、存储计算技术、地理信息技术，对灌区范围内分属不同业务的信息，如测流、灌溉、水费征收、工程巡检等方面的数据进行搜集、整理、归类，并进行深层次的挖掘和细致的梳理分析，通过浏览器查询、下载或读取数据，可以结合设定的要求形成决策。它具有简化的功能模块操作、丰富的展现形式，可以进行多终端、多系统管理，实现了不同业务信息之间的整合互通。

灌区一张图以灌区的二维、三维电子地图为展示媒介，将灌区所属的各类工程建筑物包括骨干渠道、大型节制闸、渡槽等的台账信息、工程巡检信息、地表水等各类监测信息、配水调度信息、水量计算信息、水费计收信息等数据，赋予二、三维空间维度，更加形象直观地进行展示，方便各级工作人员及时掌握灌区运行管理情况。

移动智能终端 APP 智慧灌区 E 平台主要用于工程、灌溉、堤防、水政执法等日常巡检管理工作。通过手机端 APP 可以实地、实时传输巡检信息(如水情、图片、视频、语音等)，巡检人员可与上级管理人员进行实时交流，确保发现异常情况第一时间报告、处理。同时，管理人员也可以通过手机 APP 对巡检情况即时掌握，实时查看巡检人员巡检轨迹，对巡检工作进行实时评价、考核，进一步提升管理的规范化、高效化及便捷智能化。

参考文献

[1] 赵国平，毕经涛，宋家琦. 山东聊城位山引黄闸：开闸引水保春灌[N/OL]. 潇湘晨报，[2022－3－11]. https://baijiahao.baidu.com/s?id=1727007496252023084&wfr=spider&for=pc.

[2] 毛梦囡. 走进重大水利工程丨位山灌区：大河福泽鲁西地[N/OL]. 科普时报，[2021-9-22]. http://www.kepu.gov.cn/www/article/21d54251576149eb89b61b976a3f7b36/e829a400158c4d12b8076e0d1b931abd.

[3] 徐征和,侯玉松. 位山引黄灌区适水发展的调查与思考[J]. 山东水利,2022(1):4-7.

[4] 李其超. 位山灌区智慧灌区建设经验与分析[J]. 人民黄河,2019,41(S2):177-178+222.

第8章 生态整治工程

第一节
治太工程

一、工程概况

(1) 太湖流域简介

太湖位于长江三角洲的南缘，是中国五大淡水湖之一，位于江苏省南部，北临江苏无锡，南濒浙江湖州，西依江苏常州、宜兴，东近江苏苏州。太湖湖泊面积 2 427.8 km^2，水域面积为 2 338.1 km^2，湖岸线全长 393.2 km。其西和西南侧为丘陵山地，东侧以平原及水网为主。太湖地处亚热带，气候温和湿润，属季风气候。太湖河港纵横，河口众多，有主要进出河流 50 余条。

(2) 工程主要任务

实施太湖流域水环境综合治理工程，是贯彻党中央、国务院和省委、省政府的重要决策，是改善太湖水环境，保证太湖地区经济社会又好又快发展的重要支撑和保障。太湖流域综合治理规划的任务以防洪除涝为主，统筹考虑供水、航运和改善水环境的效益。规划的原则是：统筹兼顾、综合治理、全面发展、分期实施。

治理洪灾是流域治理的首要任务，由于流域下游主要防洪保护区地势低洼且是产业集中地区，因此流域治理需统筹低洼地区的排涝。

流域内工农业需水量较大，遇干旱年份，流域年降水量减少到正常年份的 50%～70%，工农业缺水比较严重。黄浦江污染问题尚未得到有效治理，需向黄浦江补充清水,改善上海市取水口江段水质,因此,供水也是太湖流域治理的一项重要任务。

在流域治理中还须充分考虑水运的要求,尽量不设闸,少设闸,论证后非设不可的地方,在通航工程尺度上满足通航要求。

(3) 工程布局及骨干工程

工程布局采用“疏控结合,以疏为主”的策略。因地制宜,结合地形特点布置工程。全流域分成八个区进行规划,即上游片三个区:浙西区、湖西区、太湖区;下游片五个区:武澄锡虞区、杭嘉湖区、阳澄淀泖区、浦西区、浦东区。

上游片洪水(山水及本地涝水)在尽可能多蓄和多向长江排出外,主要入太湖;武澄锡虞区涝水向北排入长江,基本不入太湖;浦西区、浦东区涝水以自排为主,可以单独处理;太湖排洪和杭嘉湖区、阳澄淀泖区及武澄锡虞区涝水,必须统筹兼顾,合理解决。

经过详细的科学论证,并与各省(市)反复协调,对于太湖流域治理,确定了三类共十一项骨干工程。其中,第1类是以太湖洪水安全蓄泄为主要目标的重点流域骨干工程:望虞河、太浦河、环太湖大堤、杭嘉湖南排工程;第2类是以地区排涝和引水效益为主、对流域防洪也有重要作用的骨干工程:湖西引排、武澄锡引排、东西苕溪防洪工程;第3类是协调形成总体规划方案必须包含的省(直辖市)际边界工程:拦路港、红旗塘、杭嘉湖北排、黄浦江上游干流防洪工程。下面对部分典型工程进行介绍。

①望虞河工程

望虞河南起太湖边的沙墩口,在望亭镇先后穿过江南运河和沪宁铁路,经漕湖、鹅真荡、嘉菱荡,至常熟耿泾口入长江。望虞河全部在江苏省境内,是太湖洪水的主要泄水通道之一。望虞河工程包括全长60.8 km的河道疏浚,修建两岸堤防及护岸、望亭水利枢纽和常熟水利枢纽、两岸配套建筑物,影响工程处理及工程管理设施建设等,总投资12.92亿元。

a. 河道工程。底宽80~90 m,底高程3.0 m(吴淞高程,镇江基面,下同),两岸建堤防、护岸、支河口配套建筑物以及跨干河桥梁。

b. 望亭水利枢纽。该枢纽位于望虞河太湖侧与江南运河相交处的望亭镇,两河采用立交方式:上部为运河,下部为望虞河底涵,并结合建闸以控制太湖与望虞河的水量交换。底涵分9孔,总过水断面面积为400 m^2。为沟通望虞河与运河水运,建船闸2座,分别连接运河与其两侧望虞河河道。

图 8-1-1 望亭水利枢纽

c. 常熟水利枢纽。位于望虞河长江侧出口处,由节制闸、泵站和船闸组成。闸、站结合布置:中间为泵站,由 9 台立式轴流泵组成,以 X 流道控制双向抽水,引排两用,总装机容量 9 000 kW,设计抽水能力 180 m^3/s;两侧各 3 孔节制闸,总净宽 48 m;连通望虞河和长江的船闸位于枢纽西侧,规模 16 m×190 m×3.0 m。

图 8-1-2 常熟水利枢纽

望虞河工程于 1991 年 11 月 15 日开工,1991 年 11 月至 1992 年 5 月,先期打通上段 27.5 km 河道并修筑两岸堤防，使望虞河在 1992 年汛期达到 150 m^3/s 的泄洪能力。1992 年汛期至 1998 年 11 月，按最终河道设计标准完成河道疏浚和两岸堤防填筑施工(除常熟段西堤外)。1992 年 10 月至 1994 年 1 月，完成了望亭立交工程。1994 年 6 月先期安排常熟水利枢纽导流工程施工，1995 年 9 月开始实施闸站主体工程，1997 年 6 月完成枢纽工程。配套建筑物工程自 1992 年开始实施，1994 年汛期前东岸控制线形成，1998 年下半年突击实施西岸控制线建筑物，至 2000 年 8 月基本完成，20 座跨河桥梁工程全面建成通车。2006 年 4 月通过水利部与江苏省人民政府组织的竣工验收。

②太浦河工程

太浦河既是太湖流域的主要排水出路，又是流域水资源供需调度的主要通道，同时还担负着干旱年份向上海市供水的重任，对流域航运和水环境起重要作用。因此，太浦河工程是流域治理最迫切且效益最显著的工程。该工程西起苏州吴江区松陵街道，东接泖河，经斜塘入黄浦江，全长 57.6 km，其中江苏境内 40.73 km，浙江境内 1.63 km，上海境内 15.24 km，为一等工程。主要包括河道工程、太浦闸加固和太浦河泵站工程。工程于 1991 年 11 月开工，至 2005 年 12 月全面建成。2006 年 4 月通过水利部与江苏省、浙江省和上海市人民政府主持的竣工验收。

a. 河道工程。底宽 150～128 m，底高程－5.0～－1.5 m，两岸建堤防、护岸、支河河口涵闸及跨干河桥梁。

b. 太浦闸加固。太浦闸位于太浦河进口处，是控制太湖洪水下泄量和太湖向下游供水的控制建筑物，始建于 1958 年。全闸计 29 孔，总净宽 116 m，1991 年大水后进行了改建。

图 8-1-3　太浦闸

c. 太浦河泵站。建于太浦闸南侧，由 6 台斜式轴流泵组成，自太湖向太浦河引水，总装机容量 6 000 kW，设计抽水能力 300 m^3/s。工程于 2000 年 12 月 26 日开工，2003 年 7 月 2 日竣工。主要作用是有效地改善上海市黄浦江上游二期引水工程取水口（松浦大桥）段的水质（从Ⅳ—Ⅴ类水抬高到Ⅲ类水），提高上海市半数以上人口生活及企事业单位供水水质和供水保证率。同时具有与望虞河工程联动从长江引水入太湖与黄浦江，实施调水的功能。另外还有防洪、排涝、改善环境等多项社会效益。

图 8-1-4 太浦河泵站

③环太湖大堤

太湖岸线全长 393.8 km，其中江苏段 334.4 km，浙江段 59.4 km。扣除沿湖山地，环太湖大堤全长 282.0 km，其中江苏段 217.0 km，浙江段 65.0 km。工程主要包括大堤土方、迎湖面挡墙和护岸、沿线口门控制建筑物、防汛公路等。

大堤按各堤段保护范围的重要程度，分别定为一、二、三等工程。太湖设计洪水位 4.66 m。湖面风浪是确定堤顶高程的重要因素，根据不同的湖面吹程，大堤顶高程为 7.0～7.8 m。

环太湖出入湖口门计 225 处，其中江苏 146 处，浙江 79 处。按入湖口门敞开、出湖口门建闸控制的原则，大堤沿线口门自常州武进港口起，以顺时针方向至湖州长兜港止，除长兜港外各口门均建闸控制，沿线共建节制闸 85 座、船（套）闸 52 座。1991 年冬环太湖大堤应急工程开始实施，至 2005 年底全部实施完成，总投资 7.34 亿元。浙江段工程于 2006 年 9 月通过太湖局会同浙江省水利厅主持的竣工验收；江苏段工程于 2007 年 6 月通过太湖局会同江苏省水利厅主持的竣工验收。

图 8-1-5　环太湖大堤无锡段

④杭嘉湖南排工程

浙江省杭嘉湖南排工程，由沿杭州湾的 4 个出海口门建筑物（一等工程）及相应的河道工程（三等工程）组成。工程于 1991 年冬开工建设，至 2000 年基本完成，发挥了投资效益。2007 年 10 月该工程通过了水利部会同浙江省人民政府组织的竣工验收。

a. 南台头闸，4 孔总净宽 48 m，配套河道长 80 km。

b. 长山闸，7 孔总净宽 56 m，配套河道长 75 km。

c. 盐官下河枢纽，由挡潮闸和泵站组成，闸站结合并列布置，4 孔闸总净宽 48 m；泵站由 4 台斜式轴流泵组成，设计抽水流量 200 m^3/s；配套河道长 25 km。

d. 盐官上河闸，1 孔净宽 8 m，配套河道长 23 km。各河道全线护岸，沿线配套涵闸计 60 座。

二、工程规划建设历程

1991 年长江、淮河大水以后，针对太湖暴露出来的问题，国务院作出了《关于进一步治理淮河和太湖的决定》，对太湖流域进行水利综合治理。

国家计委于 1987 年批准了治太工程体系的总体规划方案，规划建设望虞河、太浦河、环太湖大堤、杭嘉湖南排、湖西引排、武澄锡引排、东西苕溪防洪、拦路港、红旗塘、杭嘉湖北排通道十项骨干工程。在 1991 年国务院治淮治太第一次工作会议上，进一步明确了十项骨干工程的建设任务。在 1997 年国务院治淮治太第四次工作会议上，明确治太工程增加黄浦江上游干流防洪工程。上述十一项工程简称治太骨干工程。

1999 年太湖流域发生了 20 世纪以来的最大洪水。由于治太骨干工程建设已初具规模，受灾面积有所减少，防洪效益开始发挥。

2022 年，国家发改委、自然资源部等六部门印发了新一轮《太湖流域水环境综合治理总体方案》。

三、工程效益

通过治太骨干工程的建设，太湖流域的防洪除涝条件、水环境和航运条件得到了较大改善，供水能力也得到了进一步提高。如再遇 1954 年型大水，太湖最高水位将不超过 4.65 m（1954 年实况水位），下游平原地区洪水位均有较大幅度降低，保证流域整体安全。治太工程完成后，各地区对当地局部暴雨的防洪标准一般都已提高至 10～20 年一遇。各区供水条件亦将有较大改善，如遇 1971 年型枯水，沿长江可引水 76 亿 m^3，能显著抬高湖西、武澄锡虞、阳澄淀泖、杭嘉湖等区的河网水位，加大黄浦江净泄流量，改善上海市黄浦江取水口江段水质。

在治太骨干工程建设过程中，流域遭遇了 1993 年、1995 年、1996 年的 3 次常遇洪水及 1999 年流域特大洪水，已建工程均发挥了应有的减灾效益。

四、关键工程技术问题与创新

(1) 治理措施

控源截污减少外源入湖是治理太湖的最基本措施。只有实施好此措施，其他各项治理措施才能发挥其最佳作用。如五里湖，由于全部入湖河道均已建水闸控制，成为可封闭水域，基本控制了全部河道及其周围区域的 N、P 负荷入湖，在各类措施共同作用下发挥良好治理效果，其水质[《地表水环境质量标准》(GB 3838—2002)]由大幅度劣于Ⅴ类改善为 2009 年的Ⅵ类；如贡湖（太湖北部大型湖湾，无锡与苏州共有水域，148 km^2），全部入湖河道（不含望虞河）均已建闸挡污，几乎控制了全部入湖河道 N、P 负荷，在各类措施共同作用下发挥良好治理效果，其水质由劣于Ⅴ类改善为 2009 年的Ⅴ类；梅梁湖（太湖北部的大型湖湾，无锡水域，124 km^2）采取各类措施大量削减入湖 N、P 负荷，其中 2009 年 N 含量较 2006 年削减 55.7%，但其 2009 年水质仍劣于Ⅴ类（TN 2.7 mg/L），原因就是控源截污力度不够，主要是其上游河道武进港把河网区大量 N、P 负荷带入湖中。

控源截污包括控源和截污两部分。控源即控制外源，减少其污染负荷产生量和入水量。截污即截住已经排放的污水和污物，进行处理，削减污染负荷，资源化利用；或是在太湖中游河道实行关闸挡污，阻拦经排放的污水入太湖。

(2) 生态调水

生态调水是为了改善水环境而实施的调水。主要包括：调进好水，如望虞河“引江济太”；调出差水，如梅梁湖泵站，关闸阻挡污水入湖是太湖中游近期的有效办法。调水均可提高自净能力，直接或间接增加环境容量；出湖水流均能带走蓝藻和污染物，出湖水流带走蓝藻这是以前人们没有注意到的良好效果。如 2007—2009 年调水共带走蓝藻 2.8 万 t 及其所含的 N 1 882 t、P 195 t。水流带走蓝藻后，蓝藻在平原河道中死亡，可通过清淤去除。

第二节
木兰溪水生态修复与治理工程

一、工程概况

(1) 木兰溪简介

木兰溪,为福建省东部独流入海河流,发源于莆田市仙游县西苑乡,横贯莆田市中、南部,自西北向东、由山区到平原流经莆田市的仙游县、城厢区、荔城区、涵江区等地区,至三江口注入兴化湾入台湾海峡。干流全长 105 km,流域面积 1 732 km^2,平均径流量 15.52 亿 m^3,为福建省八大河流之一,天然落差 784 m。流域内有著名的南北洋平原(兴化平原)和仙游东西乡平原,是莆田市内主要的人口聚居区。流域内木兰溪沿岸水利设施众多,为流域生产生活提供了充足的水源和电力支持。同时木兰溪及其支流、入海口湾是市内重要的水运航道,因此被称为莆田人民的母亲河。

木兰溪是全国首条全流域系统治理河流,是福建省“五江一溪”重要河流之一。木兰溪被水利部评为 2017 年度全国十大“最美家乡河”、改革开放 40 周年“福建影响力”优秀案例,木兰溪治水经验已成为生态文明建设的全国样本。

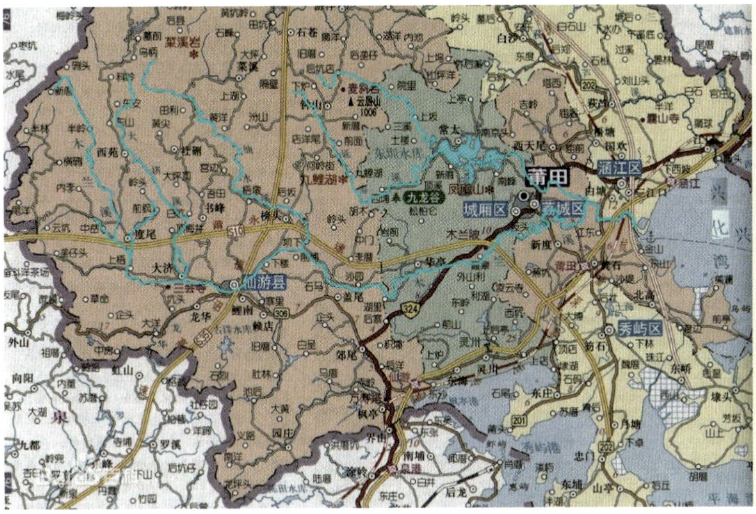

图 8-2-1　河道走向图

木兰溪具有与其他溪水不同的特点。

①支流多。木兰溪的“溪”本写作“谿”，亦即山谷间的小河沟，在仙游境内有中岳溪、大济溪、溪口溪、龙华溪、松坂溪、柴桥头溪和仙水溪等七大支流，分别于度尾、大济、龙华、榜头等地汇入，除此之外，还有沧溪、苦溪和南溪等 10 多条小溪流。因此，木兰溪的水流特点是短小、湍急、落差大，所谓“易涨易退山溪水”。

②雨季集中。从地方文献中可知，木兰溪溪流补给主要靠降雨，下一场较大的暴雨，洪水大部分从各支流迅速汇集暴涨，木兰溪中下游河床浅，储水和泄洪能力差，就易造成洪涝。而莆田属于典型的亚热带海洋性季风气候，上半年盛行偏北风，少雨干燥；下半年盛行偏南风，气温高，雨水多。一年之中，暴雨又主要集中在梅雨季(5—6 月)及台风季(7—9 月)，5—6 月暴雨日占全年暴雨日数的 29%～41%，7—9 月暴雨日占全年暴雨日数的 38%～58%。台风夹着暴雨，时间短、降水来势猛、强度大、破坏性强。因此，只要上游仙游东西乡片区一下大雨，下游兴化平原的南北洋片区就水流漫溢，引发洪涝灾害，故当地有“雨落仙游东西乡，水淹莆田南北洋”之说。

③感潮段长。感潮河段为河口至潮区界的河段。木兰溪下游河段自木兰陂至三江口属感潮河段，受海水潮汐作用影响较明显。据《莆田市木兰溪下游拦河挡潮闸(宁海闸)工程规划》勘测，由于木兰溪是直接奔流入海的，潮水顶托涨潮时，河道内的水基本为海水(咸水)和污水，在大潮时，潮水会翻越木兰陂。下游南北洋平原的灌区地面高程在 5～7 m，低于年最高潮水位，碰上雨季，上游来水量大，加上海水倒灌，农田年年被淹，种的水稻经常颗粒无收。不仅如此，海水盐分还会入侵两岸的土壤，使

土壤盐碱化，两岸的地下水水质也日趋恶化。由于上述原因，木兰溪流域经常发生洪涝灾害，特别是下游地区，地势平坦，成为主要受害地区，未治理前木兰溪也为福建省内大江大河中唯一流经城市而未设防的河流。据统计，1952 年至 1990 年的近 40 年间，木兰溪平均每 10 年发生一次大洪水，每 4 年发生一次中洪水，小灾则几乎年年有，历次洪水都给沿岸的 10 个乡镇工农业生产及人民群众带来极大的损失，木兰溪成为制约莆田市经济持续稳定健康发展的最大水患问题。

(2) 工程简介

福建木兰溪下游水生态修复与治理工程是 2022 年国家重点推进的 55 项重大水利工程之一。位于莆田市木兰溪下游南北洋平原，覆盖面积约 425 km^2，总体布局为“一环、一心、一轴、七廊、一系统”，主要建设内容包括：水生态安全保障工程、绿心河网生态治理工程、木兰溪干流生态廊道工程、南北洋河湖生态廊道、智慧流域系统等，工程任务为水生态修复与治理。“一环”即平原环绕的生态屏障及安全保障工程，主要建设水生态河滨水闸及生态补水管道。其中，河滨水闸闸址位于溪口河下游 0.9 km 的东亭自然村，鱼道布置在水闸左岸滩地，水闸总净宽 63 m，鱼道长 757.5 m。白塘湖与溪口河连通河长约 1.7 km，生态补水管道长 10.41 km，设计补水流量 2.31 m^3/s。“一心”即绿心河网生态治理工程，包括生态治理河道 29.32 km，建设生态护岸 50.15 km，以及荔基荷塘及河道原位修复、村塘生态修复等。“一轴”即建设木兰溪干流生态廊道工程 26.3 km，包括堤岸迎水坡生态化改造、堤顶路贯通及生态提升、背水坡生态提升、滩地绿道及生态修复等。“七廊”即建设南北洋 7 条主要支流 107.3 km 的河湖生态廊道，包括新建生态护岸、多级生态塘、基塘系统改造、生态缓冲带及生态巡查步道等。“一系统”即建设木兰溪智慧流域系统，重点打造全流域全要素数据采集网、流域数据中心、应用支撑系统、智慧应用平台、支撑保障体系等。

该工程等别为Ⅱ等。河滨水闸主要建筑物级别为 2 级，次要建筑物级别为 3 级，水闸抗震设防烈度为Ⅶ度；木兰溪干流生态廊道工程永久性建筑物级别为 2 级；生态补水管道、北洋绿心河网生态治理及南北洋河湖生态廊道工程，永久建筑物级别为 4 级。河滨水闸设计洪水标准 30 年一遇，校核洪水标准 100 年一遇；木兰溪干流生态廊道工程防洪标准 50 年一遇；北洋绿心河网生态治理与南北洋河湖生态廊道工程防洪标准 20 年一遇；南北洋区域排涝标准为 20 年一遇。

工程施工总工期为 60 个月。工程设计概算总投资 290 101.85 万元，其中工程部分总投资 223 279.34 万元，工程建设征地移民补偿投资 35 064.69 万元，水土保持工程投资 3 433.32 万元，环境保护工程投资 2 558.50 万元，建设期融资利息 25 766.00 万元。

预计 2027 年全部建成后，木兰溪下游水环境质量将明显提升，水生物物种多样发展，水生态系统功能完备，水文化内涵充分彰显，莆田南北洋平原将成为生态怡人、环境优美、人水和谐、经济繁荣的可持续发展区域。

二、工程规划建设历程

木兰溪作为重要的自然资源，既具有生态功能和作用，又具有经济价值和功能。如何充分发挥它的功能和作用，同时有效防控由它引发的灾害，则直接关系到沿岸人民群众的根本利益，关系到人与自然和谐相处以及莆田市经济社会的可持续发展。早在 20 世纪 50 年代，木兰溪治理规划就被提出，但真正迎来历史转折点，则是在习近平同志的直接推动下实现的。

早在中华人民共和国成立初期，福建省就重视木兰溪的治理。1956 年，福建省水利局组织 40 多人的考察队，针对木兰溪水患问题开始了较为系统的考察，并编制有史以来第一份较为详细的报告——《关于木兰溪流域规划报告》。次年春，福建省水利局再度派出 30 多人的专家小组，对木兰溪的关键河段进行钻探勘察，并提出一份更具体的报告——《木兰溪流域规划报告编制总结》，这份报告开启了莆田东圳水库蓄水工程的修建，但事实证明东圳水库并没有从根本上解决木兰溪水患，只是一定程度上减少了木兰溪下游的水量。

图 8-2-2　东圳水库

1962年，晋江水电工程局根据莆田县(现莆田市)的请求，派出专家小组对木兰溪下游进行考察，并编制了木兰溪下游的防洪排涝规划报告，第一次提出以河道截弯取直、修筑堤防为主的防洪措施，建议第一段将顶厝弯道截直；第二段把三社到港利之间几个河湾统一取直，使整个河道缩短7.4 km。但这个计划因经济困难而搁浅。1975年，省、地、县对没有真正实施的木兰溪治理方案再次进行复勘，并编制了《木兰溪下游防洪规划复查报告》，从拦蓄、减流和堤防三种方案进行全盘考察，提出木兰溪下游防洪措施应以筑堤加截弯取直，结合河道整治为主，但这一规划因“文革”影响也未付诸实践。“文革”结束后，搁置多年的木兰溪治理规划又被提出来论证。福建省水利局规划队在派人勘察之后，于1978年又编制出《木兰溪治理工程总体规划报告》，结论同1975年的结论一致，认为治理木兰溪唯一可行的措施就是筑堤加截弯取直，经比较选择最终确定“大截”方案。方案定下之后，莆田县一方面筹集资金，破土动工，一方面着手移民拆迁。后因1979年国家调整了大型项目计划，刚刚上马的木兰溪治理工程被迫下马，就这样被再次搁置。从1956年到1978年的22年间，规划队对木兰溪下游的不设防问题已经进行了多次实地考察和规划设计，最终选择河道截弯取直结合两岸筑防洪堤的治理方案。但真正实施起来又变得困难重重，经过5次规划、2次上马，都无果而终，木兰溪水患也无法得到根治。直到1992年，福建省、莆田市在历次规划的基础上对木兰溪下游的防洪问题再进行论证规划，在之前规划方案的基础上进行分析比较，各取所长，制定了第6次规划，并于1995年开始木兰溪治理前期筹备工作。在筹备过程中，再次对木兰溪地形图进行测量、地质勘探以及截弯取直的动床模型试验、数字模型试验、河道冲刷试验，最终确定了木兰溪截弯取直的红线图。至此，木兰溪下游防洪规划方案基本确定。但治理木兰溪技术难度大、资金投入巨大，导致木兰溪治理工程一波三折。1998年1月8日，在福建省九届人大一次会议的报告中，省长贺国强宣布将木兰溪防洪工程列入1998年福建省重点大中型项目，同年6月，正式立项，旨在“把木兰溪防洪工程建设成为防抗并举、保障有力、航运畅通、环境优美，具有防洪、排涝、灌溉、航运、旅游等综合效益的水利枢纽工程”。至此，木兰溪治理终于迈出了可喜的步伐。

1999年木兰溪再次暴发洪涝灾害，在习近平同志亲自擘画和推动下，木兰溪迎来了历史转折点。与之前规划的不同在于，习近平提出“变害为利、造福人民”的治水思路，从一开始就坚持把水生态维护作为治理的前提，即在不破坏水生态的情况下，治理水患问题，并旨在保护生态的情况下，实现水患问题的根治。在治理水患具体问题上，习近平坚持治理水患与生态维护并举。从1999年起，木兰溪干流建有木兰溪下游防洪工程一期(黄厝至港利段，治理河长3.6 km)、二期(木兰陂至黄厝段，治理河长 9.4 km)、三期荔涵段(港利至三江口段,治理河长 6.7 km),累计投资 12.20 亿元。2001 年张镇试验段工程完成,2003 年,木兰溪截弯取直工程完成,原来 16 km 的行洪河道,截直为 8.64 km,缩短 7.36 km。2011 年木兰溪防洪工程被列入“五江一溪”防洪治理项目,治理河长 75.1 km,总投资 23.85 亿元,分为 6 个堤段建设,见表 8-2-1。

表 8-2-1　“五江一溪”项目木兰溪防洪工程概况

工程堤段	所在区域	堤防总长(km)	治理河长(km)	工程总投资(亿元)
华林段	城厢区	9.3	7.3	4.05
华亭段	城厢区	14.8	10.3	4.79
白塘段	涵江区	2.7	2.5	3.42
仙榜段	仙游县	28.3	20.5	3.79
仙度段	仙游县	32.8	21.9	5.04
盖尾段	仙游县	14.7	12.6	2.76
合计		102.6	75.1	23.85

2021 年 6 月 7 日,木兰溪下游水生态修复和治理工程可行性研究报告获福建省发改委正式批复,该工程已列入国家发改委全国第一批水生态修复与治理示范项目,同时列入国家发改委、水利部确定的 150 个重大水利工程,也是福建省列入的 4 个项目之一。

图 8-2-3　木兰溪全流域治理数字平台展示

2022年5月19日，福建省召开重大水利项目集中开工动员会，木兰溪列入今年重点推进的55项重大水利工程之一，木兰溪下游水生态修复与治理工程开工建设。该工程既统筹考虑水资源高效利用、水生态环境修复，又融合数字孪生流域建设，创新投融资方式，采取市场化运作，具有很好的示范意义。

三、工程效益

“雨下东西乡，水淹南北洋。”木兰溪治理前，下游几乎年年遭受洪灾。若赶上洪、潮、涝三方共同来袭，更是洪水肆虐。在习近平总书记治理木兰溪的重要理念指引下，经过20多年来坚持不懈的治理，莆田彻底结束了“洪水不设防城市”的历史。随着木兰溪综合治理的不断深入，由治水而产生的综合效益逐渐显现。

一是水患问题的解决。目前，木兰溪下游主河段新建左右岸防洪堤28.1 km，新建水闸11座，改建水闸3座，保障了南北洋行洪顺畅、安全度汛。暴雨期间，适时开启南北洋临海水闸泄洪。

二是城市面积的扩大。根据《莆田市城市总体规划(2008—2030年)》，初期治理后，莆田市政府整合城厢区、荔城区发展资源，向木兰溪南岸拓展新城区。根据2011年“允许将木兰溪治理后纵深2 km土地出让收益，提取10%专用于木兰溪全流域综合治理”的政策，莆田市政府按照“改道不改水”的方式，在截弯取直后的原河道开挖出700亩的玉湖，打造成城市内湖；并在沿湖打造木兰溪百里风光带，增加城区水域面积，开启城市沿溪跨溪、东拓南进的新时代，大幅拓宽莆田市建成区面积，城市建成区面积从1999年的28 km^2 扩展至2019年的109.8 km^2。

图8-2-4 经过治理的木兰溪一隅

三是生活环境的改善。木兰溪治理过程中，按照习近平的“变害为利、造福人民”思路，在木兰溪流域发挥木兰溪综合效益，打造木兰溪百里风光带，修建生态景观配套工程，并合理开发利用和保护文化名村，以点带线，使木兰溪两岸不仅没有了水患的威胁，而且生态环境焕然一新，成为集日常休闲、娱乐、文化等为一体的美丽水乡；也使下游 425 km^2 的南北洋地区全年农业灌溉得到有效保障，21.5 万亩农田变良田。水资源利用方面，治理之前，莆田人均水资源量不到全国 1/2、全省 1/3，如今全市年用水量供需实现了基本平衡。

四、关键工程技术问题与创新

(1) 软基处理

在下游防洪一期工程中，由地质条件勘探得 C2 标段防洪堤堤基淤泥层厚达 6.0～16.0 m，该淤泥层强度低，含水量大，防洪堤填筑过程中堤基压缩变形大，沉降不均匀，且堤基稳定性差；而新开河段的局部河床处淤泥层厚达 18.0～22.0 m，该新开河床及其岸坡的稳定安全度低，容易发生滑坡。针对以上地质条件，为加速地基土排水、压密、沉降、固结，木兰溪下游防洪一期工程 C2 标段防洪堤的堤基全部采用了塑料排水板堆载排水法，新开河段的局部河床岸坡处采用砂井堆载预压排水法，塑料排水板及砂井作为竖向排水通道，其顶部设置砂垫层作为水平排水通道，在砂垫层上部堆土压载以增加土中附加应力，附加应力产生超静水压力，使土体中孔隙水较快地通过塑料排水板砂垫层或砂井砂垫层排出，以达到加速土体固结提高地基土强度的目的。

在三期工程某标段中也遇到了软基问题。新建防洪堤有一部分是建在水田和鱼塘之上的，因此要采取软基处理和排水固结措施。遇到鱼塘等淤泥部位，采取的主要工程措施是回填“沙包土”(含沙砾质黏土)，将部分淤泥挤出堤基，然后打入 10～12 m 深的排水板，在防洪堤上部填土的重压作用下，起到固结排水的作用。同时由于新建防洪堤地处冲洪积平原，保持土方总体平衡时采用部分河岸开挖的淤泥质黏土和沙砾质淤泥作为可利用料，用于填筑堤身背坡等部位，但这些可利用料需要进行翻晒、打碎、清除杂质等预先处理。此外，堤基排水与堤身防渗统一结合，堤基除采用排水板外还铺填了 50 cm 厚的沙子作为排水层，沙子上铺设一层土工布作反滤层。为了保护土工反滤层，土工布上再铺设一层土工格栅。堤身分为防渗区和主填筑区，防渗区主要填筑黏土，并在迎水坡面铺设防渗土工膜。

(2) 抗冲技术

基于山区性河流暴涨暴落和工程地质的特殊性，河道的抗冲技术成为工程的关